中等职业学校教育创新规划教材
新型职业农民中职教育规划教材

拖拉机构造与维修

智刚毅 主编

中国农业大学出版社

· 北京 ·

内 容 简 介

本教材共分五大模块内含 13 个项目。模块一　认知拖拉机；模块二　柴油机构造与维修包括认知柴油机、机体组件构造与维修、柴油供给系构造与维修、冷却系构造与维修和润滑系构造与维修 5 个项目；模块三　底盘构造与维修包括传动系构造与维修、行走系构造与维修、转向系构造与维修、制动系构造与维修和工作装置构造与维修 5 个项目；模块四　电气设备构造与维修包括认知拖拉机电气设备、电源系统构造与维修和用电设备构造与维修 3 个项目；模块五拖拉机拆装与磨合。每个项目在【项目描述】中由实例引入，再确定学习目标，后分解为数个学习性工作任务，共 59 个。每个工作任务由【任务目标】【任务准备】【任务实施】【任务评价】【任务巩固】构成，有的工作任务中还添加了【任务拓展】，任务评价表参考样式作为附录放在书后，供教师教学时使用。

图书在版编目(CIP)数据

拖拉机构造与维修/智刚毅主编. —北京：中国农业大学出版社，2015.7
(2021.3 重印)
　ISBN 978-7-5655-1328-2

　Ⅰ.①拖…　Ⅱ.①智…　Ⅲ.①拖拉机-构造-教材 ②拖拉机-车辆修理-教材
Ⅳ.①S219

中国版本图书馆 CIP 数据核字(2015)第 160268 号

书　　名	拖拉机构造与维修			
作　　者	智刚毅　主编			
策划编辑	张 蕊 张 玉	责任编辑	洪重光	
封面设计	郑 川	责任校对	王晓凤	
出版发行	中国农业大学出版社			
社　　址	北京市海淀区圆明园西路 2 号	邮政编码	100193	
电　　话	发行部 010-62818525,8625	读者服务部	010-62732336	
	编辑部 010-62732617,2618	出 版 部	010-62733440	
网　　址	http://www.cau.edu.cn/caup			
经　　销	新华书店	e-mail	cbsszs @ cau.edu.cn	
印　　刷	北京时代华都印刷有限公司			
版　　次	2015 年 8 月第 1 版　　2021 年 3 月第 2 次印刷			
规　　格	787×1 092　16 开本　　20 印张　　365 千字			
定　　价	59.00 元			

图书如有质量问题本社发行部负责调换

编审人员

主　编　智刚毅　河北省科技工程学校高级讲师

副主编　路进乐　河北省科技工程学校高级讲师
　　　　张利强　河北省科技工程学校高级讲师

参　编　刘淑军　河北省科技工程学校高级实验师
　　　　刘双源　南阳农业职业学院助理讲师

主　审　王青立　农业部科技教育司推广处处长
　　　　陈肖安　原农业部科技教育培训中心
　　　　　　　　副研究员

编 写 说 明

积极开展和创新中等职业学校与新型职业农民中职教育,提高现代农业与社会主义新农村建设一线中等应用型职业人才及新型职业农民的综合素质、专业能力,是发展现代农业和建设社会主义新农村的重要举措。为贯彻落实中央的战略部署及全国职业教育工作会议精神,特根据《教育部关于"十二五"职业教育教材建设的若干意见》《中等职业学校新型职业农民培养方案(试行)》和《中等职业学校专业教学标准(试行)》等文件精神,紧紧围绕培养生产、服务、管理第一线需要的中等应用型职业人才及新型职业农民,并遵循中等农业职业教育与新型职业农民中职教育的基本特点和规律,基于"模块教学、项目引领、任务驱动"和"讲练结合、理实一体"的教育理念,以职业活动为导向,以职业技能为核心,按照职业资格标准和岗位任职所需的知识、能力、素质的要求,编写了《拖拉机构造与维修》中职教育教材。

《拖拉机构造与维修》是农业工程类专业核心课教材之一。该教材构思新颖,内容丰富,结构合理,以行动导向的教学模式为依据,以学习性工作任务实施为主线,物化了本门课程历年来相关职业院校教育教学改革中所取得的成果,并统筹兼顾中等职业学校教育及新型职业农民中职教育的学习特点。

《拖拉机构造与维修》是农机装备与应用技术专业核心课系列教材之一。本教材根据项目驱动式教学的需要,以引导学生主动学习为目的,进行体例架构设计,以适应中等农业职业教育和新型职业农民中职教育创新和改革的需要。该教材重点介绍认知拖拉机、柴油机构造与维修、底盘构造与维修、电气设备构造与维修和拖拉机拆装与磨合等内容,涵盖了目前常用的拖拉机维修技术,系统地介绍了常见拖拉机构造、维修技术和故障排除的各个环节。本教材内容深入浅出、通俗易懂,具有很强的针对性和实用性,是中等职业教育及新型职业农民中职教育的专用教材,也可作为现代青年农场主的培育教材,还可作为相关专业人员的参考用书使用。

本教材由河北省科技工程学校智刚毅、路进乐、张利强、刘淑军,南阳农业职业学院刘双源共同编写。智刚毅担任主编,对本教材进行统稿。路进乐、张利强担任副主编。农业部科技教育司王青立和原农业部科技教育培训中心陈肖安同志对教材内容进行了最终审定,在此一并表示感谢。

由于编者水平有限,加之时间仓促,教材中存在着不同程度和不同形式的错误和不妥之处,衷心希望广大读者及时发现并提出,更希望广大读者对教材编写质量提出宝贵意见,以便修订和完善,进一步提高教材质量。

编　者

2015 年 4 月

目　　录

模块一　认知拖拉机

任务 1　认知拖拉机类型 ……………………………………………………… 3
任务 2　认知拖拉机构造 ……………………………………………………… 9
任务 3　认知拖拉机标识 ……………………………………………………… 19

模块二　柴油机构造与维修

项目一　认知柴油机 …………………………………………………………… 31
任务 1　认知柴油机型号 ……………………………………………………… 31
任务 2　认知柴油机构造 ……………………………………………………… 34
项目二　机体组件构造与维修 ………………………………………………… 40
任务 1　气缸体检修 …………………………………………………………… 40
任务 2　活塞检修 ……………………………………………………………… 48
任务 3　连杆检修 ……………………………………………………………… 52
任务 4　活塞连杆组装配 ……………………………………………………… 57
任务 5　曲轴检修 ……………………………………………………………… 62
任务 6　气缸盖检修 …………………………………………………………… 71
任务 7　气门组件维修 ………………………………………………………… 74
任务 8　凸轮轴检修 …………………………………………………………… 82
任务 9　气门间隙调整 ………………………………………………………… 87
项目三　柴油供给系构造与维修 ……………………………………………… 92
任务 1　认知柴油供给系 ……………………………………………………… 92
任务 2　喷油器检修 …………………………………………………………… 97
任务 3　输油泵检修 …………………………………………………………… 102
任务 4　柱塞式喷油泵检修 …………………………………………………… 106

　　任务 5　调速器检修 ·· 113

　　任务 6　分配泵检修 ·· 118

　　任务 7　认知高压共轨喷射系统 ·· 122

项目四　冷却系构造与维修 ··· 127

　　任务 1　认知冷却系 ·· 127

　　任务 2　散热器检修 ·· 130

　　任务 3　节温器检查 ·· 132

　　任务 4　风扇检修 ··· 134

　　任务 5　水泵检修 ··· 136

项目五　润滑系构造与维修 ··· 139

　　任务 1　认知润滑系 ·· 139

　　任务 2　机油滤清器检修 ··· 142

　　任务 3　机油泵检修 ·· 147

模块三　底盘构造与维修

项目一　传动系构造与维修 ··· 153

　　任务 1　离合器检修 ·· 153

　　任务 2　变速箱检修 ·· 161

　　任务 3　分动箱检修 ·· 170

　　任务 4　中央传动检修 ·· 172

　　任务 5　最终传动检修 ·· 177

项目二　行走系构造与维修 ··· 181

　　任务 1　前轮定位调整 ·· 181

　　任务 2　轮胎更换与维修 ··· 186

　　任务 3　履带行走装置检修 ··· 189

项目三　转向系构造与维修 ··· 194

　　任务 1　转向器检修 ·· 194

　　任务 2　转向离合器检修 ··· 202

　　任务 3　液压转向装置检修 ··· 205

项目四　制动系构造与维修 ··· 209

　　任务 1　蹄式制动器检修 ··· 209

　　任务 2　盘式制动器检修 ··· 214

　　任务 3　气压制动装置检修 ··· 218

项目五　工作装置构造与维修 ·· 221

　任务1　动力输出装置检修 ·· 221

　任务2　液压悬挂装置检修 ·· 225

模块四　电气设备构造与维修

项目一　认知拖拉机电气设备 ·· 233

　任务1　认知电气设备组成 ·· 233

　任务2　认知拖拉机电路 ·· 236

项目二　电源系统构造与维修 ·· 239

　任务1　蓄电池维护 ·· 239

　任务2　发电机维修 ·· 245

项目三　用电设备构造与维修 ·· 253

　任务1　启动机检修 ·· 253

　任务2　启动电路检修 ·· 260

　任务3　照明装置检修 ·· 263

　任务4　信号装置检修 ·· 267

　任务5　仪表装置检修 ·· 272

　任务6　刮水装置检修 ·· 279

　任务7　空调系统检修 ·· 282

模块五　拖拉机拆装与磨合

　任务1　拖拉机拆卸 ·· 295

　任务2　拖拉机装配 ·· 298

　任务3　拖拉机磨合 ·· 304

附录　任务评价表 ·· 307

参考文献 ·· 308

模块一 认知拖拉机

维修拖拉机,首先要知道拖拉机品牌、型号、构造和标识等基本信息,才能按技术要求确定维修方案。能正确认知拖拉机是拖拉机维修人员的必备技能,也是学习掌握拖拉机维修技术的第一步。

本模块分为认知拖拉机类型、认知拖拉机构造和认知拖拉机标识 3 个工作任务。

通过本模块学习能掌握拖拉机常用分类方法,了解拖拉机总体构造和常用操纵件、仪表的功用;学会识别拖拉机产品标识,掌握拖拉机型号含义;增强对本课学习兴趣,培养查阅资料、观察分析和沟通协作能力。

任务 1　认知拖拉机类型

【任务目标】

1. 了解拖拉机常用分类方法和各类型拖拉机的主要特点。
2. 学会识别农业拖拉机类型。

【任务准备】

一、资料准备

本地常用轮式(后轮驱动和四轮驱动)拖拉机、手扶拖拉机和履带拖拉机等不同机型及其使用维修说明书；图片视频、网络资源和任务评价表等与本任务相关的教学资料。

二、知识准备

拖拉机是用于牵引、推动和驱动配套机具进行作业的自走式动力机械。拖拉机与相应的农机具配合，可完成耕地、整地、播种、中耕、施肥、撒药、收获等各项农田作业；通过动力输出驱动脱粒机、水泵、发电机等机具进行固定作业；牵引拖车可进行运输作业，是农、林、牧、副、渔各业生产过程中重要运载工具之一；还可用于工程建设，用途十分广泛。

(一)拖拉机分类

拖拉机通常按图 1-1 所示的三种方法分类。

(二)拖拉机特点

不同类型拖拉机具有不同的特点。它们的特点不仅体现在结构形式上，而且还体现在它们的体积、重量、材料消耗、制造成本、牵引力和对土壤及作物的适应范围等方面。

1. 不同用途拖拉机主要特点

(1)工业拖拉机　主要用于工程施工和土石方作业。如筑路、矿山、水利、石油和建筑等工程建设，也可用于农田基本建设作业。其特点是前后可悬挂机具、正倒梭形作业，具有良好的牵引性能，适应变负荷繁重作业条件。一般用途工业拖拉机的地隙和行走装置接地压力比一般用途拖拉机稍高。沼泽地用工业拖拉机采用宽履带,接地压力为 10～20 kPa。

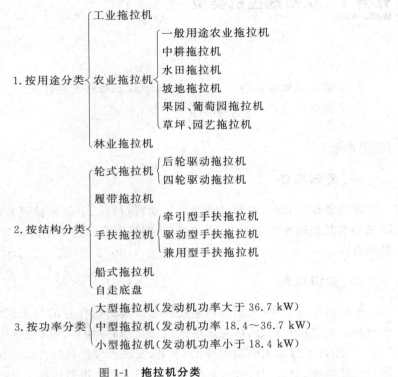

图 1-1 拖拉机分类

(2)农业拖拉机 用于农业(种植业)耕作、管理、农田基本建设和运输等作业。按其用途可分为:

一般用途拖拉机。通用于耕地、整地、播种、收获和运输等作业。其特点是行走装置较宽、接地压力较低、地隙不高、轮(轨)距一般不调整或调整范围不大,具有良好的平地通过性、牵引性能和稳定性。

中耕拖拉机。适用于作物行间中耕管理作业,如除草、松土、追肥和喷药等作业。其特点是行走装置较窄、农艺地隙较高、轮距可在较大范围调整,具有良好的行间通过性、转向操纵性和视野。万能中耕拖拉机兼有中耕拖拉机和一般用途拖拉机的功能,农艺地隙为 400～800 mm。高地隙中耕拖拉机农艺地隙达 800～1 000 mm。

水田拖拉机。适用于在水田中作业,主要用于整田、收获及运输等作业。通常由柴油机、船体、耕作机具三大部分组成,适用于平原、湖区、丘陵、山区等各种不同类型的深泥田、水稻田、荒田和沿海地区的滩涂田作业。

坡地拖拉机。适用于丘陵、山区、坡地作业。其特点是轮(轨)距较宽、质心较低、能梭形作业或具有机体垂直平衡装置,在横坡作业条件下具有较好的牵引性、横向稳定性和行驶直线性。

果园、葡萄园拖拉机。主要用于果园、葡萄园、茶园和苗圃耕作和管理,如在株间或树冠下耕耘、施肥和喷药等作业。其特点是轮(轨)距小、地隙低、外形窄矮,有良好的转向机动性和较好的牵引性能;骑跨在作物上方进行行间作业,其农艺地隙达 1 200~1 500 mm。

草坪、园艺拖拉机。主要用于草坪修剪、庭园(场地)管理作业。如草坪修剪、耕耘、平地及抛雪等作业。其特点是轮胎宽、直径小、机体矮小、轴间可装割草机,草坪作业装菱形花纹轮胎。专用于草坪修剪作业的也称为草坪拖拉机。

(3)林业拖拉机　林业拖拉机主要用于林区集运材和营造林作业的拖拉机。集材拖拉机用于伐倒树木的集材和运输,如 J—80 型拖拉机;营林拖拉机配带专用机具可进行植树、造林和伐木作业。林业拖拉机一般带有绞盘、搭载板和清除障碍等装置,其特点是前部装有排障器,后部装有集材和搭载装置,地隙较高,具有良好的牵引性能、爬坡能力、越野能力和较高的运输作业速度。

2. 不同结构拖拉机主要特点

(1)轮式拖拉机　装有车轮行走装置。目前生产和应用最广泛的是四轮拖拉机,按驱动形式分为后轮驱动和四轮驱动拖拉机。

后轮驱动拖拉机。前两轮转向,后两轮驱动的拖拉机。驱动形式为 4×2(4、2分别表示车轮总数和驱动轮数)。后轮驱动拖拉机的行走装置为充气橡胶轮胎,机体离地间隙大,轮距可以调整,工作速度变动范围大,操纵灵活,配套农机具多,作业范围较广,能用于公路运输和固定作业,年使用时间长,综合利用性能较高。其缺点是牵引附着性能较差,在潮湿松软的土壤上容易打滑、陷车,牵引功率不能充分发挥。

四轮驱动拖拉机。前轮和后轮都驱动的拖拉机。驱动形式为 4×4。在农业上主要用于土质黏重、土地深翻、泥泞道路运输等作业。在林业上用于集材和短途运材。四轮驱动的拖拉机具有两轮驱动拖拉机的优点,牵引效率比同等功率的两轮驱动的拖拉机高 $20\% \sim 50\%$,更适于拖带工作幅宽较大的农机具和牵引阻力大的农田基本建设机械工作,与后轮驱动拖拉机比,其结构复杂,售价和维修费用高。

（2）履带拖拉机 履带拖拉机装有履带行走装置,如东方红—802。履带式拖拉机的履带与地面的接触面积大,履带板上的突起能插入土壤内,附着性能好,不易打滑,牵引力能充分发挥;同时,对单位面积土壤的压力较小,工作时不致将土壤压得过紧,在潮湿松软地上不易陷车,地面通过性好;它能适应于需要大牵引力的深翻、开荒、平整土地、农田基本建设等作业。在耕地、播种工作中,作业质量好、效率高。但机体重量大,运行不灵活,综合利用程度低。

（3）手扶拖拉机 由扶手把操纵的单轴拖拉机。根据带动农具的方法不同手扶拖拉机可分为:

牵引型手扶拖拉机。它只能用于牵引作业,如牵引犁、耙进行农田作业,牵引挂车运输等。

驱动形手扶拖拉机。它与旋耕机做成一体,只能进行旋耕作业,不能作牵引工具。

兼用型手扶拖拉机。它兼有上述两种机型的作业性能,目前生产的手扶拖拉机多属此种,使用范围较广。

手扶拖拉机机体轻小,机动性好,配用柴油机功率在 7.35 kW 左右,行走装置为充气橡胶轮胎,操纵灵活和通过性好,综合利用性能高,适用于果园、菜园、小块水田、小块旱地和坡度不大的丘陵地等地区工作。但在大块的水、旱地工作时,由于功率小,生产率和经济性都不如四轮拖拉机和履带拖拉机,驾驶员的工作条件和运输安全性较差。

（4）船式拖拉机 由船体支承机体和叶轮驱动,如金驰 JC—489 船式拖拉机。它是我国南方水田地区发展的新型拖拉机。利用船体支承整机的重量,通过一般为楔形的铁轮与土层作用推动船体滑移前进,并带动配套农具在水田里作业。制造简单,价格低;在水田、湖田作为动力与耕、耙、滚作业机具配套使用。若把驱动轮换为胶轮也可作为动力配带挂车运输用。缺点是作业范围较窄,作业项目较少,综合利用性能低。

（5）自走底盘 自走式机具通用机架是特种总体布置的轮式拖拉机。如梁架式的自走底盘,其发动机、传动系及驾驶室集中在后部,前轴和机体之间用矩形梁架或中央梁架连接。前后部、轴间和梁架上可装挂机具。驾驶员对悬挂在轴间的机具具有良好的视野,适于行间中耕作业,但需要配专用机具,且装挂不便,带后悬挂机具进行整地作业适应性差。主要用作万能中耕拖拉机。

3. 不同功率拖拉机主要特点

（1）小型拖拉机 主要包括带传动小四轮拖拉机与手扶拖拉机。这两类产品属于低技术水平、量大面广的普及型产品,其技术特征是采用单缸卧式柴油机装在一个机架上,由 V 形带把功力传到离合器,然后输入横置式变速箱。小四轮拖拉机主要有泰山—12、东方红—150、奔野 25 系列等机型。手扶拖拉机主要有东风—12、工农—12K、红卫—12 等产品。目前由小型拖拉机变型的小装载机、小挖掘机以及农用起重机械的发展势头强劲,由于成本低廉,特别适合农村小城镇建设和各种小型工程使用。

(2)中型拖拉机　以上海—50、铁牛—55 和清江—50 为代表系列产品和小四轮拖拉机功率向上延伸形成的中小功率系列产品。这些机型扭矩储备大、可靠性好,且外观造型风格新颖。

(3)大型拖拉机　主要有福田欧豹 80 系列、迪尔天拖 72 系列、一拖东方红—1004/1204、上海纽荷兰 TD85D 系列等产品。大型轮式拖拉机有较好的牵引性能,适于大农场配带宽幅农具进行高速作业。一拖集团的履带式拖拉机功率已经覆盖了 51.5～110 kW,并具有金属履带和橡胶履带产品,形成了履带式拖拉机、推土机等系列产品。履带式拖拉机有自身的局限性,但在农业生产中所具有的独一无二的特点是轮式拖拉机无法替代的。

【任务实施】

请将手扶拖拉机、船式拖拉机、履带拖拉机和轮式拖拉机分别填入图 1-2 的括号中。

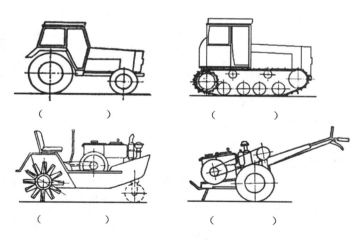

图 1-2　拖拉机类型

【任务拓展】

拖拉机发展历程

拖拉机最早诞生于18世纪。从最初的蒸汽拖拉机,发展到今天的智能化、人性化和舒适化等高技术含量的拖拉机,它经历了100多年的沧桑巨变。而在此过程中,世界上很多发达国家伴随拖拉机的不断发展完成了本国农业的机械化和现代化进程。

1856年法国的阿拉巴尔特发明了最早的蒸汽动力拖拉机,最初拖拉机笨重而昂贵,很难进行牵引作业,需要多人操作,劳动量大,适用于在广阔的原野上耕作。

1889年,美国芝加哥的查达发动机公司制造出了世界上第一台使用汽油内燃机的"巴加"号农用拖拉机。

20世纪初,瑞典、德国、匈牙利和英国等国几乎同时制造出以柴油内燃机为动力的拖拉机,之后拖拉机技术不断发展,如动力输出轴、四轮驱动折腰转向、带三点悬挂装置的液压提升器、高花纹低压充气轮胎、风冷柴油机等,到20世纪50年代,拖拉机功能已趋完善。

1950年之后,增压中冷柴油机、液力偶合器、静液压驱动、力位调节提升器、舒适驾驶室、橡胶履带、高压共轨系统、计算机控制技术、GPS卫星定位等许多高新技术的逐步采用,使拖拉机技术水平不断提高。

我国自1955年中国一拖建厂以来,已走过60年的发展历程。拖拉机产品也经历了引进仿制、自行研制、技术引进和自主开发几个发展阶段,现已形成中国一拖、迪尔天拖、上海纽荷兰、福田重工、常州东风和清江一拖等30多家拖拉机制造骨干企业。目前,大中型拖拉机社会保有量超过558万台,小型拖拉机已突破2 000万台。

【任务巩固】

1.农业拖拉机分为 _____、_____、_____、_____、_____ 和_____六种。

2.按结构不同拖拉机分为 _____、_____、_____、_____ 和_____五种。轮式拖拉机按驱动形式分为_____和_____。手扶拖拉机分为_____、_____ 和_____。按功率不同拖拉机分为_____和_____。

3.各类型拖拉机的主要特点是什么?

4.到拖拉机生产厂或经销公司或从互联网上收集各类拖拉机的图片并了解其特点。

任务 2　认知拖拉机构造

【任务目标】

　　1.了解拖拉机的三大组成部分及功用。

　　2.能识别拖拉机常用操纵件和仪表指示符号的名称。

【任务准备】

　　一、资料准备

　　轮式(后轮驱动和四轮驱动)拖拉机、手扶拖拉机和履带拖拉机等不同机型及其使用维修说明书、零件图册;图片视频、网络资源和任务评价表等与本任务相关的教学资料。

　　二、知识准备

　　(一)拖拉机总体构造

　　拖拉机类型虽多,结构复杂各异,但其总体构造通常分为发动机、底盘和电气设备三大部分。

　　1.发动机

　　发动机是拖拉机的动力装置,其作用是将燃料燃烧产生的热能转变为机械能向外输出动力,使拖拉机行驶、驱动农具、牵引工作装置进行作业。目前国产拖拉机的发动机为柴油机,小型拖拉机多为单缸和双缸柴油机,大中型拖拉机为四缸和六缸柴油机,如图1-3和图1-4所示。

　　2.底盘

　　除发动机和电气设备以外的所有其他系统和装置,统称为拖拉机底盘。底盘构成拖拉机骨架和身躯,其功用是将发动机动力传递给驱动轮和工作装置,使拖拉机行驶,并完成移动作业或固定作业。底盘构造及功用见表1-1。

　　此外,有的拖拉机还有安全防护装置及驾驶室。安全防护装置是在拖拉机中用于保护驾驶员和周边人员安全的装置,如安全架。随着对拖拉机安全性和舒适性要求的逐步提高,尤其是大型拖拉机配有驾驶室的越来越多。

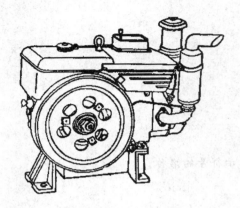

图 1-3　单缸卧式柴油机

图 1-4　四缸柴油机

表 1-1　底盘构造及功用

名　称	主要构造			功　用
	轮式拖拉机	履带式拖拉机	手扶拖拉机	
传动系（机械式）	离合器、变速箱、中央传动、差速器和最终传动	离合器、变速箱、中央传动、转向离合器和最终传动	离合器、变速箱、转向机构和最终传动	传输扭矩；改变行驶速度、方向和牵引力
行走系	机架、导向轮、驱动轮和前桥	机架、驱动轮、支重轮、履带张紧装置、导向轮、托带轮、履带	驱动轮和尾轮	支撑重量；将扭矩转为驱动力；减少地面冲击
转向系	方向盘、差速器、转向器、转向传动机构	转向离合器、操纵机构	牙嵌式转向机构	改变和控制拖拉机的行驶方向
制动系	制动器和操纵机构	单端拉紧式制动器	盘式或环形内涨式制动器	减速或停车；驻车；协助转向、减小转弯半径
工作装置	液压悬挂装置（液压泵、分配器、液压缸、悬挂机构等）、牵引装置和动力输出装置（动力输出轴、动力输出皮带轮、链轮）			挂接、控制农具升降；牵引挂车和动力输出固定作业

3. 电气设备

拖拉机电气设备具有启动发动机、夜间照明、工作监视、故障报警、自动控制和行驶时提供信号等功用。其组成如图 1-5 所示。

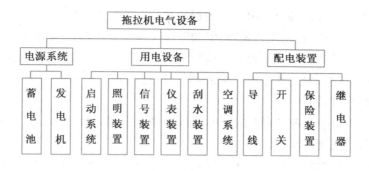

图 1-5 拖拉机电气设备

（二）拖拉机常用操纵件

操纵件是指用来控制拖拉机正常行驶、作业和控制装置的一些杆件（手柄）、踏板、按钮、手轮、旋钮等的总称。

1. 发动机操纵件

脚加速踏板。用右脚操纵，调整发动机的供油量而改变发动机的转速与输出功率。

手加速操纵杆（手柄）。用手操纵以将发动机的供油机构锁定在特定位置，从而改变和保持发动机的转速与输出功率在特定数值。

熄火拉杆。用于发动机熄火。

减压手柄。在带有启动减压装置的发动机中，启动时使用减压手柄将排气门强行打开一点，以减小启动阻力。

2. 驾驶操纵件

转向盘。用于改变拖拉机行驶方向。

离合器踏板。用于控制离合器的分离与接合。

主离合器踏板。在独立操作型双作用离合器中，主离合器踏板用于控制主离合器（将动力传递给变速箱）的分离与接合。

副离合器操纵杆（手柄）。在独立操作型双作用离合器中，副离合器操纵杆（手柄）用于控制副离合器（将动力传递给动力输出装置）的分离与接合。

主变速器操纵杆（手柄）。用于在行驶中对主变速器进行换挡，它作为改变行驶速度的主要操纵件而操作频繁。

副变速器操纵杆（手柄）。用于在行驶中对副变速器进行换挡，它作为改变行驶速度的次要操纵件，一经选择，操作的次数相对较低。

梭行挡操纵杆(手柄)。用于对梭行装置(一般为选装件)进行换挡,以控制拖拉机的前行与倒驶,若无此选装,则倒驶时用变速器操纵杆(手柄)进行控制。

爬行挡操纵杆(手柄)。用于对爬行装置(一般为选装件)进行换挡,在需要很大驱动力时,在主、副变速箱的基础上,再次降低拖拉机的行驶速度,一经选择,操作的次数相对较低。

制动踏板。分为左、右制动踏板,一般联锁在一起,同时操纵,用于使行驶中的拖拉机减速或快速停车。

驻车制动操纵杆(手柄)。用于使停止后的拖拉机安全地保持在原地不动,大多数拖拉机无此件,其功能是直接将制动踏板压下后锁止。

分动箱操纵杆(手柄)。在四轮驱动形拖拉机中,用于接合和断开通向前驱动桥的动力。

差速锁操纵踏板或差速锁操纵杆(手柄)。在单侧后驱动轮打滑时,用于使后驱动桥的差速器失去差速功用。

3．工作装置操纵件

动力输出操纵杆(手柄)。用于控制动力输出轴的动力接合和输出转速。

液压提升操纵杆(手柄)。用于控制悬挂杆件的升、降,从而控制拖拉机所携带农机具的升、降与耕深。

力调节操纵杆(手柄)。用力调节形式来控制悬挂杆件的升、降,从而控制拖拉机所携带农机具的升、降与耕深。

位调节操纵杆(手柄)。用位调节形式来控制悬挂杆件的升、降,从而控制拖拉机所携带农机具的升、降与耕深。

农机具下降速度调节手轮。通过调节液压阀来控制悬挂杆件的下降速度,从而控制拖拉机所携带农机具的下降速度。

4．电器操纵件

启动开关。用于打开电源,给电气设备供电;启动前给带有热装置的发动机预热;给启动机供电,启动发动机。

喇叭按钮。用于给喇叭通电,使其轰鸣,警示拖拉机周围人员。

前照灯开关。用于使前照灯通电,照亮行驶前方的路面。

转向灯开关。用于给转向灯通电,发出转向灯闪烁信号。

工作灯开关。用于给工作灯通电,为其他工作提供照明。

警告灯开关。用于给警告灯通电,用幻光警示说明拖拉机有故障发生,请勿靠近。

(三)拖拉机常用仪表指示

发动机转速表。用于指示发动机实时工作转速。

燃油指示表。用于指示燃油油位高度,表明燃油箱内的燃油余量。

冷却液温度指示。用于指示发动机冷却液的实时温度,表明发动机的工作温度。

发动机机油压力表。用于指示发动机机油压力,表明发动机的润滑情况。

蓄电池充电指示。用于指示蓄电池和发电机的工作状况。

转向指示。在转向灯开关打开时发亮,指示转向方向,并表明转向灯线路工作情况。

警告灯指示。在警告灯开关打开时发亮,表明警告信号已发出,间接说明警告灯线路的工作情况。

前照灯指示。在前照灯开关打开时发亮,表明前照灯已打开,间接说明前照灯线路的工作情况。

制动指示。在驾驶员踩下制动踏板时发亮,表明已踩下制动踏板,间接说明制动灯线路的工作情况。

【任务实施】

一、认知轮式拖拉机

将发动机、离合器、转向系、变速箱、中央传动、动力输出轴、液压悬挂机构、最终传动、传动系、行走系分别填在图1-6的横线处。

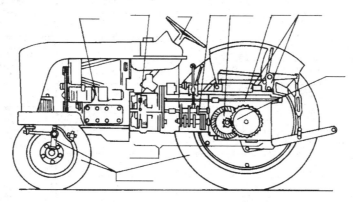

图 1-6　轮式拖拉机

二、认知履带拖拉机

将发动机、离合器、变速箱、最终传动、中央传动、后桥、变速杆、行走系分别填在图1-7的横线处。

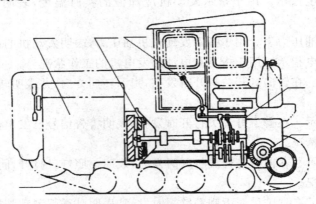

图1-7　履带拖拉机

三、认知拖拉机操纵件

观察某品牌中型轮式拖拉机,填写表1-2。

表1-2　拖拉机操纵件观察记录表

拖拉机型号			
操纵肢体	操纵件名称	操纵件位置	操纵件功能
双手			
左手			
右手			
左脚			
右脚			

四、认知拖拉机仪表

请说明图 1-8 拖拉机组合仪表中各符号的名称和作用。

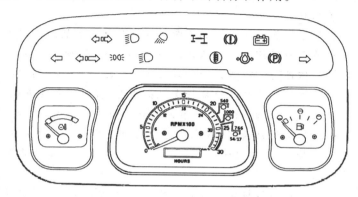

图 1-8　拖拉机仪表

【任务拓展】

拖拉机整机性能及参数

拖拉机的整机性能及参数在产品使用说明书或技术文件中都有规定。它是选购及评价拖拉机的重要依据。

1. 尺寸参数

总长。分别相切于拖拉机前、后端并垂直于纵向中心面的两个铅垂面间的距离（悬挂下拉杆处水平位置）。

总宽。平行于纵向中心面并分别相切于拖拉机左、右固定突出部位最外侧点的两个平面间的距离。

总高。拖拉机最高部位至支承面间的距离。

轴距。分别通过拖拉机同侧前、后车轮接地中心点并垂直于纵向中心面和支承面的两平面间的距离。

轮距（轨距）。同轴线上左、右车轮接地中心点（左、右履带中心面）之间的距离。

2. 可靠性

拖拉机的可靠性表示拖拉机在规定的使用条件、规定时间内完成规定功能的能力。通常以拖拉机零部件的使用寿命来衡量。拖拉机的可靠性越高，则使用时间就越长，创造的价值也就越大，还可以减少配件供应及修理的时间。由于拖拉机各零部件的工作条件不同及制造水平不同,它们的寿命标准也不同相同。一般农用拖拉机各部件在第一次大修前应具有的使用寿命为发动机 5 000 h,传动系 6 000 h,行走系 3 500～5 000 h,无故障工作时数为 750 h。

3. 牵引附着性能

拖拉机牵引附着性能包括拖拉机的牵引性能及附着性能。牵引性能表示拖拉机在规定地面条件下所发挥的牵引工作能力及其效率;附着性能是表示其行走机构对地面的附着("抓住"土层)能力。附着性能好的拖拉机,牵引性能也好,两者密切相关。牵引附着性能主要与拖拉机行走机构的形式(如轮式或履带)及附着质量有关。一般说来,履带拖拉机的牵引附着性能要比四轮驱动拖拉机的好,而四轮驱动拖拉机比后轮驱动拖拉机的好,高花纹轮胎比低花纹轮胎附着性能好。因此在评价拖拉机是否有劲时,不仅要看拖拉机的发动机功率大小,还要比较拖拉机牵引功率及牵引力的大小。

拖拉机牵引力。在拖拉机牵引装置上的平行于地面用于牵引机具的力。

标定牵引力。农业拖拉机在田间作业的牵引能力,即拖拉机在水平区段、适耕湿度的壤土茬地上(对旱地拖拉机)或中等泥脚深度稻茬地上(对水田拖拉机),在基本牵引工作速度或允许滑转率下所能发出的最大牵引力(两者取较小者)。

最大牵引力。拖拉机受发动机最大转矩或地面附着条件限制所能发出的牵引力。

理论速度。按驱动轮或履带无滑转计算的拖拉机行驶速度。

实际速度。在驱动轮或履带有滑转的实际工况下的拖拉机行驶速度。

牵引功率。拖拉机发出的用于牵引机具的功率。

牵引效率。拖拉机的牵引功率与相应的发动机功率的比值。

4. 操纵性

操纵性包括拖拉机行走直线性和转向操纵性。当拖拉机向前或向后直线行驶时不自动偏离直线(跑偏)方向,由于外界影响而偏离后,又有足够的自动回正的能力,这称为行走直线性好。转向操纵性是拖拉机按驾驶员希望路线行驶的性能。拖拉机操纵轻便、灵活,转弯半径小,制动、起步顺利,挂挡可靠则操纵性好。

最小转向圆半径。拖拉机转向时,转向操纵机构在极限位置,回转中心到拖拉机最外轮辙(履辙)中心的距离。

最小水平通过半径。拖拉机转向时,转向操纵机构在极限位置,回转中心到拖拉机最外端点在地面上投影点的距离。此值越小,则拖拉机通过性越好。

5. 制动性能

制动性能包括行车制动性能和停车制动性能。行车制动性能是指操纵行车制动装置,使行驶中的拖拉机减速或迅速停驶的能力;停车制动性能是指操纵停车制动装置,拖拉机能在规定坡度上停住的能力。拖拉机必须具备良好的制动性能,才能保证行车安全和作业任务的顺利完成。

6.通过性

通过性是指拖拉机在田间、无路和道路条件下的通过能力,其指标有以下几种:

最大越障高度。拖拉机低速行驶能爬越的最大障碍高度。

最大越沟宽度。拖拉机低速行驶能越过的最大横沟宽度。

最小离地间隙。在与纵向中心面等距离的两平面之间,拖拉机最低点至支承面的距离,此两平面的距离为同一轴上左右车轮(履带)内缘间最小距离的80%。

农艺地隙。在拖拉机机体下方,中耕作物通过部分的离地间隙。它是判断拖拉机中耕作业时是否会伤害作物的指标。

7.稳定性

稳定性是指拖拉机在坡道上不致翻倾或滑移的能力。它主要与拖拉机的重心高度及重心在轴距与轮距(履带为轨距)间的位置有关,拖拉机的重心低,轴距、轮距(或轨距)大,稳定性就好。一般来说,拖拉机离地间隙高,通过性能好,但重心提高,稳定性会差。评价稳定性的指标主要有纵向极限翻倾角、纵向滑移角、横向极限翻倾角和横向滑移角。

8.经济性

经济性是指拖拉机在使用时所消耗的费用。拖拉机经济性主要是指燃料消耗经济性,可用拖拉机的比耗油量来评价,即拖拉机每千瓦每小时耗油量。如用于耕地作业,也可用每公顷的耗油量来衡量。当拖拉机用于运输时,还可以用百公里油耗(在良好的水平路面上单位行驶里程的燃油消耗量)和多工况油耗(在良好的水平路面上和规定的时间内完成有限加速、减速、怠速和等速工况的燃油消耗量)来反映。拖拉机的打滑率、滚动阻力、润滑油耗量、维修和折旧费等都影响其经济性。

9.生产率及综合利用性

生产率是指单位时间内拖拉机或机组完成的作业量。综合利用性是指拖拉机进行多种项目作业的能力。

10.质量与灌注量

结构质量。指不加油料(燃油、润滑油、液压油)和冷却液、无驾驶员、无随车工具和可拆卸配重(轮胎内注水)时的拖拉机质量。

最小使用质量。按规定加足各种油料(燃油、润滑油、液压油)和冷却液、有驾驶员和随车工具、无可拆卸配重(轮胎内注水)时的拖拉机质量。

最大使用质量。按规定加足各种油料(燃油、润滑油、液压油)和冷却液、有驾驶员和随车工具、装最大配重(轮胎内注水)时的拖拉机质量。

结构比质量。拖拉机结构质量与发动机标定功率之比值。它是衡量拖拉机消耗金属和技术水平的一个重要指标。

灌注量。拖拉机正常工作所需注入各有关部件的规定液体量。

11. 视野及乘坐舒适性

视野是指坐着的拖拉机驾驶员眼睛位置处所能看到的范围。乘坐舒适性是指拖拉机驾驶员在驾驶座上乘坐时的减少受震和舒适程度。

12. 维修保养方便性

维修保养方便性指拖拉机技术保养及维修时零部件拆装的方便程度。

13. 环保性

拖拉机的环保性是指对噪声、振动和废气排放物的限制。噪声是指干扰人们工作、学习和休息的声音,它对人们的心理和生理都会产生不良影响。拖拉机噪声可分为两类:一是发动机运转时发出的机械噪声、风扇噪声、燃烧噪声和进排气噪声等;二是行驶时发出的轮胎噪声、制动噪声、风阻噪声、车厢振动噪声、喇叭噪声等。这些噪声随着拖拉机类型和发动机类型的不同而有所差异,同时与拖拉机的技术状况和使用状况有关。排气污染用排气烟度、有害气体排放浓度和有害气体排放量衡量。拖拉机排放污染物不仅对环境造成危害,排放的黑烟也影响后车视线,易造成交通事故。

14. 美观性

美观性表现为具有完美、生动与和谐的艺术造型,满足时代的审美要求。拖拉机总体配置紧凑、外形流畅和造型美观,油漆的耐热、耐磨和耐腐蚀性好,色彩搭配协调,给人们以美的视觉享受。

【任务巩固】

1. 拖拉机由 _____、_____ 和 _____ 三大部分组成。拖拉机底盘由 _____、_____、_____、_____ 和 _____ 等组成。

2. 查找轮式、手扶或履带拖拉机使用保养说明书并认真阅读。

3. 查阅东方红—500/504 系列拖拉机相关资料,说明其主要结构特点有哪些?

任务 3　认知拖拉机标识

【任务目标】

1. 了解拖拉机产品标识的含义。

2. 学会识别拖拉机牌号、标牌、型号和安全标志。

【任务准备】

一、资料准备

轮式(后轮驱动和四轮驱动)拖拉机、手扶拖拉机和履带拖拉机等本地常用机型及其使用维修说明书;图片视频、网络资源和任务评价表等与本任务相关的教学资料。

二、知识准备

(一)拖拉机标识

拖拉机的标识是指用于识别拖拉机的品牌、型号、规格及其基本性能、质量、主要技术指标、特性、特征及使用方法等所做的各种表示的统称。通常用文字、符号、数字、图案以及其他说明物等表示。它是拖拉机产品的重要组成部分,是拖拉机的"身份证",是用户了解拖拉机产品的质量信息、正确选购、使用和维修的重要依据,对保护企业、商家、用户的合法权益起着至关重要的作用。拖拉机产品标识可分为识别标识、认证标识和安全警示标志。

1. 识别标识

拖拉机产品识别标识主要包括全称、商标、标牌和合格证等。

(1)全称　拖拉机产品全称包括牌号、名称和型号三部分,如东方红牌 C1402 型履带拖拉机。

牌号。主要供识别产品的生产企业用。产品牌号一般用地名、物名、厂名简称以及其他有意义的名词或汉语拼音字母表示,列于产品名称之前。如东风牌手扶拖拉机、太湖牌手扶拖拉机、金牛牌手扶拖拉机,这三种产品都是手扶拖拉机,其牌号和生产厂是不相同的。牌号在产品竞争、市场商品销售中很起作用,用户愿买名牌货,生产企业创名牌产品,都是用牌号来区分的。产品牌号经常与产品名称组合使用,牌号列于产品名称之前。牌号应标注在产品的明显部位以及产品说明书上。

名称。说明产品的结构特点、性能特点和用途。一般由基本名称和附加名称组成。基本名称表示产品的类别;附加名称是以区别相同类别的不同产品而附加的名称,列于基本名称之前,附加名称应以产品的主要特征(用途、结构、动力形式等)表示,如轮式拖拉机、履带式拖拉机等。

型号。型号主要是表示产品的类别和主要特征的(如用途、结构特点、尺寸和性能参数等)。型号在图样、技术文件、使用说明书、产品标牌上完全一致。国家《农林拖拉机 型号编制规则》(JB-T 9831—1999)规定了农林拖拉机型号的组成和编制方法。

①型号组成。拖拉机型号的组成及其排列顺序,如图1-9所示。

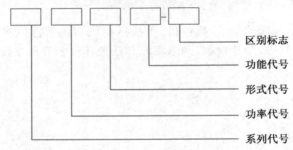

区别标志
功能代号
形式代号
功率代号
系列代号

图1-9　拖拉机型号

系列代号用不多于两个大写汉语拼音字母表示(后一个字母不得用Ⅰ和O),用以区别不同系列或不同设计的机型。如无必要,系列代号可省略。

功率代号用发动机标定功率值(单位为kW)乘以1.36系数附近的整数表示。

形式代号采用下列数字表示:0—后轮驱动四轮式;1—手扶式(单轴式);2 —履带式;3—三轮式或并置前轮式;4 —四轮驱动式;5—自走底盘式;6、7、8(无);9—船形。

功能代号采用下列字母符号:(空白)一般农业用;G—果园用;H—高地隙中耕用;J—集材用;L—营林用;P—坡地用;S—水田用;T—运输用;Y—园艺用;Z—沼泽地用。

区别标志用阿拉伯数字表示。结构经重大改进后,可加注区别标志。

②型号编制。系列代号的字母由工厂选定,形式代号和功能代号各选一项填写。如果必须选用其他数字作形式代号或用其他字母作功能代号,应经行业标准归口部门批准。

③型号示例。121 表示 9 kW 左右的手扶拖拉机。150-1 表示 11 kW 左右的后轮驱动四轮式拖拉机,第一次改进。502J—2 表示 36 kW 左右的履带式集材式拖拉机,第二次改进。B144G 表示 B 系列(或 B 机型)10 kW 左右的四轮驱动果园用拖拉机。121T 表示 9 kW 左右的手扶拖拉机变型运输机。

需要注意,目前国产拖拉机大部分没有按照国家标准命名,而是各厂家自己命名,最常见的表示方法由产地、厂牌或表示用途的汉字和发动机功率近似值的数字两部分组成,中间用短横线隔开。如上海—504 轮式拖拉机表示功率为 36.7 kW(50 马力)、4 轮驱动,牌号为上海牌轮式拖拉机;又如工农—12 手扶拖拉机表示功率为 8.8 kW(12 马力),牌号为工农牌手扶拖拉机。东方红—802 表示功率为 60 kW(80 马力)的东方红牌履带式拖拉机。

(2)商标 拖拉机商标由文字、图形、字母、数字、三维标志、颜色组合成具有显著特征的标志。经国家核准注册的商标为"注册商标",注册商标图标商标,是识别某商品、服务或与其相关具体个人或企业的显著标志。图形"®"常用来表示某个商标经过注册,并受法律保护。如果是驰名商标,将会获得跨类别的商标专用权法律保护。中国一拖集团有限公司拥有的"东方红®"商标为中国"驰名商标"。商标应标注在产品的明显部位,产品说明书上也常附有商标。

(3)标牌 标牌主要用来记载生产厂家及标定工作情况下的一些技术数据,固定在产品上向用户提供厂家商标识别、品牌区分、产品参数、生产日期、出厂编号、厂名厂址、联系电话等信息,又称铭牌。拖拉机及其主要部件是通过编号(序列号或制造代码)进行标识的。编号信息打印在标牌与拖拉机机架上,在订购配件或维修时,是必须向经销商提供的信息,也是判定拖拉机被盗时的必要信息。标牌的材料多为铝、铜制品,如图 1-10 所示。

图 1-10 拖拉机产品标牌

(4)质量检验合格证 是指生产者为表明出厂的产品经质量检验合格,附于产品或者产品包装上的合格证书、合格标签或者合格印章。这是生产者对其产品质量作出的明示保证,是拖拉机注册登记的重要凭证之一,也是法律规定生产者所承担的一项产品标识义务。

2. 认证标识

(1)3C 强制认证标识　3C 是中国强制性产品认证(英文缩写 CCC),它是我国政府为保护消费者人身安全和国家安全、加强产品质量管理、依照法律法规实施的一种产品合格评定制度,未通过 3C 认证的产品禁止生产和销售。

依据国家质量监督检验检疫总局颁布的《中国农机产品质量认证管理办法》的规定,以单缸柴油机或 25 马力(1 马力约为 0.735 kW)及以下多缸柴油机为动力的轮式拖拉机以及植物保护机械必须通过国家强制性产品认证才能进行销售,并在产品明显部位张贴 3C 强制认证标识。

需要注意的是,3C 并不是质量标志,而只是一种最基础的安全认证,它的某些指标代表了产品的安全质量合格,但并不意味着产品的使用性能也同样优异,因此,购买商品时除了要看它有没有 3C 标志外,其他指标也很重要。

(2)推广鉴定标识　为促进先进农机产品的推广应用,确保农业机械的适用性、安全性和可靠性,维护农机使用者、生产者及销售者的合法权益。农机产品生产企业自愿申报,取得农业机械推广鉴定证书和标志,并在销售产品的明显部位张贴农业机械推广鉴定证章。通过推广鉴定的农机产品,可以依法纳入国家农机化技术推广的财政补贴、优惠信贷、政府采购、农机购置补贴产品目录等政策支持的范围。

3. 安全标志

拖拉机虽然通过产品设计或在危险部位加设防护装置,可基本满足安全方面的要求,但是由于拖拉机结构本身或操作者在使用过程中忽视风险的存在,需要在拖拉机适当的部位标注安全警示标志。安全标志的主要作用是警示在拖拉机操作时存在的危险或有潜在危险,指示危险,描述危险的性质,解释危险可能造成潜在伤害的后果,指示用户如何避免危险,确保人机安全。

安全标志一般根据危险情况的相对严重程度,以"危险、警告、注意"三个等级标志词警示。危险即如果不避免将造成人员死亡或严重伤害,机具报废或严重损坏,表示对高度危险要关注。警告即如果不避免将造成人员严重伤害或机具严重损坏,表示中度危险要关注。注意即如果不避免将造成人员较低程度伤害或机具性能下降和较低程度的损坏,表示对轻度危险要关注。

《拖拉机安全标志、操纵机构和显示装置用符号技术要求》(NY/T 1769—2009)规定:拖拉机安全标志由图形带和文字带组成,形式有竖排列和横排列两种方式。采用耐候性 PVC 薄膜,表面耐磨、鲜明、不褪色,文字和图形应清晰。在正常使用情况下应能保持 5～7 年。在使用和维修期间,如有损坏、丢失或模糊不清和更换新零件时,应及时与制造商联系更换。禁止在拖拉机安全标志、操纵符号上直接施高压或高温。拖拉机安全标志示例见表 1-3。

表 1-3　拖拉机安全标志示例

危险等级	粘贴位置	传递信息	安全标志图形
警告	两侧挡泥板上	禁止乘坐在拖拉机乘员位置上	
警告	后悬挂附近	防止农机具和误操作造成人员伤亡和财产损失: 1.拖拉机工作时应远离; 2.动力输出轴挂接农机具时应停机操作	
注意	外露旋转部位	严禁用手或其他物件接触旋转部件	
注意	排气管或水箱	发动机工作时,请远离,以免烫伤	
注意	动力输出轴附近	1.拖拉机工作时动力输出轴防护罩上不允许站人; 2.发动机标定转速时动力输出轴转速(r/min)	文字带

（二）技术资料

技术资料是拖拉机使用、保养和维修的重要依据,需要长期妥善保存。

1.三包凭证

三包凭证是随机出厂,提供给用户进行修理、更换、退货重要的证明凭据。拖拉机产品三包凭证一般有以下内容:

产品基本信息。包括产品名称、规格、型号、产品编号等内容。

生产者信息。包括企业名称、地址、电话、邮政编码等内容。

修理者信息。指企业建立的维修服务网络。包括名称、地址、电话、邮政编码等内容。

整机三包有效期;不实行三包的情况说明。

国家《农业机械产品修理、更换、退货责任规定》中规定,拖拉机整机三包有效期以及主要部件的质量保证期应当不少于以下规定:

(1)整机三包有效期:18 kW 以上大、中型拖拉机 1 年,小型拖拉机 9 个月;

(2)主要部件(包括内燃机机体、气缸盖、飞轮、机架、变速箱箱体、半轴壳体、转向器壳体、差速器壳体、最终传动箱箱体、制动毂、牵引板、提升壳体等)质量保证期:大、中型拖拉机 2 年,小型拖拉机 1.5 年。

主要部件清单。清单上所列的主要部件应不少于国家三包规定的要求。

修理记录内容。包括送修日期、修复日期、送修故障、修理情况、换退货证明等。

2.使用维修说明书

拖拉机使用维修说明书(或维修手册)是生产者按照国家或行业标准规定编写的,向用户全面明确地介绍产品名称、适用范围、规格型号、技术性能、安全操作、警示标志、注意事项、三包说明、售后服务电话等内容的随机技术文件。它是指导用户正确安装、使用操作、维修保养、运输和贮存机具的重要依据,也是解决产品质量纠纷的必要凭证。

3.零件图册

零件图册是拖拉机生产厂根据生产图样和工艺路线编写绘制的直观易懂的插图及详细的目录,系统地介绍拖拉机各零件的名称、图号及数量等。供用户了解拖拉机构造,以正确使用、维修,选购配件。

【任务实施】

一、认知拖拉机标识

请在拖拉机上找出下列标识(不同品牌拖拉机略有不同),将其位置填写在图 1-11 括号中并说明其含义。

二、认知拖拉机商标

查资料说明图 1-12 拖拉机商标所属生产企业及其代表产品型号及主要特点。

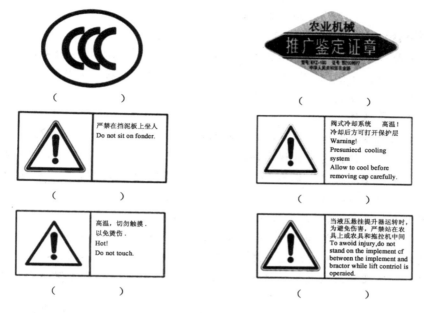

图 1-11 拖拉机标识

图 1-12 拖拉机商标

【任务拓展】

拖拉机维修常用术语

拖拉机维修是指拖拉机维护和修理的泛称。

1. 拖拉机故障

拖拉机故障是指拖拉机完全或部分丧失工作能力的现象。

轻微故障。不会导致停止工作和能力下降,不需要更换零件,用随车工具在很短时间内能容易排除的故障。

一般故障。拖拉机运行中能及时排除的故障或不能及时排除的局部故障。

严重故障。导致拖拉机或总成丧失工作能力,且无法排除的故障。

致命故障。导致拖拉机或总成重大损坏的故障。

2. 拖拉机维修

拖拉机保养。为维持拖拉机完好技术状态或工作能力而进行的作业。

定期保养。按技术文件规定的工作时间或完成的工作量进行的技术维护。通常拖拉机生产企业将定期保养按累计工作小时数规定其周期,规定 50 h、250 h、500 h、1 000 h 保养内容。

班保养。在班前、班后或作业中进行的技术维护。

日常保养。以清洁、补给和安全性能检视为主要内容的维护作业。

技术保管。拖拉机存放过程中,保持完好技术状态而进行的技术与组织活动。

拖拉机修理。为恢复拖拉机完好技术状况(或工作能力)和寿命而进行的维护性作业。

拖拉机大修。通过修复或更换拖拉机零部件(包括基础件),恢复拖拉机完好技术状态和完全(或接近完全)恢复拖拉机寿命的修理。

拖拉机小修。通过修理或更换拖拉机零部件,消除拖拉机在运行过程、维护过程中发生或发现的故障及隐患,恢复拖拉机工作能力的作业。

总成修理。为恢复拖拉机总成完好技术状态(或工作能力)和寿命而进行的作业。

发动机检修。通过检测、试验、调整、清洁、修理或更换某些零部件,恢复发动机性能(动力性、经济性、运转平稳性等)的作业。

发动机大修。通过修理或更换零部件,恢复发动机完好技术状态和完全恢复发动机寿命的修理。

零件修理。恢复拖拉机零件性能和寿命的作业。

视情修理。按技术文件规定对拖拉机技术状态进行检测或诊断后,决定作业内容和实施时间的作业。

整车修理。用修理或更换零部件(包括基础件)的方法,恢复拖拉机整车的完好技术状况和完全(或接近完全)恢复拖拉机寿命的恢复性修理。

局部性修理。用局部更换或修理个别零件的方法,保证或恢复拖拉机工作能力而进行的修理。

试运转。修复的拖拉机投入使用前逐步增加负荷和速度的运转过程。

预防性维修。为防止拖拉机性能劣化和降低拖拉机使用中的故障概率,按事先规定的计划和技术要求进行的维修。

视情维修。根据对拖拉机技术检验所提供的信息决定维修内容和实施时间的维修。

季节维修。为保证农时季节中拖拉机可靠性而有计划按季节安排的维修。

故障维修。拖拉机出现故障后进行的维修。

计划维修。按预先安排的或技术文件规定的时间和内容进行的维修。

维持性修理。仅以维持被修拖拉机产品的正常运转的修理。

恢复性修理。使被修拖拉机产品(整机、总成、部件)恢复或接近原有工作能力的修理。

3. 拖拉机报废

报废是指拖拉机装备的技术状态或经济性等原因不宜进行修理后继续使用,必须退出服役的技术措施。国家规定,具有下列条件之一的拖拉机报废:

①履带拖拉机超过 12 年(或累计作业超过 1.5 万小时);大中型轮式拖拉机超过 15 年(或累计作业超过 1.8 万小时);小型拖拉机超过 10 年(或累计作业超过 1.5 万小时)的。

②严重损坏,无法修复的。

③在标定工况下,燃油消耗率上升幅度大于出厂标定值 20% 的。

④大中型拖拉机发动机有效功率或动力输出轴功率降低值大于出厂标定值 15% 的。小型拖拉机发动机有效功率降低值大于出厂标定值 15% 的。

⑤预计大修费用大于同类新机价 50% 的。

⑥未达报废年限,但技术状况差且无配件来源的。

⑦国家明令淘汰的。

【任务巩固】

1. 从拖拉机生产厂或经销公司、互联网上收集各类拖拉机品牌及其产品的图片并了解其主要性能特点。

2. 分别举例说明拖拉机产品各个标识的含义及功用。

3. 结合前面所学,选购一台拖拉机需要从哪些方面考虑?

模块二　柴油机构造与维修

项目一　认知柴油机

项目二　机体组件构造与维修

项目三　柴油供给系构造与维修

项目四　冷却系构造与维修

项目五　润滑系构造与维修

项目一　认知柴油机

【项目描述】

　　一拖拉机需要对柴油机进行技术保养,查阅使用维修说明书,首先要熟悉柴油机型号和总体构造。

　　本项目分为认知柴油机型号和认知柴油机构造 2 个工作任务。

　　通过本项目学习能熟悉柴油机的总体构造和工作过程;正确识别柴油机型号;增强对本模块学习兴趣,培养查阅资料、观察分析和沟通协作能力。

任务 1　认知柴油机型号

【任务目标】

　　1.了解柴油机主要性能指标。

　　2.能正确说明柴油机型号的含义。

【任务准备】

　　一、资料准备

　　单缸柴油机、多缸柴油机;维修手册、零件图册、图片视频、任务评价表等与本任务相关的教学资料。

　　二、知识准备

　　(一)柴油机型号

　　《内燃机产品名称和型号编制规则》(GB/T 725—2008)规定的柴油机型号表

示方法如图 2-1 所示。

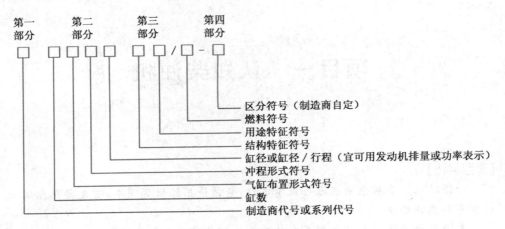

图 2-1 **柴油机型号**

第一部分。由制造商代号或系列符号组成。制造商根据需要选择相应 1～3 位字母表示。例如 CY 代表朝阳柴油机厂,YC 代表玉林柴油机厂等。制造商后面的符号有时会标明该柴油机的构造特点,如 S(双轴平衡)、X(新)、K(扩缸)、Z(直接喷射)。

第二部分。由气缸数、气缸布置形式符号、冲程形式符号、缸径符号组成。气缸数用 1～2 位数字表示;气缸布置形式符号常见的有 V(V 形布置)、P(卧式布置)等,若无符号代表多缸直列及单缸;冲程形式为四冲程时符号省略,二冲程用 E 表示;缸径符号一般用缸径或缸径/行程数字表示,也可用柴油机排量或功率数表示,其单位由制造商自定。

第三部分。由结构特征符号、用途特征符号和燃料符号组成。结构特征常用符号有 F(风冷)、N(凝气冷却)、Z(增压)、ZL(增压中冷)等,若无符号代表冷却液冷却;用途特征常用符号有 T(拖拉机)、G(工程机械)、D(发电机组)、Y(农用三轮车或其他农用车)等,若无符号表示通用型及固定动力(或制造商自定);燃料符号 p 为汽油,无符号代表柴油。

第四部分。区分符号。同系列产品需要区分时,允许制造商选用适当符号表示。

型号示例。如 CY495T 表示朝阳柴油机厂、四缸、直列、四行程、缸径 95 mm、水冷、拖拉机用。

(二)主要性能指标

1.动力性指标

动力性指标是指柴油机对外做功能力,主要包括转速、扭矩和功率。

(1)转速　指柴油机曲轴或飞轮每分钟旋转的圈数,符号为 n,单位为 r/min。在缸径、行程等有关参数相同的条件下,转速越高,做功次数越多,发出的功率也越大。

(2)转矩　柴油机飞轮上对外输出的旋转力矩,叫做有效转矩,简称转矩,符号为 M_e,单位为 N·m。在标示转矩的同时须注明转速,如 12 N·m(1 500 r/min)。

(3)功率　柴油机通过曲轴或飞轮对外输出的功率称为有效功率。用 P_e 表示,单位为 kW。柴油机铭牌或使用说明书中所给出的功率是标定状况的有效功率即标定功率,按不同的作业用途和使用特点,标定功率有 4 种:

15 min 功率。柴油机允许连续运转 15 min 的最大有效功率。适用于需要有短时良好超负荷和加速性能的农用三轮车等。

1 h 功率。柴油机允许连续运行 1 h 的最大有效功率。适用于需要有一定功率储备以克服突然增加负荷的轮式拖拉机等。

12 h 功率。柴油机允许连续运转 12 h 的最大有效功率。适用于需要在 12 h 内连续运转又需要充分发挥功率的农业工程机械等。

持续功率。柴油机允许长期连续运转的最大有效功率。适用于需要长期持续运转的农业排灌机械等。

2.经济性指标

经济性指标主要包括柴油机的燃油消耗率和润滑油消耗率。

(1)燃油消耗率　柴油机发出每单位有效功率,在 1 h 内所消耗的柴油量,称为有效燃油消耗率。用 g_e 表示,单位为 g/kW·h。柴油机通常在使用说明书中,标明 12 h 功率(标定功率)时的耗油率,一般为 170～220 g/(kW·h)。耗油率越低,表明柴油机的燃料经济性越好。

(2)润滑油消耗率　柴油机在标定工况时,每千瓦小时所消耗润滑油的克数称为润滑油消耗率,单位为 g/(kW·h)。柴油机的润滑油消耗率一般在 0.5～4 g/(kW·h)左右。润滑油消耗率高时,不仅浪费能源,而且也会对柴油机工作产生不良影响。

【任务实施】

请在拖拉机或柴油机上找到柴油机标牌,记录柴油机型号,说明其含义,填写表 2-1。

表 2-1 柴油机型号记录表

铭牌位置	型号	含义

【任务巩固】

1.柴油机型号由_____部分组成,其中第二部分由_____、_____、_____、缸径符号组成。

2.动力性指标是指柴油机对外做功能力,主要包括_____、_____和功率。

3.经济性指标主要包括_____和_____。

4.写出柴油机型号 YZ4102T 各部分的含义。

任务 2 认知柴油机构造

【任务目标】

1.了解柴油机的分类和常用术语。

2.能正确描述柴油机总体构造和工作过程。

【任务准备】

一、资料准备

单缸柴油机、多缸柴油机;发动机模型、维修手册、零件图册、图片视频、任务评价表等与本任务相关的教学资料。

二、知识准备

(一)柴油机分类

小型拖拉机多采用单缸四冲程卧式蒸发水冷式柴油机,大中型拖拉机多采用多缸立式四冲程强制循环水冷式柴油机。柴油机的分类如图 2-2 所示。

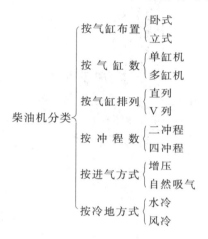

图 2-2　柴油机分类

(二)总体构造

柴油机一般由机体组件、柴油供给系、冷却系、润滑系和启动系组成,如图 2-3 所示。

机体组件。主要包括曲柄连杆机构和配气机构组件。曲柄连杆机构主要由机体、活塞连杆和曲轴飞轮组成,用于产生动力,变活塞往复运动为曲轴旋转输出动力。配气机构主要由气门组、气门驱动装置和进排气系统(空气滤清器和排气消音器等)组成,功用是定时开闭进排气门,吸足新鲜空气,排净燃烧后的废气。

柴油供给系。主要由输油泵、喷油器、喷油泵和高压油管等组成,作用是按照一定的时刻和一定的规律,向气缸中喷射一定数量的雾化良好的柴油,使之与空气混合,充分燃烧。

冷却系。主要由散热器、风扇、水泵和节温器组成,作用是将柴油机的热量散发出去,维持柴油机正常的工作温度。

润滑系。主要由机油泵、机油滤清器和机油散热器等组成,完成润滑、清洗、冷

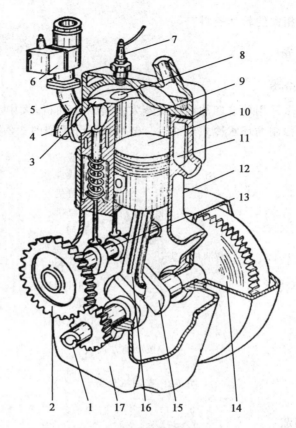

图 2-3 四冲程柴油机构造

1-启动爪 2-正时齿轮 3-进气门 4-排气管 5-进气管 6-预热装置
7-喷油器 8-排气门 9-气缸 10-活塞 11-水套 12-机体
13-凸轮轴 14-飞轮 15-曲轴 16-连杆 17-油底壳

却、减振、密封、防锈等作用。

启动系。使静止的柴油机启动并转入自行运转。常用的启动方式有三种。第一是人力启动,用摇把或启动绳来转动飞轮使曲轴旋转。第二是电启动,用启动机作为启动动力,使曲轴旋转。第三是汽油启动机启动,采用小型汽油机作为启动动力带动柴油机启动。

（三）常用术语

1. 上、下止点

上止点是活塞顶距离曲轴回转中心最远的位置,用 TDC 表示。下止点是活塞顶距离曲轴回转中心最近的位置,用 BDC 表示。

2.活塞行程与冲程

活塞行程是活塞在上、下止点间运动的距离,用 S 表示。活塞冲程是活塞在上下止点之间运动的过程。

3.排量与压缩比

活塞从上止点到下止点所扫过的容积称气缸工作容积。多缸柴油机各缸工作容积之和称为排量。活塞位于上止点时,活塞顶上方的空间为燃烧室容积,活塞位于下止点时,活塞顶上方的空间为气缸总容积,气缸总容积与燃烧室容积之比称为压缩比。同排量的柴油机,压缩比越高,输出功率越大。柴油机压缩比一般为 15~22。

(四)工作过程

1.单缸四冲程柴油机工作过程

柴油机每一次将热能转变为机械能都必须经过吸入空气、压缩和输入燃料,使之发火燃烧而膨胀做功,然后将生成的废气排出这样一系列连续过程,称为一个工作循环。

曲轴转两圈,活塞往复四个冲程完成一个工作循环的柴油机称为四冲程柴油机;曲轴转一圈,活塞往复两个冲程完成一个工作循环的柴油机称为二冲程柴油机。拖拉机柴油机广泛使用四冲程柴油机。单缸四冲程柴油机的工作过程如图 2-4 所示。

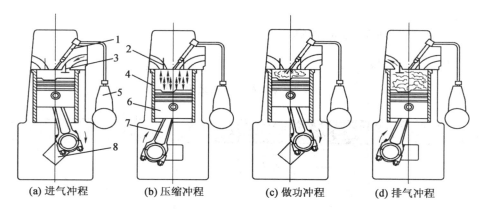

(a) 进气冲程　　(b) 压缩冲程　　(c) 做功冲程　　(d) 排气冲程

图 2-4　单缸四冲程柴油机工作循环

1-喷油器　2-排气门　3-进气门　4-气缸　5-喷油泵　6-活塞　7-连杆　8-曲轴

(1)进气冲程　活塞由上止点向下止点运动,排气门关闭,进气门打开,新鲜空气吸入气缸。当活塞越过下止点后进气门关闭,进入压缩冲程。

(2)压缩冲程 活塞由下止点向上止点运动,进气门和排气门都关闭,气缸内新鲜空气被压缩,压缩终了前,喷油器向气缸内喷油,柴油和空气混合并燃烧,气缸内压力和温度迅速升高,当活塞越过上止点后进入做功冲程。

(3)做功冲程 在这一冲程中,进气门和排气门仍然保持关闭,柴油燃烧放出大量热能使气缸内气体温度和压力急剧升高,高温高压气体膨胀,推动活塞从上止点向下止点运动,通过连杆带动曲轴旋转并输出机械功。

(4)排气冲程 当做功接近终了时,排气门开启,进气门仍然关闭,靠废气的压力先进行自由排气,活塞到达下止点再向上止点运动时,继续把废气强制排出到大气中去,活塞越过上止点后,排气门关闭,进气门打开,排气冲程结束,下一个工作循环又开始。

2.多缸柴油机工作过程

单缸柴油机的四个冲程中只有一个冲程做功,其余三个冲程不做功,即曲轴转两圈,只有半圈做功,所以运转平稳性较差。

多缸柴油机各缸按照一定的顺序交替做功,即曲轴转两圈所有气缸都要完成一个工作循环,且各气缸所有的工作循环完全相同,各缸完成做功的先后次序称为多缸柴油机的工作顺序。如四缸四冲程柴油机的工作顺序为 1—3—4—2 或 1—2—4—3,六缸四冲程柴油机的工作顺序为 1—5—3—6—2—4。

【任务实施】

一、观察柴油机总体构造

观察柴油机,填写表 2-2。

表 2-2 柴油机总体构造记录表

柴油机型号:＿＿＿＿＿＿＿

序号	主要总成	功用
1		
2		
3		
4		
5		

二、描述柴油机工作过程

观看柴油机的工作过程(视频、模型或图片),填写表 2-3。

表 2-3　柴油机工作过程记录表

工作顺序:＿＿＿＿＿＿＿＿＿＿

序号	冲程名称	活塞运动方向	进气门状态	排气门状态	曲轴转动角度	曲轴旋转动力
1						
2						
3						
4						

【任务巩固】

1.柴油机由＿＿＿＿＿＿、＿＿＿＿＿＿、＿＿＿＿＿＿、＿＿＿＿＿＿、＿＿＿＿＿＿和启动系统组成。

2.柴油机每一次将热能转变为机械能都必须经过＿＿＿＿＿＿、＿＿＿＿＿＿、＿＿＿＿＿＿、＿＿＿＿＿＿这样一系列连续过程,称为一个工作循环。

3.曲轴转两圈,活塞往复四个冲程完成一个工作循环的柴油机称为＿＿＿＿＿＿柴油机;曲轴转一圈,活塞往复两个冲程完成一个工作循环的柴油机称为＿＿＿＿＿＿柴油机。拖拉机柴油机广泛使用＿＿＿＿＿＿柴油机。

4.简述单缸四冲程柴油机的工作过程。

项目二 机体组件构造与维修

【项目描述】

一拖拉机出现排气管冒黑烟、机体部位有敲缸异响故障现象,查阅使用维修说明书,需要对机体组件进行拆检。机体组件主要包括曲柄连杆机构和配气机构。

本项目分为气缸体检修、活塞检修、连杆检修、活塞连杆组装配、曲轴检修、气缸盖检修、气门组件维修、凸轮轴检修和气门间隙调整9个工作任务。

通过本项目学习熟悉曲柄连杆机构和配气机构的构造和工作过程;掌握柴油机机体组件的主要维修技术;培养认真严谨、善于思考、沟通协作等能胜任岗位工作的职业素质。

任务1 气缸体检修

【任务目标】

1. 了解气缸体的结构形式和气缸套的类型特点,熟悉气缸磨损规律。
2. 会正确使用及保养量缸表,掌握气缸体的检测及维修技术。

【任务准备】

一、资料准备

不同机型气缸体、气缸套;量缸表、刀口尺(或直尺)、游标卡尺、厚薄规、气缸套拉拔器及常用工具;维修手册、气缸测量记录表、任务评价表等与本任务相关的教学资料。

二、知识准备

（一）气缸体结构形式

气缸体是发动机的主体,它将各个气缸和曲轴箱连成一体,是安装活塞、曲轴以及其他零件和附件的支承骨架。气缸体的工作条件十分恶劣,要承受燃烧过程中压力和温度的急剧变化以及活塞运动的强烈摩擦。水冷发动机的气缸体和上曲轴箱常铸成一体,气缸体一般用灰铸铁铸成。气缸体上部的圆柱形空腔称为气缸,下半部为支承曲轴的曲轴箱,其内腔为曲轴运动的空间。气缸体应具有足够的强度和刚度,在气缸体内部铸有许多加强筋、冷却水套和润滑油道等,根据气缸体与油底壳安装平面的位置不同,气缸体的结构形式有平分式、龙门式、隧道式三种,如图 2-5 所示。

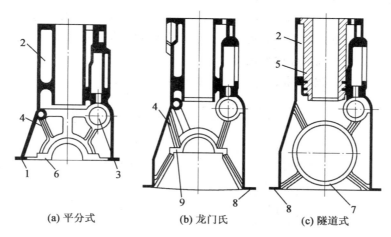

(a) 平分式　　**(b) 龙门氏**　　**(c) 隧道式**

图 2-5　气缸体形式

1-气缸体　2-水套　3-凸轮轮座孔　4-加强肋　5-湿式缸套　6-主轴承座
7-主轴承座孔　8-安装油底壳的加工面　9-安装主轴承盖的加工面

1．平分式气缸体

油底壳安装平面和曲轴旋转中心在同一高度。这种气缸体的优点是机体高度小,重量轻,结构紧凑,便于加工,曲轴拆装方便;但其缺点是刚度和强度较差。

2．龙门式气缸体

油底壳安装平面低于曲轴的旋转中心。它的优点是强度和刚度都好,能承受较大的机械负荷;但其缺点是工艺性较差,结构笨重,加工较困难。

3. 隧道式气缸体

气缸体的主轴承孔为整体式,采用滚动轴承,主轴承孔较大,曲轴从气缸体后部装入。其优点是结构紧凑、刚度和强度好;但其缺点是加工精度要求高,工艺性较差,曲轴拆装不方便。

拖拉机上多采用单缸或二缸、四缸、六缸等多缸水冷式柴油机,气缸垂直排列成一列,称为直列式,此外还有 V 形排列方式和对置式布置方式。

(二)气缸套

气缸呈圆筒形,顶端有气缸盖并由气缸垫密封,内装活塞,构成柴油机实现工作循环的可变容积的密封空间。气缸直接镗在气缸体上叫做整体式气缸,整体式气缸强度和刚度都好,能承受较大的载荷,这种气缸对材料要求高,成本高。如果将气缸制造成单独的圆筒形零件称为气缸套,然后再装到气缸体内,这种气缸叫镶套式气缸。气缸套可采用耐磨的优质材料制成,气缸体可用价格较低的一般材料制造,从而降低了制造成本。同时,气缸套可以从气缸体中取出,因而便于修理和更换,并可大大延长气缸体的使用寿命。

气缸套有干式气缸套和湿式气缸套两种,如图 2-6 所示。

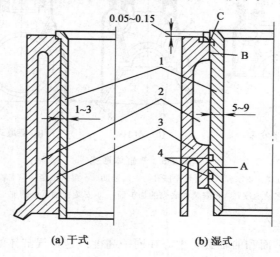

图 2-6　气缸套

1-气缸套　2-水套　3-气缸体　4-橡胶密封圈

A-下支承定位带　B-上支承定位带　C-定位凸缘

1. 干式气缸套

干式气缸套的特点是气缸套装入气缸体后,其外壁不直接与冷却水接触,而和气缸体的壁面直接接触,壁厚较薄,一般为 1~3 mm。强度和刚度较好,内、外表面都需要进行精加工,拆装不方便,散热不良。

2. 湿式气缸套

湿式气缸套外壁直接与冷却水接触,仅在上、下各有一圆环地带和气缸体接触,壁厚一般为 5~9 mm。气缸散热良好,冷却均匀,加工容易,拆装方便,但强度、刚度不如干式气缸套,容易漏水,而且容易产生漏水和穴蚀现象。湿式气缸套下部用 1~3 道耐热耐油的橡胶密封圈进行密封,防止冷却液泄漏。湿式气缸套上部的密封是利用气缸套装入机体后,气缸套顶面高出机体顶面 0.05~0.15 mm。

(三)气缸体磨损规律

在正常磨损情况下,气缸沿工作表面在活塞环运动区域内呈上大下小的不规则锥形,磨损的最大部位是活塞在上止点位置时第一道活塞环对应的气缸壁,向下逐渐减轻,如图 2-7 所示。气缸上口不与活塞接触的部位不磨损,因此该处形成明显台阶,称为缸肩。气缸沿圆周方向的磨损也是不均匀的,形成不规则的椭圆形。

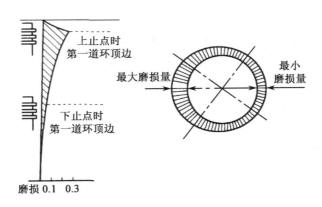

图 2-7 气缸磨损规律

(四)曲轴箱

气缸体下部用来安装曲轴的部位称为曲轴箱。曲轴箱分上曲轴箱和下曲轴箱。上曲轴箱与气缸体铸成一体,下曲轴箱用来贮存机油,并封闭上曲轴箱,故又称为油底壳。油底壳受力很小,一般采用薄钢板冲压而成,油底壳内装有稳油挡板,以防止拖拉机颠动时油面波动过大。油底壳底部还装有放油螺塞,通常放油螺塞上装有永久磁铁,以吸附润滑油中的金属屑,减少发动机的磨损。在上下曲轴箱接合面之间装有衬垫,防止机油泄漏。

柴油机工作时,会有少量燃烧气体漏入曲轴箱,使曲轴箱内压力增高,导致机油外漏和变质,加速零件的腐蚀和磨损,通过设置曲轴箱通风装置,以便将燃气排出。

从曲轴箱抽出的气体直接导入大气中的通风方式称为自然通风。小型柴油机多采用这种方式。

从曲轴箱抽出的气体导入发动机的进气管,吸入气缸再燃烧,这种通风方式称为强制通风。强制通风装置广泛采用 PCV 阀方式。PCV 阀是一个单向阀,根据发动机的负荷自动控制曲轴箱的通风量。

【任务实施】

一、气缸体检修

(一)外部检修

1. 缸体裂纹检修

直观检测气缸体表面是否裂纹,裂纹如在受力不大的部位,可采用胶补或螺钉填补。如裂纹较长或遇破洞,可用补板封补。裂纹在受力较大的部位,应用焊修法修复。经修补的气缸体和气缸盖,需进行水压试验检查,即把气缸盖、气缸垫装在气缸体上,用水管与水压机相连,封住水口,在 $200\sim400$ kPa 的压力下,保持 5 min,应无渗水现象。

2. 缸体螺纹孔损坏检修

扭转螺栓会感觉难以拧紧,螺纹旋入后松动量过大或者螺栓不能按规定的力矩旋紧时,应对螺孔螺纹进行修理。常用方法是将螺孔直径加大后,旋入加大的螺塞,再在螺塞上钻孔攻螺纹,还用原来的螺栓。也可将螺纹孔径加大后,配用特制的螺纹部件加大的阶梯形缸盖螺栓。

(二)上平面变形检修

缸体上平面翘曲不平,大多是由于未按规范拧紧缸盖螺母引起的,检修方法为:

①清洁气缸体上平面。

②将直尺垂直放在气缸体上平面上,用厚薄规测量直尺与上平面间的间隙,即为平面度误差,不应超过 0.10 mm。

③测量时应分别沿长度方向、宽度方向和对角方向分别测量 2 个部位(共6 个),6 个测量部位中间隙值最大的一个值即为该气缸体上平面的平面度误差。

④气缸体上平面变形量超出标准较小,可在缸体与缸盖间均匀涂抹研磨砂往复推拉缸盖,使之互研,这种方法称为"互研法"。气缸体上平面变形量在0.20 mm 以内可用机床磨削或铣削。

(三)检测气缸磨损量

①按被测气缸的标准尺寸、选择合适的接杆,组装好量缸表。

②把外径千分尺调到被测气缸的标准尺寸,将装好的量缸表放入千分尺,进行校零。

③测量气缸时,每个气缸测量位置取上中下(A、B、C)三个横截面,每个截面取横向和纵向两个方向,共计 6 个测量位置,用外径千分尺和量缸表测量,如图 2-8所示。测量结果填入表 2-4。

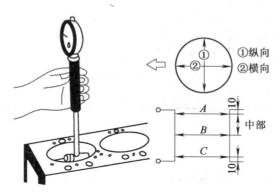

①纵向
②横向

图 2-8　气缸磨损测量

④测量结束后,计算气缸的圆度和圆柱度误差。

圆度误差。同一横截面上不同方向测得的直径差值这半为该截面圆度误差。三个横截面最大圆度误差为该气缸圆度误差。

圆柱度。指不同横截面上任意测得的最大与最小直径差值之半。

⑤结果处理。气缸测量的 2 项指标中一项超过允许值(参照维修说明书),均须镗缸或更换气缸套。

表 2-4 气缸测量记录表

气缸号	位置	直径 1(纵向)	直径 2(横向)	圆度	圆柱度
1 缸	上部(A)				
	中部(B)				
	下部(C)				
2 缸	上部(A)				
	中部(B)				
	下部(C)				
3 缸	上部(A)				
	中部(B)				
	下部(C)				
4 缸	上部(A)				
	中部(B)				
	下部(C)				

二、更换气缸套

气缸套磨损超限、气缸套裂纹以及气缸套与承孔配合松旷漏水等,都必须更换气缸套。拖拉机多采用湿式气缸套,更换较为简单。

①用气缸套拆装工具拉出旧气缸套。

②检查气缸套承孔,清除承孔内杂质。

③将不带阻水圈的新气缸装在气缸体内,检查缸套上端面凸出缸体高度,应高出缸体平面 0.05~0.15 mm。

④检查阻水圈,将阻水圈装在气缸套上,应高出缸套外圆柱面 0.5~1 mm,阻水圈侧面有 0.5 mm 余隙。

⑤镶装气缸套,用专用工具或压力机将缸套按隔缸镶装的顺序缓缓压入。

⑥气缸套装好后对缸体进行水压试验,检查密封性。

【任务拓展】

气缸的镗削和珩磨

气缸镗削的目的是恢复气缸应有的正确形状和表面质量,使发动机工作时能保持足够的压缩力,它是发动机修理的重要工序。气缸镗削,由专用的镗缸机来进行,工艺步骤如下:

①清洁和修理平面清除气缸内积炭,清洁气缸体顶面和镗缸机底部,并消除不平整现象。

②选择修理尺寸。根据气缸最大磨损直径,参照活塞的加大规格,确定气缸的修理尺寸,国产发动机分为 4 级,每级 0.25 mm 一个等级,加工余量 0.1～0.15 mm。再根据所选活塞裙部的外径尺寸结合必要的裙部间隙和预留磨量,决定各缸的镗削尺寸,根据活塞和气缸的实际尺寸计算镗削量和镗削次数。

③确定镗削中心。一般采用同心法,即以气缸未磨损部位定中心,通常用气缸上口活塞行程以上部位,使镗缸机主轴与原气缸中心重合,即镗削后不改变气缸的中心位置。

④确定进刀量,调整镗刀。一次镗削进刀量可选 0.05 mm。

⑤检查镗削后尺寸并留出珩磨余量。镗削过程中须及时检查镗削尺寸和几何形状误差,最终应根据活塞裙部直径及活塞与气缸的规定间隙留出磨缸余量,珩磨余量一般为 0.03～0.05 mm。

⑥气缸珩磨。气缸珩磨的目的是去除镗削刀痕,降低表面粗糙度,控制气缸加工尺寸精度。在珩磨过程中要随时注意检查气缸的尺寸。一般用量缸表或用活塞试配加工尺寸变化情况。活塞与气缸配好后,应在活塞顶上打好缸号,以防装配时错乱。

【任务巩固】

1.发动机气缸的排列形式主要有_____、_____和_____三种结构形式。

2.曲轴箱有_____、_____和_____三种结构形式。

3.气缸套有_____和_____两种。

4.气缸体的主要耗损形式有_____、_____和_____等。

5.干式气缸套和湿式气缸套各有何特点?

任务2　活塞检修

【任务目标】

1. 了解活塞结构特点。

2. 掌握活塞的检修方法。

【任务准备】

一、资料准备

不同类型柴油机活塞、活塞环;厚薄规、竹片及常用工具;维修手册、任务评价表等与本任务相关的教学资料。

二、知识准备

活塞的功用是承受气体压力,并通过活塞销传给连杆驱使曲轴旋转,活塞顶部还是燃烧室的组成部分。活塞在高温、高压、高速、润滑不良的恶劣条件下工作,会产生变形并加速磨损,还会产生附加载荷和热应力,同时受到燃气的化学腐蚀作用。活塞一般都采用高强度铝合金制成。

（一）活塞结构

活塞分为顶部、头部和裙部三部分,如图2-9所示。

1. 顶部

活塞顶部承受气体压力,它是燃烧室的组成部分,其形状、位置、大小都和燃烧室的具体形式有关,都是为满足可燃混合气形成和燃烧的要求,其顶部形状可分为平顶、凸顶、凹顶。

柴油机一般采用凹顶活塞,活塞顶部呈凹陷形,凹坑的形状和位置必须有利于可燃混合气的燃烧,凹坑主要有双涡流形、球形、U形等形状。

2. 头部

活塞头部指第一道活塞环槽到活塞销孔以上部分。它有几道环槽,用以安装活塞环,起密封作用,又称为防漏部。柴油机压缩比高,一般有四道环槽,上部三道安装气环,下部安装油环。在油环槽底面上钻有许多径向小孔,使被油环从气缸壁上刮下的机油经过这些小孔流回油底壳。

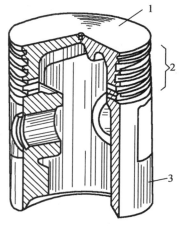

图 2-9　活塞结构

1-顶部　2-头部　3-裙部

活塞顶部吸收的热量主要也是经过防漏部通过活塞环传给气缸壁,再由冷却水传出去。总之,活塞头部的作用除了用来安装活塞环外,还有密封作用和传热作用,与活塞环一起密封气缸,防止可燃混合气漏到曲轴箱内,同时还将 70%～80% 的热量通过活塞环传给气缸壁。

3.裙部

活塞裙部指从油环槽下端面起至活塞最下端的部分,它包括装活塞销的销座孔。活塞裙部对活塞在气缸内的往复运动起导向作用,并承受侧压力。所谓侧压力是指在压缩行程和做功行程中,作用在活塞顶部的气体压力的水平分力,它使活塞压向气缸壁。

(二)活塞结构特点

1.裙部为椭圆形

为使裙部两侧承受气体压力并与气缸保持小而安全的间隙,在加工时预先把活塞裙部做成椭圆形状,椭圆的长轴方向与销座垂直,短轴方向沿销座方向。这样活塞高温工作时受热膨胀趋近正圆。

2.上下为锥形

活塞沿高度方向的温度很不均匀,活塞的温度是上部高、下部低,膨胀量也相应是上部大、下部小。为使工作时活塞上下直径趋于相等,预先把活塞制成上小下大的锥形。

3.裙部开隔热槽与膨胀槽

为减小活塞裙部的受热量,通常在裙部开横向的隔热槽,为了补偿裙部受热后的变形量,裙部开有纵向的膨胀槽。在装配时应使膨胀槽位于做功行程中承受侧压力较小的一侧。

4.镶铸合金钢片

为减小铝合金活塞裙部的热膨胀量,有些活塞在活塞裙部或销座内嵌入膨胀系数很小的恒范钢片,有的柴油机活塞内镶铸合金钢片,以控制裙部的热膨胀变形。

5.活塞销孔中心线偏移

有的活塞销孔中心线是偏离活塞中心线平面的,向做功行程中侧压力大的一方偏移了 1～2 mm。这种结构可使活塞在从压缩行程到做功行程中较为柔和地从压向气缸的一面过渡到压向气缸的另一面,以减小敲缸的声音。

在装配活塞连杆组时,注意活塞顶部或塞内腔的向前的安装标记与边杆上的安装标记方向一致,装配时此标记应朝向发动机前端,否则换向敲击力会增大,易使活塞裙部受损。

【任务实施】

一、检查活塞外部积炭

活塞积炭的部位主要在活塞的顶部和活塞环槽中。在清除活塞积炭时,应用软金属刮刀或竹片轻刮去积炭,注意不要刮伤积炭的活塞表面和其他表面,如图 2-10 所示。

图 2-10   清除活塞积炭

二、检查活塞磨损

(一)检查环槽磨损

活塞环槽的磨损主要是下平面,尤以第一道环槽为最严重,各环槽由上而下逐渐减轻。其主要原因是同于燃气的压力作用及活塞高速往复运动,使活塞环对环槽的冲击增大。环槽的磨损将引起活塞环与环槽侧隙的增大,用新活塞环放入环槽内,用厚薄规测量相隔 120°的三个位置处的侧隙,如图 2-11 所示。超过极限值应更换新活塞。

(二)检查活塞裙部

①检查活塞裙部磨损情况,通常是在承受侧向力的一侧发生磨损和擦伤,当活塞裙部与缸壁间隙超过极限值时,发动机工作易出现敲缸,并出现较严重的窜油现象,应更换活塞。

②观察活塞裙部是否有擦伤拉痕,如图2-12所示。不严重的拉毛、擦伤、划痕,可用油石、牵涉面光磨修整后继续使用,若有裂纹、局部熔化、严重的划痕,无法修复时更换活塞。

图 2-11　检测活塞环侧隙

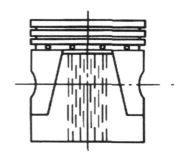

图 2-12　活塞裙部拉痕

(三)检查活塞销孔

活塞在工作时,由于气体压力和惯性力的作用,使塞销座孔产生上下方向较大而水平方向较小的椭圆形磨损。将标准尺寸的活塞销装入销孔内,如活塞销在销孔内转动,说明销孔磨损已超过极限值。

(四)检查活塞顶部

检查活塞顶部是否有刮伤、烧蚀、脱顶现象。活塞刮伤主要由于活塞与汽缸壁的配合间隙过小,使润滑条件变差,以及汽缸内壁严重不清洁,有较多和较大的机械杂质进入摩擦表面而引起的。活塞顶部的烧蚀则是发动机长时间超负荷或爆燃条件下工作的结果。活塞脱顶(即活塞头部与裙部分离),其原因是活塞环的开口间隙过小或无背隙,当发动机连续在高温、高负荷条件下工作时,活塞环开口间隙被顶死,与缸壁之间发生粘卡;而活塞裙部受到连杆的拖动,使活塞在头部与裙部之间拉断。活塞刮伤、顶部烧蚀和脱顶属非正常的损坏,应更换新活塞。

【任务拓展】

一、气环密封机理

活塞环在自由状态下,其外圆直径略大于缸径,所以装入气缸后,气环就产生一定的弹力 F_1 与缸壁压紧,形成所谓第一密封面,如图2-13所示。此外,窜入活塞环背隙的气体,将产生背压力 F_2,使环对缸壁进一步压紧,加强了第一、第二密封面的密封。

二、活塞环泵油作用

由于侧隙和背隙的存在,当发动机工作时,活塞环便产生了泵油作用。其原理是:活塞下行时,环靠在环槽的上方,环从缸壁上刮下来的润滑油窜入环槽的下方;当活塞上行时,环又靠在环槽的下方,同时将机油挤压到环槽上方,如图 2-14 所示。

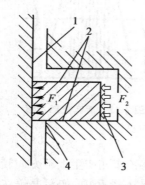

图 2-13　活塞环的密封机理
1-第一密封面　2-第二密封面
3-背压力　4-活塞环自身弹力

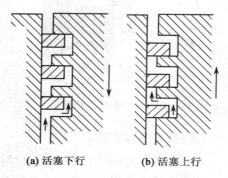

(a) 活塞下行　　　(b) 活塞上行

图 2-14　活塞环泵油作用

【任务巩固】

1. 活塞可分为_____、_____和_____三部分。顶部形状可分为平顶、凸顶、凹顶,柴油机常用不同形状的_____活塞,

2. 描述铝合金活塞的结构特点。

任务 3　连杆检修

【任务目标】

1. 了解连杆的构造。

2. 掌握连杆变形的检测和连杆衬套的铰削工艺。

【任务准备】

一、资料准备

连杆、连杆瓦和衬套;连杆变形检验仪、连杆校正仪、压力机、虎钳、连杆铰刀及常用工具;维修手册、任务评价表等与本任务相关的教学资料。

二、知识准备

连杆

连杆功用是连接活塞和曲轴,连杆小头通过活塞销与活塞相连,连杆大头与曲轴的连杆轴颈相连,并把活塞承受的气体压力传给曲轴,使得活塞的往复运动转变成曲轴的旋转运动。连杆工作时受周期性摆动和惯性力,一般用中碳钢或合金钢模锻或辊锻。

1. 连杆结构

连杆由小头、杆身和大头三部分组成,如图 2-15 所示。

连杆小头与活塞销相连,对全浮式活塞销,由于工作时小头孔与活塞销之间有相对运动,所以常常在连杆小头孔中压入减磨的青铜衬套。衬套与活塞销铰削互配,间隙一般为 0.01～0.05 mm。为了润滑活塞销与衬套,在小头和衬套上铣有油槽或钻有油孔以收集发动机运转时飞溅上来的润滑油并用以润滑。有的发动机连杆小头采用压力润滑,在连杆杆身内钻有纵向的压力油通道。

杆身采用工字形变截面,抗弯强度好,质量轻,大圆弧过渡,且上小下大。采用压力法润滑的连杆,杆身中间制有连通大、小头的油道。杆身上有安装记号,安装时朝向发动机前端。

连杆大头与曲轴的连杆轴颈相连,大头制成剖分式,有平分和斜分两种,连杆大头分开可取下的部分叫连杆盖,连杆与连杆盖配对加工,加工后,在它们同一侧打上配对记号,安装时不得互相调换或变更方向。为此,在结构上采取了定位措施。平切口连杆盖与连杆的定位多采用连杆螺栓定位,是利用连杆螺栓中部精加工的圆柱凸台或光圆柱

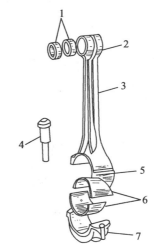

图 2-15 连杆结构
1-小头衬套 2-连杆小头
3-连杆身 4-连杆螺栓
5-连杆大头 6-连杆瓦
7-连杆盖

部分与经过精加工的螺栓孔来保证的。斜切口连杆常用的定位方法有锯齿定位、定位套定位、定位销定位和止口定位,如图 2-16 所示。

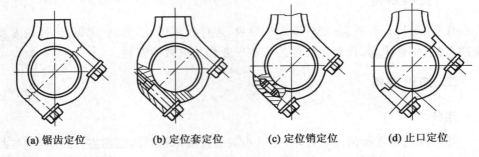

(a) 锯齿定位　　(b) 定位套定位　　(c) 定位销定位　　(d) 止口定位

图 2-16　连杆大头定位方式

连杆盖和连杆大头用连杆螺栓连在一起,连杆螺栓在工作中承受很大的冲击力,若折断或松脱,将造成严重事故。为此,连杆螺栓都采用优质合金钢,并精加工和热处理特制而成。安装连杆盖拧紧连杆螺栓螺母时,要用扭力扳手分 2~3 次交替均匀地拧紧到规定的扭矩,拧紧后还应可靠的锁紧。连杆螺栓损坏后绝不能用其他螺栓来代替。

2. 连杆轴瓦

为减小摩擦阻力和曲轴连杆轴颈的磨损,连杆大头孔内装有瓦片式滑动轴承,简称连杆轴瓦,如图 2-17 所示。

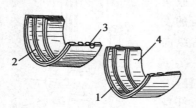

图 2-17　连杆轴瓦
1-瓦背　2-油槽
3-定位凸键　4-耐磨合金层

轴瓦分上、下两个半片,采用薄壁钢背轴瓦,在其内表面浇铸有耐磨合金层。耐磨合金层具有质软,容易保持油膜,磨合性好,摩擦阻力小,不易磨损等特点。耐磨合金常采用的有巴氏合金,铜铝合金,高锡铝合金。连杆轴瓦的背面有很高的光洁度。半个轴瓦在自由状态下不是半圆形,当它们装入连杆大头孔内时,又有过盈,故能均匀地紧贴在大头孔壁上,具有很好的承受载荷和导热的能力,并可以提高工作可靠性和延长使用寿命。

连杆轴瓦上制有定位凸键,供安装时嵌入连杆大头和连杆盖的定位槽中,以防轴瓦前后移动或转动,有的轴瓦上还制有油孔,安装时应与连杆上相应的油孔对齐。

【任务实施】

一、连杆变形检验及校正

(一)连杆变形检验

用连杆变形检验仪检验连杆的弯曲、扭曲,如图 2-18 所示。

①将连杆盖装在连杆上(不带轴承),并按规定力矩拧紧,同时装上修配好的活塞销。

②将连杆轴承孔套装在检验仪的具棱支承座上,调整轴端调整螺钉,使具棱支承座上的定心块外张,将连杆固定在检验仪上,用三点量规的 V 形面靠合在活塞销顶面上,观察量规的三个测点与检验平板的接触情况。

③如果三点规的三个测点都与检验平板接触,则连杆既无弯曲也无扭曲。

④如果下面两测点与平板接触,而上测点与平板不接触,则表明连杆发生了弯曲,此时用塞尺测得测点与平板的间隙值,即为连杆在 100 mm 长度上的弯曲度值。

⑤如果只有一个下测点与平板接触,另一下测点与平板的间隙,即为连杆在 100 mm 长度上的扭曲值。如上测点与平板的间隙不等于扭曲值的一半,则连杆既有弯曲又有扭曲。

(二)连杆校正

连杆在 100 mm 长度上的弯曲度值不应大于 0.03 mm,扭曲度值不应大于 0.06 mm。否则需用连杆校正仪进行校正,如图 2-19 所示。同时存在弯曲和扭曲变形时,先校扭,后校弯。

图 2-18 连杆变形检验

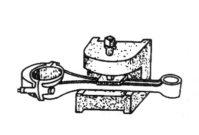

(a) 弯曲校正   **(b)** 扭曲校正

图 2-19 连杆校正

二、连杆衬套铰削

维修柴油机,在更换活塞、活塞销的同时,也要更换连杆衬套,以保证它们之间的配合要求。一般柴油机连杆衬套与活塞销的配合间隙为 0.005～0.02 mm。

更换连杆衬套,可使用压力设备和专用工具,压出旧衬套,压入新衬套,如图 2-20 所示。将新的连杆衬套压入后,应先按连杆机油孔的大小和位置将衬套钻通,然后根据活塞销的外径尺寸,用活动铰刀进行手工配铰衬套内孔,如图 2-21 所示。

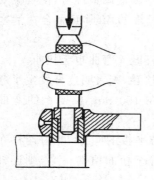
图 2-20　拆卸连杆旧衬套

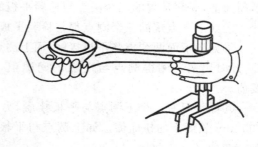
图 2-21　铰削连杆衬套

①根据活塞销直径,选用合适的活络铰刀,将铰刀夹在台虎钳上,并使铰刀与钳口平面垂直。

②把连杆衬套套在铰刀上,一手将连杆大头托平,另一手把住连杆小头并向下轻压,使铰刀的刀口露出衬套端面 3～5 mm 为宜。若刀口露出过多或过少,均需要调整铰刀螺母。

③铰削时,一手把持连杆小头向下轻压,另一手将连杆大头端平,并均匀用力按顺时针方向转动连杆。当衬套下平面与刀口下方平齐时,停止转动,用力向下压连杆小头,使连杆衬套脱出铰刀,以免铰出棱坎。在铰刀直径不变的情况下,将连杆调转方向,重铰一次。

④在铰削过程中,应随时用活塞销试配,防止铰大。每次的铰削量不宜过大,一般使铰刀的调整螺母旋转 60°～90° 为宜。

⑤当铰削到用拇指能将活塞销轻松推入衬套 1/3～1/2 部位时,应停止铰削。再将活塞销压入衬套,并夹在台虎钳上来回转动连杆进行研磨 2min 左右,然后取出活塞销,根据接触面积的大小,适当进行修铰或研磨,直到接触面积和配合间隙均符合技术要求为止。

活塞销与连杆衬套配合间隙经验判断：以拇指能将机油的活塞销推过衬套为好，或将涂有机油的活塞销装入衬套内，连杆与水平面倾斜呈 45°，用手轻击活塞销应能依靠自重缓缓下滑为宜。

【任务巩固】

1.采用压力法润滑的连杆，杆身中间制有连通大、小头的_____。连杆杆身上有安装记号，安装时朝向发动机_____。

2.连杆与连杆盖配对加工，在它们同一侧有_____，安装时不得互相调换或变更方向。

3.安装连杆盖拧紧连杆螺栓螺母时，要用扭力扳手分_____次交替均匀地拧紧到规定的扭矩，拧紧后还应可靠的_____。

4.连杆同时存在弯曲和扭曲变形时，校正时应先校_____，后校_____。

任务4　活塞连杆组装配

【任务目标】

1.了解活塞环种类和活塞环"三隙"的作用。

2.掌握活塞连杆组的装配工艺。

【任务准备】

一、资料准备

活塞连杆套件；厚薄规、活塞环钳、活塞环安装器、气源、吹枪、扭力扳手及常用工具；维修手册、任务评价表等与本任务相关的教学资料。

二、知识准备

(一)活塞环

活塞环在高温、高压、高速条件下工作，且润滑条件差，要求它具有足够的弹性和耐磨性，常采用合金铸铁制作。

活塞环按作用不同分为气环和油环两种，如图 2-22 所示。

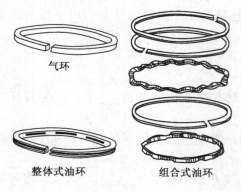

气环

整体式油环   组合式油环

图 2-22　活塞环

1.气环

气环是一种具有切口的弹性环,作用是密封和导热。在自由状态下,环外直径大于气缸内直径,随活塞装入气缸内,靠弹力压紧气缸壁进行气缸密封,并将活塞顶部热量传给气缸壁,再由冷却水带走。为了加强密封、加速磨合、减少泵油作用及改善润滑,除了合理选择材料及加工工艺外,在结构上还采用了许多不同断面形状的气环,有矩形环、锥形环、梯形环、桶面环和扭曲环,如图 2-23 所示。

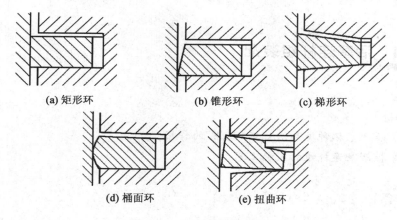

(a) 矩形环　　　　(b) 锥形环　　　(c) 梯形环

(d) 桶面环　　　　(e) 扭曲环

图 2-23　活塞环截面形状

矩形环。截面呈矩形,结构简单,制造方便,导热效果好,镀铬后常用作第 1 道气环。

锥形环。截面呈梯形,此环与缸壁接触面积小,接触压力大,有利于密封和磨合。活塞上行时起布油作用,下行时又能刮油,减少磨损。常用作第 2 道气环。安装时锥形环小端朝上。

扭曲环。分为内圆带有切口的内切环和外圆带有切口的外切环,环装入气缸后能自行变形扭曲,保留了锥形环的全部优点,还可减小积炭进入环槽,常用作第 2 道气环。安装时注意内切口向上,外切口向下。

2.油环

油环的作用是刮油和布油,当活塞上行时把机油均匀地分布在缸壁上以利于润滑,当活塞下行时把多余的机油从缸壁上刮下,防止润滑油窜入燃烧室。油环可分为组合油环和整体油环两种。

组合油环有钢片式和螺旋撑簧式两种。钢片式组合油环由衬环、刮片环组成,具有刮油能力强,密封良好,使用寿命长等优点。螺旋撑簧式组合油环是在整体油环内径环面内安装一个螺旋弹簧,以增强对缸壁的接触压力。具有较好的刮油能力和使用寿命长等优点。

3.活塞环间隙

柴油机工作时,活塞和活塞环会受热而膨胀,为防止活塞环膨胀而卡死,活塞环安装时应具有开口间隙、侧隙和背隙。

开口间隙又叫端隙,是活塞环装入气缸后开口处的间隙。一般为 0.20～0.80 mm,如图 2-24 所示。

侧隙又叫边隙,是活塞环与环槽在活塞轴向的间隙。气环的侧隙一般为0.04～0.09 mm,油环的侧隙较小,一般为 0.025～0.070 mm,如图 2-25 所示。

背隙是活塞及活塞环装入气缸后,活塞环背面与环槽底面的间隙。

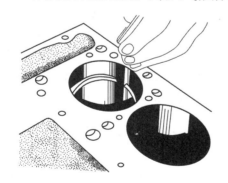

图 2-24 检查开口间隙

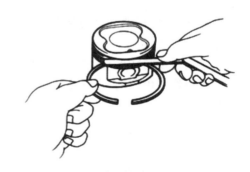

图 2-25 检查侧隙

(二)活塞销

活塞销的作用是连接活塞和连杆,并传递动力。活塞销结构为一厚壁管状体,材料为经热处理的低碳钢或低碳合金钢。

活塞销与销座孔和连杆小端衬套孔的连接方式有两种,一种是活塞销固定于连杆小端孔内,称为半浮式连接;另一种是活塞销浮动于销座孔与连杆小端衬套孔中,称为全浮式连接,如图 2-26 所示。

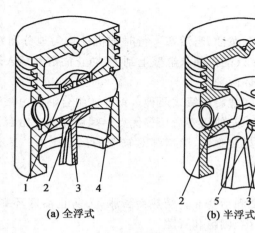

(a) 全浮式   (b) 半浮式

图 2-26 活塞销连接方式

1-连杆衬套   2-活塞销   3-连杆   4-活塞销卡环   5-紧固螺栓

1.全浮式连接

当发动机工作时,活塞销、连杆小头和活塞销座都有相对运动,这样,活塞销能在连杆衬套和活塞销座中自由摆动,使磨损均匀。为了防止全浮式活塞销轴向窜动刮伤气缸壁,在活塞销两端装有挡圈,进行轴向定位。装配时,先把铝活塞加热到一定温度,然后再把活塞销装入。

2.半浮式连接

半浮式连接的特点是活塞中部与连杆小头采用紧固螺栓连接,活塞销只能在两端销座内作自由摆动,而和连杆小头没有相对运动。活塞销不会作轴向窜动,不需要锁片。

【任务实施】

一、活塞与连杆组装

把活塞销安装在活塞销孔内,将活塞与连杆组装为一体,全浮式连接方式活塞销安装步骤如下:

①清洗连杆、活塞与活塞销,用压缩空气吹干净。

②将活塞置于水中加热至 70~80℃后,取出擦净。

③将润滑油涂在活塞销和销孔上,用拇指力量将活塞销推入活塞的一端销孔内,随即将连杆小头伸入活塞内(注意活塞与连杆前方的记号一致),继续用拇指力量将活塞销推入连杆衬套(严禁用手锤打入),直至活塞的另一头销孔边缘,使活塞

销端面与销卡环槽的端面平齐为止。

④装入卡环,卡环嵌入环槽的深度应不少于环径的 2/3;卡环在环槽中与活塞销两端有间隙,以保证活塞销热胀余地。

⑤检查活塞与活塞销的配合,活塞销应能在活塞销座和连杆衬套中平滑移动。

二、安装活塞环

①用厚薄规测量活塞环与活塞环槽壁之间的侧隙,一般值为 0.06～0.09 mm。

②将活塞环放入气缸内,用活塞将活塞环推平。用厚薄规测量开口的端隙,如端隙过小,可用细平锉刀对环的端口进行锉修。

> 注意:只能锉削一端环口且应平整;锉修后,应去除毛刺,以免刮伤气缸壁。

③用活塞环安装专用工具,如图 2-27 所示。将各道活塞环按规定顺序装入活塞环槽内,顺序是先装油环,最后装第一道气环。第一道气环为镀烙的,必须装入第一道环槽,装配时内圆切槽的朝上,外圆切槽的朝下,环上的代码标记朝上,切勿装反。活塞环的开口在环槽内的位置应是在圆周上按 120°均匀错开,同时让第一道环的开口避开活塞销座及侧压力较大的方向。

三、安装活塞连杆组

①将气缸壁,连杆轴颈等部位涂以润滑油。

②检查活塞、连杆、连杆盖上的标记是否一致,再用活塞环安装器夹紧活塞环,标记朝向发动机前端,用手锤木柄轻敲活塞顶,将活塞推入气缸,另一人在曲轴箱方向用手接住,将连杆大头套入连杆轴颈,如图 2-28 所示。

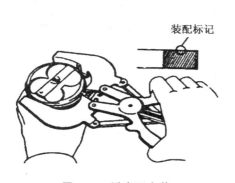

图 2-27　活塞环安装

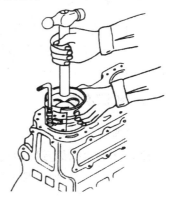

图 2-28　活塞连杆组安装

③盖上连杆盖,注意连杆盖的记号和连杆保持一至,有调整垫片时,不可漏装,分2次上紧连杆螺母到规定扭紧力矩。

【任务巩固】

1.气环是一种具有切口的弹性环,作用是_____和_____,断面形状有_____、_____和_____等。

2.油环的作用是_____和_____,分为_____和_____两种。

3.安装扭曲环时,内圆切槽朝_____,外圆切槽朝_____,环上有代码标记的面朝_____。

4.安装活塞连杆组时,活塞和连杆上的安装标记应一致,并朝向发动机的_____。

任务5　曲轴检修

【任务目标】

1.了解曲轴结构和多缸发动机的工作过程。

2.掌握曲轴的检修方法。

【任务准备】

一、资料准备

曲轴、飞轮、发动机工作演示教具;平台、V形铁、磁力表座、百分表、外径千分尺、气源、吹枪、扭力扳手及常用工具;维修手册、曲轴测量记录表、任务评价表等与本任务相关的教学资料。

二、知识准备

(一)曲轴

曲轴是发动机最重要的机件之一。它与连杆配合将作用在活塞上的气体压力变为旋转的动力,传给底盘的传动机构。同时,驱动配气机构和其他辅助装置,如风扇、水泵、发电机等。

工作时,曲轴承受气体压力,惯性力及惯性力矩的作用,受力大而且受力复杂,并且承受交变负荷的冲击作用。曲轴一般用中碳钢或中碳合金钢模锻而成。为提高耐磨性和耐疲劳强度,轴颈表面经高频淬火或氮化处理,并经精磨加工,以达到较高的表面硬度和表面粗糙度的要求。

　　曲轴一般由主轴颈、连杆轴颈、曲柄、平衡块、前端和后端等组成,如图 2-29 所示。一个主轴颈、一个连杆轴颈和一个曲柄组成了一个曲拐,直列式发动机曲轴的曲拐数目等于气缸数。

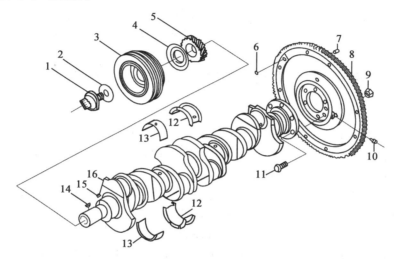

图 2-29　曲轴飞轮组

1-启动爪　2-启动爪锁紧垫片　3-扭转减震器、带轮　4-挡油片　5-正时齿轮
6-第一、第六缸活塞上止点记号　7-圆柱销　8-齿圈　9-螺母　10-黄油嘴
11-连接螺栓　12-中间轴承上下轴瓦　13-主轴承上下轴瓦
14、15-半圆键　16-曲轴

1. 主轴颈

　　主轴颈是曲轴的支承部分,通过主轴承支承在曲轴箱的主轴承座中。主轴承的数目不仅与发动机气缸数目有关,还取决于曲轴的支承方式。曲轴的支承方式一般有两种,如图 2-30 所示。

(a) 全支承曲轴　　　　　　　　　　　　(b) 非全支承曲轴

图 2-30　曲轴支承方式

全支承曲轴的主轴颈数比气缸数目多一个,即每一个连杆轴颈两边都有一个主轴颈。如四缸发动机全支承曲轴有五个主轴颈。这种支承,曲轴的强度和刚度都比较好,并且减轻了主轴承载荷,减小了磨损。柴油机多采用这种形式。

非全支承曲轴的主轴颈数比气缸数目少或与气缸数目相等。虽然这种支承的主轴承载荷较大,但缩短了曲轴的总长度,使发动机的总体长度有所减小。空气压缩机的曲轴采用这种曲轴形式。

曲轴的主轴承与主轴颈配合,安装在曲轴箱的轴承座上,大多数采用轴瓦式滑动轴承,主轴承与连杆轴承材料相同,有的单缸发动机隧道式机体的主轴承采用滚动轴承。

主轴承螺栓须按标准扭矩由内向外分 2～3 次拧紧,并用开口销或铁丝可靠地锁紧。

2. 连杆轴颈

曲轴的连杆轴颈是曲轴与连杆的连接部分,通过曲柄与主轴颈相连,在连接处用圆弧过渡,以减少应力集中。直列发动机的连杆轴颈数目和气缸数相等。V 形发动机的连杆轴颈数等于气缸数的一半。

连杆轴颈和主轴颈间有润滑油道相通,主油道来的压力机油通向各主轴承,润滑主轴颈后由主轴颈上的油道孔流到连杆轴颈润滑连杆轴承。连杆轴颈一般做成中空的,用螺塞封堵成封闭腔,为离心沉淀腔,如图 2-31 所示。由主轴颈来的润滑首先进入此腔,经过离心沉淀,杂质被甩到腔壁上,清洁机油由腔中心处经吸油管输到连杆轴颈工作表面。为防止吸油管堵塞,应按时清除沉积在腔壁上的杂质。

曲柄是主轴颈和连杆轴颈的连接部分,断面为椭圆形,为了平衡惯性力,曲柄处铸有(或紧固有)平衡重块。平衡重块用来平衡发动机不平衡的离心力矩,有时还用来平衡一部分往复惯性力,从而使曲轴旋转平稳。

3. 曲轴前后端

曲轴前端装有正时齿轮、驱动风扇和水泵的皮带轮、扭转减振器和启动爪等,为了防止机油沿曲轴轴颈外漏,在曲轴前端装有一个甩油盘,在齿轮室盖上装有油封,如图 2-32 所示。

为避免曲轴产生强烈的扭转共振,常在振幅最大的曲轴前端装有扭转减振器,有橡胶扭转减振器、硅油扭转减振器和摩擦扭转减振器等形式。

曲轴后端用来安装飞轮,在后轴颈与飞轮凸缘之间制成挡油凸缘与回油螺纹,回油螺纹的旋向和曲轴转向相反,从而起到封油作用,以阻止机油向后窜漏。

4. 曲轴轴向定位

为了防止曲轴的轴向窜动,保证曲轴与活塞连杆组的正确装配位置,需对曲轴

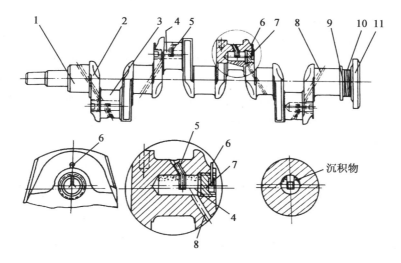

图 2-31 曲轴油道

1-主轴颈 2-曲柄 3-连杆轴颈 4-沉淀腔 5-吸油管 6-开口销

7-螺塞 8-油道 9-挡油盘 10-回油螺纹 11-后端凸缘

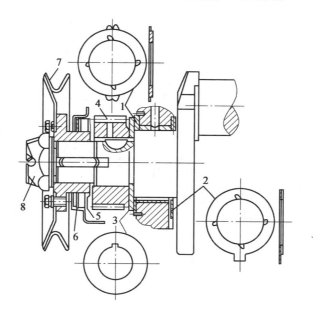

图 2-32 曲轴前端

1、2-止推轴承 3-止推片 4-正时齿轮 5-甩油盘 6-油封 7-带轮 8-启动爪

进行轴向定位,多采用轴向止推片限制曲轴轴向窜动。而在曲轴受热膨胀时,又应允许曲轴自由伸长,故这种限位通常只需一处即可。

止推片的形式有两种,一种是利用翻边轴瓦上的翻边部分做为止推片,另一种是特制的一面具有减摩合金层的滑动止推轴承,安装时应将有减摩合金的一面朝向旋转面。通过调整止推垫片的厚度或主轴承凸肩(翻边)的厚度保证轴向间隙。曲轴轴向间隙一般为 0.15～0.30 mm。

5. 曲拐布置

曲轴的形状和曲拐相对位置(即曲拐的布置)取决于气缸数、气缸排列和发动机的发火顺序。发动机在完成一个工作循环的曲轴转角内,每个气缸都应做功一次,而且各缸做功的间隔时间以曲轴转角表示,称为做功间隔角。

(1)四缸发动机曲拐布置　四行程发动机完成一个工作循环曲轴转两圈,其转角为 720°,四缸发动机在曲轴转角 720°内每个气缸应该做功一次,且做功间隔角是均匀的,因此四缸发动机的做功间隔角为 180°。四缸发动机四个曲拐布置在同一平面内,如图 2-33 所示。1、4 缸在上,2、3 缸在下,互相错开 180°,其工作顺序有两种,一种是 1—3—4—2,另一种为 1—2—4—3。

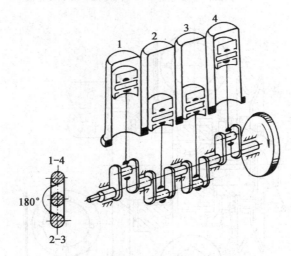

图 2-33　直列四缸发动机曲拐布置

(2)直列六缸发动机的曲拐布置和工作顺序　四行程直列六缸发动机做功间隔角为 720°/6＝120°,六个曲拐分别布置在三个平面内,相邻工作的两缸曲拐间夹角为 120°,有两种布置方案,一种工作顺序是 1—5—3—6—2—4,国产六缸直列发动机大都用这种,曲拐布置如图 2-34 所示,工作循环表见表 2-5。六缸发动机另一种工作顺序是 1—4—2—6—3—5。

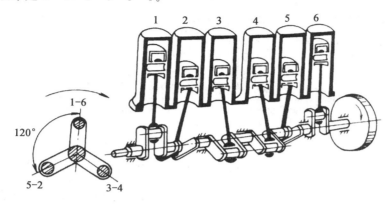

图 2-34 直列 6 缸发动机曲拐布置

表 2-5 工作顺序为 1—5—3—6—2—4 发动机工作循环表

曲轴转角		第一缸	第二缸	第三缸	第四缸	第五缸	第六缸
0～180°	60°	做功	排气	进气	做功	压缩	进气
	120°						
	180°			压缩	排气	做功	
180°～360°	240°	排气	进气				压缩
	300°						
	360°			做功	进气	排气	
360°～540°	420°	进气	压缩				做功
	480°						
	540°			排气	压缩	进气	
540°～720°	600°	压缩	做功				排气
	660°			进气	做功		
	720°		排气			压缩	

6.曲轴常见损伤

(1)轴颈磨损 曲轴轴颈的磨损是不均匀的,主轴颈和连杆轴颈在径向的最大磨损部位发生在它们相互靠近的一侧,即主轴颈的最大磨损在靠近连杆轴颈的一侧,连杆轴颈的最大磨损部位在主轴颈的一侧,如图 2-35 所示。主要是因为连杆受到的各种合力 F 作用在连杆轴颈内侧,方向始终沿曲轴半径向外。连杆轴颈的磨损比主轴颈的磨损严重,沿径向呈锥形磨损,在背离油道倾斜方向的一侧磨损较大。轴颈磨损后出现异响并影响机油压力。

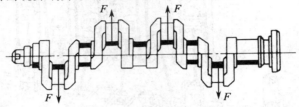

图 2-35　曲轴磨损规律

(2)曲轴变形　曲轴由于使用不当或修理不当产生弯曲和扭曲变形,曲轴变形后,会加剧活塞连杆组和气缸的磨损,也影响发动机的配气正时和喷油正时。

(3)曲轴裂纹　曲轴在曲柄与轴颈之间的过渡圆角处以及油孔处,易产生裂纹,严重时将造成曲轴断裂。

(二)飞轮

飞轮是一个轮缘较厚的圆盘零件,由铸铁或铸钢制造,安装在曲轴后端的接盘上。飞轮的功用是储存做功行程的部分能量,带动曲柄连杆机构越过止点,克服非做功行程的阻力和短暂的超负荷,另外飞轮又是发动机向外传递动力的主要机件。

飞轮外圆上一般刻有上止点、供油始点等记号,便于检查调整供油及气门间隙时参照。修理中安装飞轮时,不允许改变它与接盘的相对位置,安装面要保持干净、无损伤。另外在飞轮外圆上一般还镶有启动齿圈,供启动时与启动机主动齿轮咬合。

飞轮与曲轴装配后也应进行动平衡试验,以防止由于质量不平衡面引起发动机振动和加速主轴承磨损,一经平衡试验,飞轮与曲轴的相对位置不可再变,一般都有装配定位记号。

【任务实施】

曲轴检验主要包括裂纹、变形、磨损和其他损伤的检验,曲轴的维修主要指变形的校正和轴颈的磨削。首先应对曲轴进行全面检验,确定其有无修理价值,然后进行相应维修。

一、曲轴裂纹检验

曲轴裂纹一般不常见,但一旦出现会导致曲轴折断,所以曲轴清洗后,应首先目测、浸油敲击法或用磁力探伤检查圆角处有无横向裂纹,一经发现立即报废。对于细微的纵向裂纹,可结合曲轴磨削予以削除。

二、曲轴变形检测与校正

(一)曲轴弯曲检测

如图 2-36 所示,将曲轴两端主轴颈分别放置在检验平板的 V 形铁上,将百分表触头垂直地抵在中间主轴颈上,慢慢转动曲轴一圈,百分表指针所示的最大摆差,即中间主轴颈的径向圆跳动误差值,若不于大 0.15 mm,可结合磨削主轴颈予以修正。曲轴弯曲变形超过 0.15 mm 则应冷压校正。

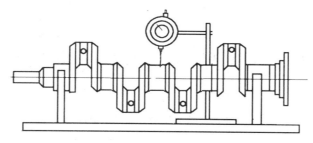

图 2-36　曲轴弯曲检测

(二)曲轴扭曲检验

曲轴两端主轴颈分别放置在检验平板的 V 形铁上,将首、末两缸连杆轴颈转到水平位置,用百分表分别测量首、末缸连杆轴颈至平台的距离,计算同一方位两个连杆轴颈高差 ΔA。

扭转角 $\theta = 360\Delta A/(2\pi R) = 57\Delta A/R$, R 为曲柄半径,单位 mm。

若 θ 大于 $0°30'$ 时可进行校正,严重时予以报废。

(三)曲轴冷压校正

①将曲轴放在压床台面上,用 V 形铁架住两端主轴颈。

②转动曲轴使弯曲凸面向上,将压头对准中间主轴颈,在 V 形压具与主轴颈接触处垫以铜皮。

③使百分表触头抵在被压主轴颈正下方,转动表盘使指针指"0"。

④用油压机沿曲轴弯曲相反方向加压。由于钢质曲轴的弹性作用,压弯量应为曲轴弯曲量的 10～15 倍,并保持 2～4 min,检查校正后曲轴的弯曲度,直至校正合格。

⑤为减小弹性后效作用,采用人工时效处理,即在冷压后,将曲轴加热至300～500℃,保温 0.5～1 h,便可消除冷压产生的内应力。

三、曲轴磨损测量

①选择测量部位,每轴颈靠近圆角处选 1-1、2-2 两位置,每个位置上选 *A-A*、*B-B* 两方向,如图 2-37 所示。

②用外径千分尺测量每道主轴颈和连杆轴颈的外径,计算轴颈磨损后的圆度、圆柱度、最大磨损量。

主轴颈和连杆轴颈圆度、圆柱度不应超过 0.025 mm,否则按修理尺寸磨削修理。

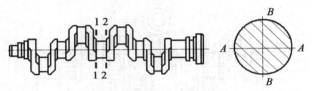

图 2-37　曲轴轴颈磨损测量部位

四、曲轴轴颈磨修

确定修理尺寸。曲轴修理尺寸共 6 级,级差 0.25 mm。根据曲轴最大磨损直径、圆度、变形量确定修理尺寸。各主轴颈和连杆轴颈,应分别磨修成同一级修理尺寸。

确定磨削尺寸。曲轴修理尺寸确定后,选购同级别的轴瓦,结合轴瓦与轴颈的配合间隙和磨削余量,计算出各轴颈的磨削尺寸。

磨削。在专用曲轴磨床上按规定工艺规范磨削曲轴。

五、曲轴安装与轴向间隙检查

①清洁曲轴轴颈、轴承及盖,用压缩空气吹净,用干净机油润滑曲轴主轴颈和轴承。

②放入曲轴上轴瓦后,将曲轴装在气缸体下曲轴箱内。为防曲轴变形,应按顺序分 2～3 次拧紧主轴承盖螺栓到规定扭矩,如图 2-38 所示。

③摇转曲轴,应转动灵活。

④检查轴向间隙,如图 2-39 所示。在曲轴前方放上百分表,用螺丝刀来回撬动曲轴时,观察百分表数值摆动的差值,即为曲轴的轴向间隙,应符合规定。轴向

间隙过小,会使曲轴因受热膨胀而卡死,轴向间隙过大,曲轴工作时产生轴向窜动,加速气缸的磨损,活塞连杆组也会不正常磨损,因此间隙过大或过小应重新选配轴向止推轴承。

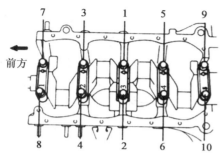

图 2-38　曲轴主轴承盖螺栓拧紧顺序

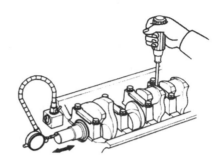

图 2-39　曲轴轴向间隙检查

【任务巩固】

1.曲轴的基本结构包括_____、_____、_____、_____和_____等。

2.四缸发动机的工作顺序为_____或_____,国产六缸发动机工作顺序为_____。

3.曲轴轴向定位的目的是_____,定位方式一种是_____,另一种是_____。

任务 6　气缸盖检修

【任务目标】

1.了解气缸盖的构造。

2.掌握气缸盖的检修方法。

【任务准备】

一、资料准备

气缸盖、气缸垫;刀口尺、厚薄规、扭力扳手及常用工具;气缸盖测量记录表、任务评价表等与本任务相关的教学资料。

二、知识准备

(一)气缸盖

气缸盖安装在气缸体的上面,从上部密封气缸并构成燃烧室,如图 2-40 所示。它经常与高温高压燃气相接触,因此承受很大的热负荷和机械负荷。水冷发动机的气缸盖内部有冷却水套,缸盖下端面的冷却水孔与缸体的冷却水孔相通。利用循环水来冷却燃烧室等高温部分。缸盖上还装有进、排气门座,气门导管孔,用于安装进、排气门,还有进气通道和排气通道等。气缸盖上还加工有安装喷油器的孔。

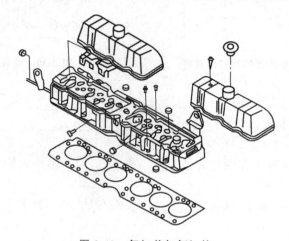

图 2-40　气缸盖与气缸垫

柴油机气缸盖一般采用灰铸铁或合金铸铁铸成,由于它经常与高温高压燃气相接触,因此承受很大的热负荷和机械负荷,缸径较大的柴油机多采用一缸一盖、二缸一盖或三缸一盖的分开式缸盖。

安装气缸盖时,为防止缸盖变形,拧紧缸盖螺栓时应从中间向两边按对角线顺序,分 2～3 次逐步拧紧到规定扭矩。拆卸时顺序与安装时相反,分 2～3 次逐步拧松。

(二)气缸垫

气缸垫装在气缸盖和气缸体之间,其功用是保证气缸盖与气缸体接触面的密封,防止漏气、漏水和漏油。气缸垫的材料要有一定的弹性,能补偿结合面的不平度,以确保密封,同时要有好的耐热性和耐压性,在高温高压下不烧损、不变形。目前应用较多的是铜皮-石棉结构的气缸垫,其内部为石棉板或混有黏合剂和金属屑的石棉,外覆铜皮或钢皮,在气缸孔、水孔、油孔处卷边加强。有的发动机还采用在石棉中心用编织的钢丝网或有孔钢板为骨架,两面用石棉及橡胶黏结剂压成的气缸垫。

安装气缸垫时,首先要检查气缸垫的质量和完好程度,所有气缸垫上的孔要和气缸体上的孔对齐,气缸垫铜皮的卷边一面朝向易修整的平面,柴油机机体和气缸盖都为铸铁时朝向气缸盖。

【任务实施】

一、气缸盖裂纹检修

气缸盖产生裂纹一般是由于设计制造中的缺陷、冷却水结冰或意外事故造成的,气缸盖裂纹多发生在冷却水套薄壁处或气门座处。产生裂纹后会导致漏气、漏水、漏油,影响发动机的正常工作。通常采用目测和水压试验来检查,一旦检查出裂纹可视情况进行焊修、胶粘等,必要时进行更换。

二、气缸盖变形检修

缸盖变形是指与气缸体的结合平面的平面度误差超限。缸盖变形的原因一般是热处理不当、缸盖螺栓拧紧力矩不均或放置不当等引起的。

①将气缸下平面朝上平放在工作台上,铲除平面上的附着物,清洁气缸盖。

②如图 2-41 所示,用刀口尺垂直放在气缸盖上,沿气缸盖的六个方向用塞尺进行检查刀口尺与气缸盖间的间隙,塞尺测量的间隙最大值为平面度误差。

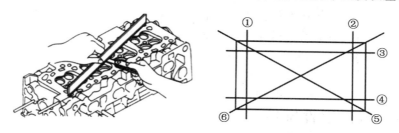

图 2-41 **气缸盖平面度检测**

③气缸盖下平面的平面度误差,在任意 50 mm × 50 mm 内不得大于 0.05 mm,在整个平面上不得大于 0.1 mm,在相邻两燃烧室之间的平面上,不允许有明显的划痕或击伤,否则应予以修理。

④同样方法检查气缸盖的进、排气歧管接合平面的平面度误差,极限值为 0.10 mm。

气缸盖下平面的平面度超过规定极限值时,可用刮削、研磨、磨削的方法修理。磨削时,注意气缸盖的最小厚度尺寸应保持在极限值以上,否则应更换气缸盖。

三、安装气缸盖

①清洁气缸体上平面,放上气缸垫缸垫,注意将卷边朝向气缸盖。

②将已装好气门组零件的气缸盖放在气缸垫上。

③为防止缸盖变形,应按对角交叉顺序,用扭力扳手分 3 次均匀拧紧缸盖螺栓,直到规定拧紧力矩,如图 2-42 所示。

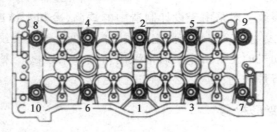

图 2-42　气缸盖螺栓拧紧顺序

【任务巩固】

①安装气缸盖时,拧紧缸盖螺栓时应从_____向_____按对角线顺序,分_____次逐步拧紧到规定扭矩。

②安装气缸垫时,所有的孔要和气缸体上的孔对齐,气缸垫铜皮的卷边一面朝向_____平面,柴油机机体和气缸盖都为铸铁时朝向_____。

③叙述气缸盖的检测方法。

任务 7　气门组件维修

【任务目标】

1.了解气门组件及功用。

2.掌握气门组件的检修方法。

【任务准备】

一、资料准备

配气机构工作演示资料、气门组件和气缸盖；气门导管专用冲头、气门座拉拔器、百分表、气门铰刀、气门研磨机、研磨膏及常用工具；维修手册、图片视频、任务评价表等与本任务相关的教学资料。

二、知识准备

配气机构是按照柴油机工作循环和工作顺序的要求，定时开闭进、排气门，以保证及时吸入新鲜空气、排出废气。柴油机配气机构，如图 2-43 所示。

配气机构由气门组和驱动组两部分组成。气门组零件包括气门、气门座、气门导管、气门弹簧及弹簧座和锁片、气门油封等。实现气缸的进、排气，并保证气缸的密封。

(一)气门

气门分为进气门和排气门。其工作温度高，受力大，冷却润滑条件差，开闭频繁。进气门材料采用合金钢，排气门则采用耐热合金钢。为多吸入新鲜空气，进气门头部直径比排气门大些。

气门由头部和杆身组成。

①头部用来封闭气缸的进、排气通道，头部是一个具有 45°圆锥面的圆盘，锥面上有宽度为 1.5～2.5 mm 的密封环带，与气门座上相应的密封环带配合以防止漏气。

②气门杆呈圆柱形，在气门导管中作往复运动，为气门的运动导向。气门杆尾部的形状取决于气门弹簧座的固定方式，通常在气门杆尾部制有凹槽，用来安装锁片，以固定气门弹簧和弹簧座。

(二)气门座

进、排气道口与气门密封锥面直接贴合的部位称为气门座，气门座与气门头配合共同密封气缸，并接受气门传来的热量，工作温度高，容易磨损。

气门座有两种，一种是在气缸盖上直接镗削加工而成；另一种是用合金铸铁或奥氏体钢或粉末冶金单独制作成气门座圈，镶入气缸盖的气门座承孔中，磨损后可以更换。

气门座的锥角由三部分组成，其中 45°锥面与气门密封锥面贴合，为工作面，

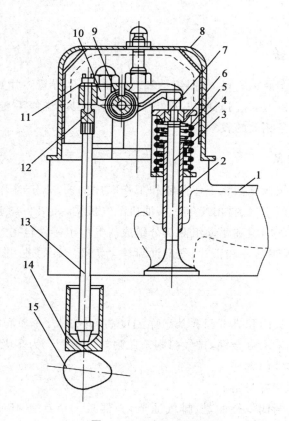

图 2-43　配气机构

1-气缸盖　2-气门导管　3-气门　4-主弹簧　5-副弹簧　6-弹簧座

7-锁片　8-气门室罩　9-摇臂轴　10-摇臂　11-锁紧螺母

12-调整螺钉　13-推杆　14-挺柱　15-凸轮轴

贴合宽度 b 为 1～2.5 mm，以保证一定的座合压力，使密封可靠，同时又保证一定的导热面积。15°锥面和 75°锥面是用来修正工作面位置和宽度，如图 2-44 所示。

(三)气门导管

气门导管为一圆筒形零件，起导向作用，引导气门作往复直线运动，保证气门与气门座的对中，另外还起导热作用，将气门头部传给杆身的热量，通过气缸盖传出去，气门导管的外形及安装位置如图 2-45 所示。

气门导管的工作温度较高，约 500 K。气门导管与气门杆的配合间隙很小，一般为 0.05～012 mm。气门导管和气门的润滑是靠配气机构飞溅出来的机油进行

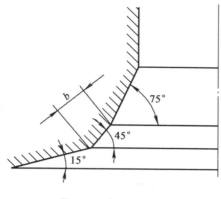

图 2-44　气门座锥角

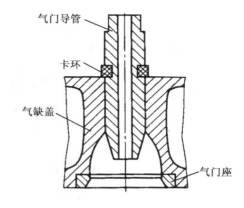

图 2-45　气门导管

的,因此易磨损。为了改善润滑性能,气门导管常用灰铸铁或球墨铸铁或铁基粉末冶金制造。导管内、外圆面加工后压入气缸盖的气门导管孔内,然后再精铰内孔。为防止气门导管在使用过程中松脱,有的发动机对气门导管用卡环定位。

(四)气门弹簧

气门弹簧多为圆柱形螺旋弹簧,其功用是保证气门及时落座,并与气门座紧密贴合保证密封,同时吸收气门在开闭过程中产生的惯性力,保证配气机构的正常工作。

气门弹簧多为圆柱形等螺距弹簧,为了防止弹簧共振,有的发动机采用变螺距弹簧。目前大多发动机采用同心安装的内、外两根旋向相反的双气门弹簧,不但防止共振,而且当一根弹簧折断时,另一根还能继续维持工作,不致使气门落入气缸中。

(五)气门弹簧座和锁片

气门弹簧座为一台阶式圆柱体,中间有倒锥形通孔,外圆上台阶与弹簧接触,并压缩弹簧,使之有一定预紧力。倒锥形通孔使气门杆尾部穿过,用两片锁片固定。

(六)气门油封

发动机工作时由于进气管内有很大的真空,气门室中的机油会通过气门杆与导管之间的间隙被吸入进气管和气缸内,除增加机油的消耗外,还会在气门和燃烧室产生积碳。为此,有的发动机的气门杆上部设有机油防漏装置的气门油封。

【任务实施】

一、更换气门导管

(一)检查气门杆与气门导管间隙

百分表检查。将气缸盖倒置在工作台上,将气门顶升至高出座口约 10 mm,安装磁性百分表座,使百分表的触头触及气门头边缘,侧向推动气门头,同时观察百分表指针的摆动,其摆动量即为实测的近似间隙,如图 2-46 所示。如换上新气门,其间隙值仍超过允许值,则应更换气门导管。

经验法检查。将气门杆和气门导管擦净,在气门杆上涂一层薄机油,将气门放入气门导管中,上下拉动数次后,气门在重力作用下能徐徐下落,表示气门杆与气门导管的配合间隙适当,如气门快速落下,则表明间隙过大。

(二)更换气门导管

当气门导管磨损严重,应予以更换,方法如下:

①用外径略小于气门导管内孔的阶梯轴从气缸盖上铣出气门导管,如图 2-47 所示。

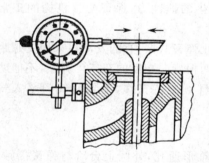

图 2-46　气门导管磨损测量

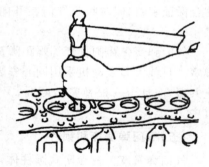

图 2-47　拆卸气门导管

②选择外径尺寸符合要求的新气门导管。

③安装气门导管。用细砂布打磨气门导管承孔口,在承孔内壁与导管外表面上涂少许机油,并放正气门导管,安好铜质的阶梯轴用压力机或手锤将气门导管装入承孔内。

④检查气门导管伸出进、排气道的高度,应符合规定。

二、镶换气门座

气门座有裂纹、松动、烧蚀或磨损严重,或经多次铰削气门下陷量大于 2 mm 以上,应镶换新的气门座。

(一)拆卸旧气门座

注意拆卸旧气门座时不要损伤气门座承孔,拆卸方法有:

拉拔法拆卸。用某一拉拔工具将气门座圈直接从气缸盖上拉拔出来,如图 2-48 所示。

点焊法拆卸。用废旧气门加工成气门头刚好能通过气门座圈内孔而落入气门座圈下面,在气门座圈上点焊几点,轻轻敲打气门杆尾部,即可将旧气门座拆除,如图 2-49 所示。

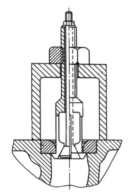

图 2-48　拉拔法拆卸旧气门座

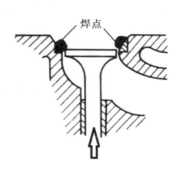

图 2-49　点焊法拆卸旧气门座

切削法拆卸。在机床上用刀具将气门座圈切削掉。

电焊加热法拆卸。采用电焊设备用焊条对沿气门座圈的内表面连续均匀点焊,当气门座圈被加热发红时,立即在气门座圈上浇上冷水,此时气门座圈通常会断裂。采用此法不宜对气门座圈加热时间过长,一般以气门座圈被加热到发红为止。

(二)镶换新气门座

根据气门座承孔内径选择相应的新气门座圈,新座圈与座孔一般有一定的过盈量。将气门座圈镶入座圈孔内,通常采用冷缩和加热法。冷缩法是将选好的气门座圈放入液氮中冷却片刻,使座圈冷缩;加热法是将气缸盖加热100℃左右,迅速将座圈压入座孔内。

三、气门座铰削

若气门座烧蚀严重,或密封环带过宽时,应对气门座进行铰削加工,如果气门导管孔磨损严重,则需要更换新的气门导管后,再铰削气门座。气门座通常采用手工铰削,工艺过程如下:

1. 选择铰刀

铰削前应根据气门座及气门导管孔的尺寸选择合适的铰刀及导杆,柴油机的进、排气门与气门座的密封锥角是 45°,选用用 45°、15°和 75°三种铰刀,其中 45°铰刀又分为粗刃和细刃两种。

2. 砂磨硬化层

气门座接触环带上若有硬化层时,使用粗砂布垫在铰刀下面先磨掉硬化层。

气门座铰削注意事项

①铰刀杆与气门导管的间隙不应过大($\leqslant 0.05$ mm),否则铰出的气门座圈形状不规则。

②铰削时,铰刀要放正。两手用力要均匀,转动要平稳,以免铰偏。

③铰削金属量不要过多,以免影响气门座圈的使用寿命。

④铰削过程中要不断试配气门,使接触环带在气门斜面中间位置。

---

3. 粗铰

选用 45°粗铰刀铰削密封斜面,两手握住手柄垂直向下均匀用力,并只作顺时针方向转动,转动要平稳,不允许倒转或只在小范围内转动,直至将烧蚀、斑点等缺陷铰去为止。

4. 调整环带位置和宽度

粗铰后,在气门座铰削表面上涂红丹,用气门检查气门与气门座的接触环带位置,应在气门工作锥面的中部靠下,宽度一般以 1~2.5 mm 为宜。当接触面偏上时,用 15°绞刀铰上口,接触面偏下时,用 75°绞刀铰下口,若环带过宽,用 15°和 75°两种铰刀分别铰削,如图 2-50 所示。

5. 精铰

选用 45°细刃铰刀进行精铰,并在铰刀下面垫以细纱布进行磨修,以降低气门座口表面粗糙度。

四、研磨气门与气门座

更换气门和铰削气门座后应进行研磨,研磨前将气门、气门座、导管清洗干净。

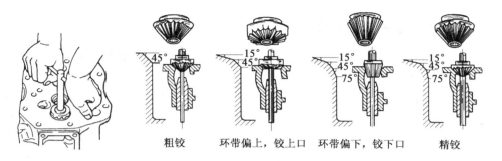

| 粗铰 | 环带偏上，铰上口 | 环带偏下，铰下口 | 精铰 |

图 2-50　气门座铰削

检查各缸气门下陷量趋于一致，并在气门头部平面做好位置记号，以免错乱。手工研磨，如图 2-51 所示。研磨也可使用电动气门研磨机或气动气门研磨机。

图 2-51　手动研磨气门

研磨气门注意事项

①气门与气门座配对研磨，不能互换。

②研磨膏不宜过多。

③研磨时间不宜过长，拍击力不宜过猛，防止环带过宽，出现凹陷。

1. 粗研

在气门工作锥面上均匀涂抹一层粗研磨膏，气门杆上涂少许机油，将气门杆插入导指管内，用气门捻子吸住气门，一边用手指搓动气门捻子的木柄，使气门单向旋转一定角度，一边将气门捻起一定高度后落下进行拍击。注意始终保持单向旋转，不断改变气门与气门座在圆周向的相对位置。

2. 精研

当气门密封锥面磨出整齐、无斑痕和麻点的接触环带时，将粗研磨膏洗去，换用细研磨膏继续研磨，直到气门工作面出现一条整齐的灰色无光的环带时，洗去细研磨膏，涂上机油再研磨几分钟。

3. 研磨后清洁

洗净气门、气门座和气门导管。

五、气门座密封性检验

气门和气门座经过研磨后,要进行密封性检查,常用画线法和渗油法。

1.画线法

用铅笔在气门密封环带上,沿圆周画出均布的若干条与母线平行的铅笔线。然后插入气门座内,按紧气门头并旋转1/4~1/2圈。取出气门观察铅笔线被切断情况,如所画线均被切断,则密封性良好,如图2-52所示。

图2-52　铅笔画线法密封性检查

2.渗油法

将研磨好的气门洗净,并安装好,将气缸盖倒置,然后在气门顶面上倒入煤油,若在5 min内没有渗漏,即为良好。

【任务巩固】

　　1.气门组零件主要有哪些?

　　2.如何铰削气门座?

　　3.如何研磨气门和气门座?

任务8　凸轮轴检修

【任务目标】

　　1.了解气门传动组件功用。

　　2.掌握凸轮轴的检修方法。

【任务准备】

一、资料准备

配气机构工作演示教具、凸轮轴、摇臂组件、液力挺柱;平台、V形铁、磁力表座、百分表、厚薄规、外径千分尺及常用工具;维修手册、任务评价表等与本任务相关的教学资料。

二、知识准备

气门传动组主要包括凸轮轴、正时齿轮、挺柱、推杆、摇臂及摇臂轴等零部件。

（一）凸轮轴

凸轮轴由柴油机曲轴驱动旋转，用来驱动和控制各缸进排气门的开启和关闭，使气门按一定的工作次序和配气相位的要求及时开闭，符合柴油机的工作顺序、配气相位，并保证气门有足够的升程。凸轮受到气门间歇性开启的周期性冲击载荷，因此凸轮表面要求耐磨，凸轮轴要求有足够的韧性和刚度。凸轮轴材料一般用优质钢模锻而成，也可采用合金铸铁或球墨铸铁铸造。

1.凸轮轴结构

凸轮轴主要由凸轮、轴颈等组成，凸轮轴细长，在工作中承受径向力很大，容易产生弯曲扭曲变形，故凸轮轴采用每缸或两缸设一个轴颈的全支承方式，如图2-53所示。由于凸轮轴安装时从缸体前端插入缸体上的轴承孔内，为便于安装，轴颈的直径从前向后逐渐减小。

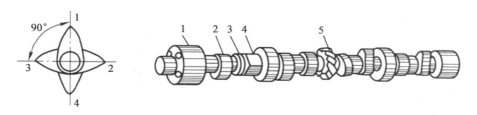

图 2-53　凸轮轴

1-凸轮轴轴颈　2、4-凸轮　3-偏心轮　5-齿轮

同一气缸的进、排气凸轮的相对角位置是与既定的配气相位相适应的，根据凸轮轴的旋转方向以及各进气排气凸轮的工作次序，就可以判定发动机的工作顺序。

2.凸轮轴轴向定位

为了防止凸轮轴轴向窜动，凸轮轴需要轴向定位，如图2-54所示。一般采用止推凸缘实现轴向定位。

（二）凸轮轴正时齿轮

凸轮轴正时齿轮用半圆键装在凸轮轴的前端，凸轮轴正时齿轮与曲轴正时齿轮相啮合，传动比为2：1。在装配时，必须将正时记号对准。为使齿轮啮合平顺，减小噪声，凸轮轴正时齿轮一般采用斜齿轮，如图2-55所示。

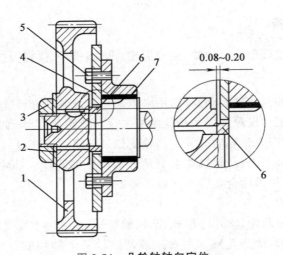

图 2-54 凸轮轴轴向定位

1-正时齿轮 2-垫圈 3-螺母 4-止推凸缘 5-螺栓 6-隔圈 7-轴承

（三）挺柱

挺柱起传力作用,将凸轮的推力传给推杆,再传至摇臂和气门。挺柱的常见结构有筒式和滚轮式,如图 2-56 所示。大型柴油机常采用滚轮式挺柱,它可以显著减小摩擦力和侧向力,但其结构复杂,质量较大。筒式挺柱下端设有油孔,以便将流到挺柱内的机油引导到凸轮上润滑。挺柱的底平面与凸轮接触,顶面呈凹球形与推杆接触。为了使挺柱磨损均匀,常使挺柱中心线与凸轮中心线有一定的偏移距。

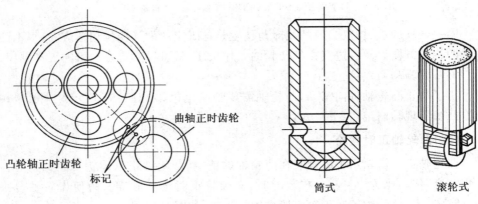

图 2-55 配气正时齿轮

图 2-56 挺柱

（四）推杆

推杆接受挺柱传来的作用力,传给摇臂以作用于气门。通常为细长中空杆,两端呈球面,上端与摇臂上的气门间隙调整螺钉接触,下端与挺柱接触。

（五）摇臂

摇臂的功用是将推杆传来的力改变方向,作用于气门杆尾端以推开气门。

摇臂是一个双臂杠杆,一般用球墨铸铁铸造,呈工字形断面结构,摇臂的两臂不等长,长臂一端与气门杆尾端接触,短臂端上装有气门间隙调整螺钉,并与气门推杆接触。摇臂内钻有润滑油孔和油道,如图 2-57 所示。

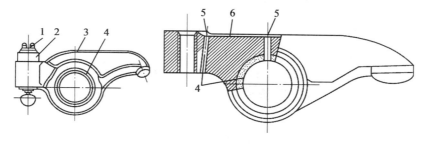

图 2-57　摇臂

1-气门间隙调整螺钉　2-锁紧螺母　3-摇臂体　4-摇臂衬套　5-油孔　6-油槽

（六）摇臂轴

摇臂轴用来支承摇臂,并兼作油道,摇臂轴为空心管状结构,摇臂轴由气缸盖上的轴承座支承,摇臂通过衬套空套在摇臂轴上。为防止摇臂产生轴向移动,相邻两摇臂之间装有定位弹簧。

【任务实施】

一、凸轮轴检修

凸轮轴常见的损伤是凸轮轴的弯曲变形、凸轮轮廓磨损、支承轴颈表面的磨损等。这些耗损会使气门的最大开度和发动机的充气系数降低,配气相位失准,并改变气门上下运动的速度特性,从而影响发动机的动力性、经济性等。

1. 凸轮轴弯曲检修

将凸轮轴通过 V 形铁支在平台上,如图 2-58 所示。使百分表触头与凸轮轴中间轴颈垂直接触,转动凸轮轴,观察百分表表针的摆差即可反映凸轮轴的弯曲程度。中间轴颈的径向跳动量不应大于 0.10 mm,否则应进行冷压校正。

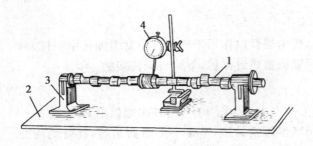

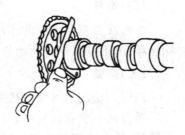

图 2-58　凸轮轴弯曲度检测　　　　　图 2-59　用塞尺测量轴向间隙

1-凸轮轴　2-平台　3-V 形铁　4-百分表

2.凸轮轴轴颈检修

用外径千分尺测量凸轮轴轴颈尺寸,计算凸轮轴轴颈的圆度误差、轴颈与轴承的配合间隙。凸轮轴轴颈的圆度误差不得大于 0.015 mm,配合间隙不得大于 0.15 mm,否则应更换凸轮轴和轴承。

3.凸轮磨损检修

用外径千分尺测量凸轮的最大高度与基圆直径的差即为凸轮升程,当凸轮最大升程减小值大于 0.40 mm 或凸轮高度尺寸小于极限值时,则更换凸轮轴。

4.凸轮轴轴向间隙检查与调整

拖拉机凸轮轴轴向间隙多数是以止推凸缘的厚度来决定的,如图 2-59 所示。用塞尺插入凸轮轴第一道轴颈前端面与止推凸缘之间或正时齿轮轮毂端面与止推凸缘之间,塞尺的厚度值即为凸轮轴轴向间隙。一般为 0.10 mm,使用极限为 0.25 mm,如间隙不符合要求,可用增减止推凸缘的厚度来调整。

二、摇臂的检修

摇臂的耗损主要是摇臂头的磨损,摇臂头柱面的磨损凹陷应不大于 0.5 mm,否则应堆焊、修磨并热处理或者更换新件。摇臂与摇臂轴配合间隙超过规定值时,应更换新的摇臂衬套,安装新衬套时要注意使衬套油孔与摇臂油孔对齐。

【任务巩固】

1.如何从一根凸轮轴上找出各缸的进、排气凸轮和该发动机的工作顺序?

2.凸轮轴如何进行轴向定位?

任务 9　气门间隙调整

【任务目标】

1. 了解配气相位功用。
2. 掌握气门间隙的调整方法。

【任务准备】

一、资料准备

配气相位演示教具、拖拉机或柴油机;厚薄规及常用工具;维修手册、任务评价表等与本任务相关的教学资料。

二、知识准备

(一)配气相位

用曲轴转角表示的进、排气门开闭时刻和开启持续时间,称为配气相位,如图2-60所示。

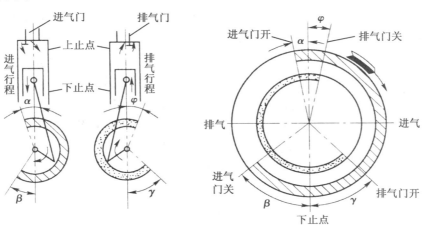

图 2-60　配气相位

为改善换气过程,提高发动机性能,发动机的气门开启时刻适当地提前,关闭时刻适当地滞后,即进、排气门都是早开晚闭,以延长进、排气的时间。

进气门早开,使得活塞到达上止点开始向下移动时,进气门已有一定开度,所以可较快地获得较大的进气通道截面,减少进气阻力。活塞到达下止点时,气缸内的压力仍低于大气压力,且气流还有相当大的惯性,适当延迟关闭进气门,可利用压力差和气流惯性继续进气。一般进气门在上止点前 10°~20°打开,在下止点后 40°~80°关闭。

做功冲程接近结束时,气缸内压力为 0.3~0.5 MPa,做功作用已经不大,此时提前打开排气门,高温废气迅速排出,减小活塞上行排气时的阻力,还可防止发动机过热。活塞到达上止点时,气缸内的压力仍高于大气压,由于气流有一定的惯性,排气门适当延迟关闭可使废气排得更干净。排气门在下止点前 40°~80°打开,在上止点后 10°~20°关闭。

由配气相位图可以看出在上止点时,前一循环的排气门还未关闭,后一循环的进气门已打开,出现了进、排气门同时开的现象,此现象称为气门叠开。

(二)气门间隙

发动机工作中,气门及其传动件将因温度升高而膨胀。如果气门及其传动件之间,在冷态时无间隙或间隙过小,则在热态下,气门及其传动件受热膨胀势必引起气门关闭不严,造成发动机在压缩和做功行程中的漏气,会使发动机功率下降。

为消除上述现象,通常在发动机冷态装配时,在气门及其传动机构中留有适当的间隙,以补偿气门受热后的膨胀量。气门间隙是指发动机冷态,当气门完全关闭时,气门杆尾端与摇臂之间的间隙,如图 2-61 所示。

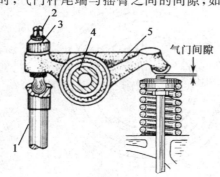

图 2-61　气门间隙

1-挺杆　2-调整螺钉　3-锁紧螺母
4-摇臂轴　5-摇臂

一般在冷态时,进气门的间隙为 0.25~0.35 mm,排气门的间隙为 0.35~0.45 mm。气门间隙过小,零件受热膨胀后会使气门关闭不严而漏气,甚至将气门烧坏;气门间隙过大,则会造成零件间撞击并产生噪声,加剧零件磨损,同时气门开启的延续角度变小,造成进气不足,排气不净,使发动机功率下降。

发动机工作中,由于气门、驱动机构及传动机构零件磨损,会导致气门间隙产生变化,应注意检查调整。

【任务实施】

一、逐缸调整法

①拆下第 1 缸喷油器,塞上棉丝,摇转曲轴,当棉丝喷出时为第 1 缸压缩行程,慢慢摇转到飞轮上止点记号与刻丝对齐,即为第 1 缸压缩上止点位置。

②用塞尺检查第 1 缸进、排气门杆与摇臂间隙。若不符合技术要求应予以调整。

调整时,先旋松锁紧螺母,旋出调整螺钉;在气门杆与摇臂间插入厚度与气门间隙相等的塞尺,边拧进调整螺钉,边来回抽动塞尺,至抽动塞尺能抽动又有阻力时,锁紧螺母;复查一次。

③按工作顺序,摇转曲轴 180°(四缸发动机机)或 120°(六缸发动机机),依次使下一缸处于压缩上止点位置,调整该缸进、排气门间隙。

④按顺序复查一遍。

二、两次调整法

①转曲轴使第 1 缸活塞处于压缩上止点。

②根据工作顺序,判断出完全关闭的气门,然后调整这些气门间隙。以工作顺序为 1-3-4-2 的四缸发动机为例,第 1 缸进、排气门均关闭,"双"气门可调;第 3 缸排气门全闭,"排"气门可调;第 4 缸进、排气门均开启,进排气门均"不"可调;第 2 缸进气门全闭,"进"气门可调。简单易记的方法是"双、排、不、进",1 缸上止点时可调气门示例如表 2-6 所示。

表 2-6　两次调整法

四缸发动机工作顺序	1	3	4	2
六缸发动机工作顺序	1	5、3	6	2、4
第一次可调气门	双	排	不	进
第二次可调气门	不	进	双	排

③摇转曲轴 360°,使第四缸处于压缩上止点,调整剩下的气门间隙。

④最后复查一次各气门间隙。

【任务拓展】

柴油机进气增压系统

增压就是利用增压器提高进气压力,以增加进气中氧含量,提高柴油机的动力性和经济性。采用增压可缩小柴油机结构尺寸、提高功率、降低燃油消耗、减少排放污染。目前大多采用废气蜗轮增压系统,如图1-62所示。主要由空气滤清器、增压器和中冷器等组成。

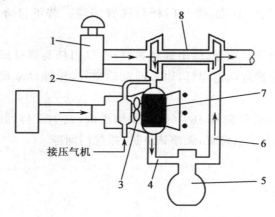

图 2-62 废气蜗轮增压系统

1-空气滤清器 2-抽气管 3-中冷器风扇 4-进气歧管
5-发动机 6-排气歧管 7-中冷器 8-增压器

柴油机工作时,由排气歧管排出的高温、高压废气流经增压器的蜗轮壳,利用废气通道截面的变化(由大到小)来提高废气的流速,使高速流动的废气按一定方向冲击蜗轮,并带动压气机叶轮一起旋转。同时,经滤清后的空气被吸入压气机壳,旋转的压气机叶轮将空气甩向叶轮边缘出气口,提高空气的流速和压力,并利用压气机出气口处通道截面的变化(由小到大)进一步提高空气压力,增压后的空气经中冷器和进气歧管进入气缸。

中冷器安装在散热器前方,使增压后的空气进入气缸前,进行中间冷却,以降低进气温度,进一步提高发动机进气量。中冷器风扇的驱动,是从压气机一端引出5%～10%的增压空气经抽气管流至与风扇制成一体的蜗轮,通过蜗轮带动中冷器风扇转动。

【任务巩固】

1.气门为什么要早开、晚关?

2.何谓气门间隙?为什么一般在发动机的配气机构中要留气门间隙?气门间隙过大或过小有什么危害?

3.如何用两次调整法调整工作顺序为 1—4—2—6—3—5 的六缸柴油机的气门间隙?

项目三　柴油供给系构造与维修

【项目描述】

一拖拉机出现了冒黑烟、动力下降故障现象，查阅使用维修说明书，需要对柴油供给系进行拆检。燃油供给系是柴油机最精密部分，直接影响柴油机的动力性、经济性和排放污染。

本项目分为认知柴油供给系、喷油器检修、输油泵检修、柱塞式喷油泵检修、调速器检修、分配泵检修和认知高压共轨喷射系统7个工作任务。

通过本项目学习熟悉柴油供给系组成和工作过程；掌握主要组件检测维修技术；培养认真严谨、善于思考、沟通协作等能胜任岗位工作的职业素质。

任务1　认知柴油供给系

【任务目标】

1. 了解柴油供给系组成和工作过程。
2. 能识别柴油机供给系统的主要组件。

【任务准备】

一、资料准备

拖拉机或柴油机、柴油机解剖教具；图片视频、柴油机燃油供给系统观察记录表、任务评价表等与本任务相关的教学资料。

二、知识准备

柴油供给系的功用是定时、定量、定压地向气缸喷入与负荷相适应的清洁柴油油雾,以形成能够燃烧的可燃混合气,并排出废气。

(一)柴油供给系组成

柴油供给系主要由柴油箱、输油泵、柴油滤清装置、喷油泵、喷油器和燃油管等组成,如图 2-63 所示。

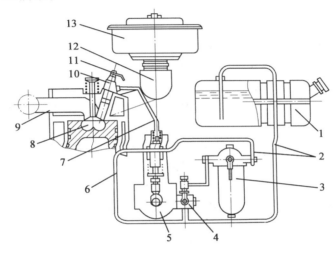

图 2-63 柴油机燃油供给系

1-油箱　2-低压油管　3-柴油滤清器　4-输油泵　5-喷油泵　6-喷油泵回油管　7-高压油管

8-燃烧室　9-排气管　10-喷油器　11-喷油器回油管　12-进气管　13-空气滤清器

在输油泵的作用下,柴油从油箱被吸出,经过油水分离器分离去柴油中的水分,再压向柴油滤清器过滤,干净的柴油进入柱塞式喷油泵,提高压力,再经高压油管送到喷油器,以细小雾状喷入燃烧室,与空气混合、燃烧,推动活塞做功,多余的柴油从回油管流回柴油滤清器。

柴油供给系的油路由三部分组成:

1.低压油路

低压油路由油箱、柴油滤清装置、油管和输油泵等组成,油路油压一般为 $0.15\sim0.3$ MPa,用来完成柴油的贮存、滤清和输送等项工作。

(1)燃油箱　功用是贮存足够数量的燃油,并使燃油中的水分和杂质得到初步沉淀。燃油箱的容量一般要求能保证大负荷连续工作 10 h 以上。燃油箱在底部最低处往往有放油塞，用来定期排除油箱内的积水和污物。

（2）柴油滤清装置 柴油滤清装置的功用是使柴油中的机械杂质和水分得到过滤，以保证柴油供给系统的正常工作。柴油滤清装置有油水分离器和柴油滤清器两种。

油水分离器的功用是沉淀水分，并使燃油中颗粒较大的杂质过滤和沉淀下来。柴油滤清器的功用是过滤机械杂质和沉淀水分，一般多采用纸质滤芯滤清器。

（3）输油泵 功用是将柴油从油箱吸出，并克服滤清器等的阻力，以一定的压力和流量输往喷油泵。

2.高压油路

高压油路指从喷油泵到喷油器之间的油路，油压在 10 MPa 以上，由喷油泵、油管和喷油器等组成。为保证各气缸供油的一致性，连接喷油泵和喷油器的钢制高压油管的直径和长度是相等的。

（1）喷油泵。喷油泵又称高压油泵，其功用是提高柴油的输送压力，并按柴油机的工作要求，在规定的时间里，将一定量的具有一定压力的柴油输送给喷油器。

（2）喷油器。功用是将喷油泵送来的高压柴油喷入燃烧室。喷油器喷入燃烧室的柴油必须具有一定的喷射压力，且雾化良好，油束形状和方向符合要求。

3.回油路

输油泵的供油量比喷油泵的最大喷油量大 3～4 倍，大量多余的燃油经喷油泵进油室一端的限压阀和回油管流回输油泵进口或直接流回柴油箱，喷油器工作间隙泄漏的极少数柴油也经回油管流回柴油箱。

（二）柴油机燃烧过程

1.柴油机燃烧特点

柴油机可燃混合气的形成和燃烧都是在燃烧室内进行的。当活塞接近压缩上止点时，柴油喷入气缸，与高压高温的空气接触、混合，经过一系列的物理化学变化才开始燃烧。之后便是边喷射，边燃烧。其混合气的形成和燃烧是一个非常复杂的物理化学变化过程，其主要特点是：柴油的混合和燃烧在缸内燃烧室进行；混合与燃烧的时间很短；柴油黏度大，不易挥发，必须以雾状喷入；可燃混合气的形成和燃烧过程是同时、连续重叠进行的，即边喷射、边混合、边燃烧。

2.可燃混合气燃烧过程

备燃期。从喷油开始到开始着火燃烧为止要经过一段物理和化学的准备过程。这一时期很短，一般仅为 0.000 7～0.003 s。

速燃期。从燃烧开始到气缸内出现最大压力时为止。在这一阶段由于喷入的柴油几乎同时着火燃烧，而且是在活塞接近上止点，气缸内的压力迅速增加，温度升高很快。

缓燃期。从出现最大压力到最高温度出现止。这一阶段喷油器继续喷油,几乎是边喷射边燃烧。这一阶段气缸内压力略有下降,温度达到最高值,通常喷油器已结束喷油。

后燃期。缓燃期直到燃烧结束。后燃期放出的热量不能充分利用来做功,很大一部分热量将通过缸壁散至冷却水中,或随废气排出。

(三)柴油机燃烧室

当活塞到达上止点时,气缸盖和活塞顶组成的密闭空间称为燃烧室。燃烧室分为直接喷射式燃烧室和分隔式燃烧室两大类。

1. 直接喷射式燃烧室

直喷式燃烧室由凹顶活塞顶部与气缸盖底部所包围的单一内腔组成,燃烧室呈浅盆形,喷油器的喷嘴直接伸入燃烧室。这种燃烧室结构紧凑,散热面积小,燃油自喷油器直接喷射到燃烧室中,借助喷雾形状和燃烧室形状的匹配,以及燃烧室内空气涡流运动,迅速形成混合气,故发动机启动性能好,做功效率高,油耗较低。直喷式燃烧室一般采用孔式喷油器,可选配双孔或多孔喷油嘴。

2. 分隔式燃烧室

分隔式燃烧室由两部分组成,一部分位于活塞顶与气缸盖底面之间,称为主燃烧室;另一部分在气缸盖中,称为副燃烧室,这两部分通过一个或几个孔道相连。柴油在副燃烧室内燃烧后喷入主燃烧室继续燃烧,这种燃烧室工作较柔和、噪声较小,喷油器装在副燃烧室内。分隔式燃烧室一般采用轴针式喷油器,喷油压力要求不高。由于燃烧室散热面积较大,放热效率较低,油耗较高,目前较少采用。

(四)柴油机启动辅助装置

柴油机由于压缩力比较大,启动阻力矩大,低温启动更加困难。小型柴油机多采用启动辅助装置,以改善柴油机着火条件的办法来帮助柴油机着火。大型柴油机多采用减小启动阻力矩的方法,即启动时减压机构使一部分气门保持开启状态,以减小初次压缩的空气阻力,提高启动转速并贮存动能和热量,以帮助启动。

1. 预热塞

柴油机在燃烧室壁上装电热塞进行预热,如图 2-64 所示。

发动机启动前,先将启动开关拧在"预热"位置,20～30 s 后,预热塞伸入预燃室内一端的温度即可达 900℃ 以上。然后将开关拧至启动位置,启动机驱动发动机曲轴旋转,压入预燃室的可燃混合气被预热塞加温并首先发火,火焰急速传播到燃烧室,使柴油机启动变得较为容易。预热塞通电时,一般不宜超过 30s,并且在

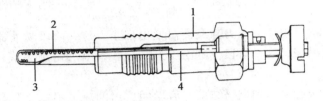

图 2-64 预热塞

1-外壳 2-发热体钢套 3-绝缘性粉末 4-中心电极

柴油机启动后应立即断电。如一次启动失败,应至少停歇 1 min,方可再给预热塞通电,作第二次启动。

2.火焰加热器

在进气管上安装热胀式火焰加热器来预热进气气流,如图 2-65 所示。柴油机启动前,接通火焰加热器电路,柴油即流入加热器的阀体内腔受热汽化,从阀体上的侧孔喷出,并被炽热的电热线圈点燃形成火焰,使进气管内的空气得到预热。此时应立即启动柴油机,着车后随即切断电路。

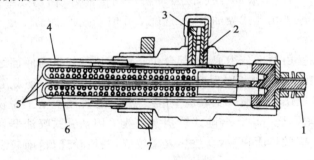

图 2-65 火焰加热器

1-接线柱 2-油管 3-油管接头 4-稳焰罩 5-油管 6-电热丝 7-安装座

3.启动液喷射器

有些柴油机在进气管上设有启动液喷射器,低温启动时,用手动或电动方式将一些启动液喷入进气管,使它们和空气一起进入气缸,从而在较低的温度下也能发火引燃柴油机。启动液是由乙醚与煤油或汽油按比例混合而成的燃料,因乙醚的自燃温度很低,挥发性能好,故有利于混合气的形成和发火。

【任务实施】

观察柴油机燃油供给系统主要部件的安装位置、油路走向,填写表 2-7。

表 2-7 柴油机燃油供给系统观察记录表

柴油机型号：_____

序号	主要部件	功用
1		
2		
3		
4		
5		
6		

【任务巩固】

1. 柴油机供给系主要由_____、_____、_____、_____、_____、_____、燃油管等组成。

2. 柴油机燃烧室分为_____燃烧室和_____燃烧室两大类。

任务 2   喷油器检修

【任务目标】

1. 了解喷油器的结构、类型及特点。

2. 会正确检测喷油器技术状态。

【任务准备】

一、资料准备

孔式喷油器总成、轴针式喷油器总成、各种针阀偶件；喷油器试验仪、虎钳及常用工具；维修手册、任务评价表等与本任务相关的教学资料。

二、知识准备

柴油机喷油器的功用是将喷油泵供给的高压柴油，以一定的压力，呈雾状喷入燃烧室。对喷油器的要求是雾化均匀，喷射干脆利落，无后滴油现象，油束形状与方向适应燃烧室要求。喷油器有孔式和轴针式两种。

(一)孔式喷油器

1.构造

喷油器由针阀偶件、壳体、调压部件和进油管接头四个主要部分组成，如图2-66所示。它适应于直接喷射燃烧室，孔数1～8个，孔径0.2～0.8 mm。

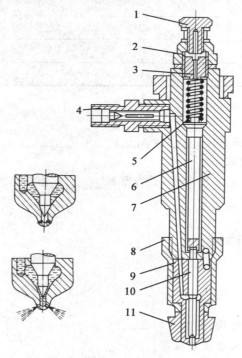

图2-66 孔式喷油器

1-回油管螺栓 2-调压螺钉护帽 3-调压螺钉 4-进油管接头 5-调压弹簧

6-顶杆 7-喷油器体 8-紧固螺套 9-针阀体 10-针阀 11-喷油器锥体

(1)针阀偶件 孔式喷油器主要部件是针阀偶件，由针阀和针阀体组成，用优质轴承钢制成，其相互配合的滑动圆柱面间隙仅为0.002 5～0.001 mm，通过高精密加工或研磨选配而得，不同针阀偶件不可互换。针阀中部的环形锥面(承压锥面)位于针阀体的环形油腔中，承受由油压产生的轴向推力，使针阀上升。针阀下端的锥面(密封锥面)与针阀体相配合，起密封喷油器内腔的作用。针阀上部有凸肩，当针阀关闭时，凸肩与喷油器体下端面的距离为针阀最大升程，其大小决定了喷油量的多少，一般升程为 0.4～0.5 mm。针阀体与喷油器体的结合处有 1～2 个定位销防止针阀体转动，以免进油孔错位。

（2）进油滤芯 在进油管接头上装有缝隙式进油滤芯，以防细小杂物堵塞喷孔。滤芯内部结构如图 2-67 所示。柴油进入滤芯的不直通的沟槽，然后通过滤芯的棱边与进油管接头孔之间的缝隙，通向出油道。柴油在通过缝隙时，杂质颗粒被挡住，滤芯具有磁性，可吸附金属磨屑。

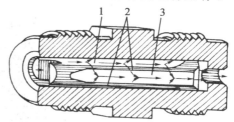

图 2-67 缝隙式滤芯

1-不直通沟槽 2-缝隙 3-出油道

2.工作过程

喷油。当喷油泵开始供油时，高压柴油从进油口进入喷油器体内，沿油道进入喷油器针阀体环形槽内，再经斜油道进入针阀体下面的高压油腔内，高压柴油作用在针阀锥面上，并产生向上抬起针阀的作用力，当此力克服了调压弹簧的预紧力后，针阀就向上升起，打开喷油孔，柴油经喷油孔喷入燃烧室。

停油。当喷油泵停止供油时，高压油管内油压骤然下降，作用在喷油器针阀的锥形承压面上的推力迅速下降，在弹簧力的作用下，针阀迅速关闭喷孔，停止喷油。

回油。进入针阀体环形油腔的少量柴油，经喷油嘴偶件配合表面之间的间隙流到调压弹簧端，进入回油管，流回滤清器，用来润滑喷油嘴偶件。

针阀开启压力（喷油压力）的大小取决于调压弹簧的预紧力。不同发动机有不同的喷油压力要求，可通过调压螺钉调整，旋入时压力增大，旋出时压力减小。有的喷油器调压弹簧的预紧力，是由调压垫片调整的。这种喷油器也称为低惯量孔式喷油器。

3.主要特点

喷孔的位置和方向与燃烧室形状相适应，以保证油雾直接喷射在燃烧室壁上；喷射压力较高；喷油头细长，喷孔小，加工精度高。

（二）轴针式喷油器

1.构造

轴针式喷油器针阀下端的密封锥面以下还向下延伸出一个轴针，其形状有倒锥形或圆柱形，轴针伸出喷孔外，使喷孔成为圆环状的狭缝。轴针式喷油器一般只有一个喷孔，直径 1～3 mm，喷油压力较低，一般为 12～14 MPa，适用于分隔式燃烧室，如图 2-68 所示。

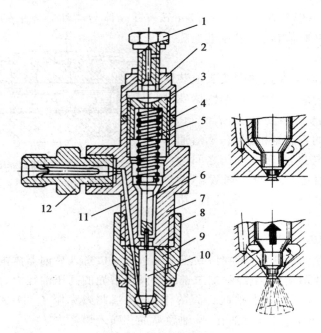

图 2-68 轴针式喷油器

1-回油管螺栓 2-调压螺钉护帽 3-调压螺钉 4-垫圈 5-调压弹簧 6-顶杆

7-喷油泵体 8-紧固螺套 9-针阀体 10-针阀 11-油道 12-进油管接头

2.主要特点

①不喷油时针阀关闭喷孔,使高压油腔与燃烧室隔开,燃烧气体不致冲入油腔内引起积炭堵塞。

②喷孔直径较大,便于加工,且轴针对喷孔有自洁作用,不易堵塞。

③针阀在油压达到一定压力时开启,供油停止时,又在弹簧作用下立即关闭,喷油停油干脆利落。

④不能满足对喷油质量有特殊要求的燃烧室的需要。

【任务实施】

一、喷油器调试

喷油嘴偶件使用中容易因磨损而导致燃油喷射不良,影响发动机功率和油耗,严重时将无法工作,所以应定期检查喷油器的喷油压力、雾化质量和密封性。

喷油器调试时将喷油器安装在专用的喷油器试验仪上,如图 2-69 所示。

1.检查调整喷油压力

以 60～80 次/min 的速度按压手柄,当喷油器开始喷油时,油压表上的指示压力即为喷油器的喷油压力,检查是否符合要求,若不符合,可以通过调整喷油器调压螺钉或调整垫片来达到要求。注意,同一台柴油机的喷油压力差不应超过 1.0 MPa。

2.检查喷雾质量

以 60～80 次/min 的速度按压手柄,观察喷雾质量,要求喷出的燃油应成雾状,不应有明显的肉眼可见的雾状偏斜和飞溅油滴、连续的油注和局部浓稀不均匀现象;喷射应干

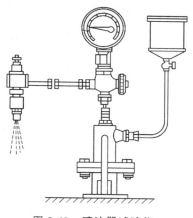

图 2-69　喷油器试验仪

脆,具有喷油器偶件结构相应的响声;多次喷射后,针阀体端面或头部不得出现油液积聚现象;喷雾锥角和射程也应符合要求。

3.检查密封性

压动手柄,当压力达到喷油压力前 2 MPa 时保持住,喷油器在 10 s 内不能有渗油、滴油现象,否则说明针阀偶件密封性差,应予以更换。

二、喷油器检修

(一)喷油器拆解

①清洗外部,分解喷油器的上部,旋松调压螺钉紧固螺帽,取出调压螺钉、调压弹簧和顶杆。

②将喷油器倒夹在台钳上,旋下针阀体紧固螺帽,取下针阀体和针阀。

③从针阀体内拔出针阀,如果针阀和针阀体难以分开,可用钳子垫上橡胶片夹住针阀尾端拉出,针阀偶件应成对浸泡在清洁的柴油里。

(二)针阀偶件检修

①将针阀偶件放在柴油中,来回拉动针阀进行清洗,堵塞的喷孔用直径0.3 mm 的通针清理,注意避免损伤喷孔。针阀导向面、密封锥面有伤痕或发暗时应更换针阀体,有严重腐蚀应更换。

②针阀偶件完成上述检修后应进行滑动性试验,如图 2-70 所示。将针阀偶件在清洁的柴油中洗净后,将针阀装入阀体 1/3 左右,松手后针阀应能在自身质量作用下缓缓滑入阀体内无任何卡滞现象。否则应配对研磨或更换。

(三)喷油器装复

①装复前应清洗所有零件并用压缩空气清理喷油器体内的油道,清洗喷油器配合表面,在安装前涂油。

②使喷油器进油口端朝下夹于垫有铜片的虎钳上,将在清洁的柴油中浸泡过的喷油嘴取出,对准定位销后装于喷油器体上,以 60 N·m 的力矩拧紧固定螺套。

③取下喷油器,上下移动可听到针阀活动的响声,否则应重新清洗喷油嘴后装复。

④装复顶杆、弹簧座、弹簧,拧上紧固螺母。

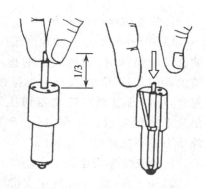

图 2-70　针阀偶件试验

【任务巩固】

1.喷油器由_____、_____、_____、_____四个主要部分组成。

2.孔式喷油器适应于_____燃烧室,孔数_____个,在进油管接头上装有_____,以防细小杂物堵塞喷孔。

3.轴针式喷油器一般有_____个喷孔,喷油压力较_____,适用于_____燃烧室。

4.如何调试喷油器?

任务3　输油泵检修

【任务目标】

1.了解活塞式输油泵结构。

2.掌握输油泵的检修方法。

【任务准备】

一、资料准备

活塞式输油泵、柴油机滤清器;常用工量具;任务评价表等与本任务相关的教学资料。

二、知识准备

(一)输油泵

输油泵的功用是将柴油从油箱吸出,并克服滤清器等的阻力,以一定的压力和流量输往喷油泵。常用的输油泵有活塞式和滑片式,以活塞式输油泵应用最多。

1. 构造

活塞式输油泵装在喷油泵侧面,油泵凸轮轴的偏心轮驱动,由壳体、滚轮、推杆、活塞、阀和手泵等组成,如图 2-71 所示。

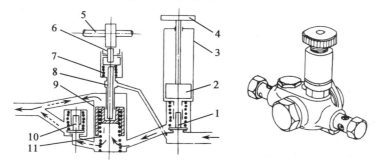

图 2-71　活塞式输油泵

1-进油阀　2-手泵活塞　3-手泵体　4-手泵拉钮　5-喷油泵凸轮轴
6-滚轮　7-滚轮弹簧　8-推杆　9-活塞　10-出油阀　11-活塞弹簧

2. 工作过程

活塞将泵体内腔分为前、后两腔。偏心轮转动,活塞在推杆及弹簧作用下,作往复运动。

(1)输油准备过程　偏心轮转动顶起滚轮体推动推杆,克服弹簧力使活塞前移,前腔容积减小油压增加,将进油阀关闭,出油阀开启,前腔的柴油经出油阀进入后腔。

(2)输油与进油过程　凸起部分转过滚轮,弹簧作用活塞后移,后腔油压升高,将柴油压入滤清器;同时,前腔产生吸力,吸入柴油。完成输油、进油两个过程。

(3)输油量的自动调节　喷油泵需油量减小或滤清器堵塞时,活塞后腔油压升高,弹簧仅能将活塞推到与油压平衡位置,活塞与推杆分离,活塞输油行程减小,输油量减小;反之,满负荷需油量增大时,活塞行程最大,输油量最大,输油泵根据实际用油量的大小自动调节输油量。

(4)手泵泵油　需排除低压油路中的空气时,可往复拉动手泵拉钮,带动手泵活塞往复运动,实现发动机静止状态下泵油,排除油路中的空气。手泵不用时,应将其手柄扭紧,防止漏气。

(二)柴油滤清器

柴油滤清器的功用是清除柴油中的杂质和水分,以延长精密偶件的使用寿命。常用柴油沉淀器、粗滤器和细滤器三种滤清装置。

柴油沉淀器为滤网式透明沉淀杯结构,串联在油箱与滤清器之间,分离柴油中的杂质颗粒和水分,又称为油水分离器;柴油粗滤器用于过滤柴油中较大的杂质;柴油细滤器用于过滤柴油中较小的杂质。

柴油滤清器盖上设有限压阀,当油压超过 0.1~0.15 MPa 时,限压阀开启,多余的柴油经限压阀直接返回油箱。

柴油滤清器必须定期保养。

【任务实施】

一、解体输油泵

拆卸前的检查用手推压滚轮作往复运动,检查滚轮(及挺柱、顶杆偶件)和活塞的运动有无卡滞和行程过小现象,从活塞回弹能力强弱,判别活塞弹簧工作是否正常。

①拔出挺柱、顶杆。

②拆下手泵部件和出油管接头,取出进、出油口止回阀弹簧及止回阀。

③旋下输油泵螺塞,取出活塞弹簧及活塞。

④拆下手泵。

二、输油泵部件检修

①检查输油泵体,所有油道应畅通、干净;泵体各连接螺纹应完整无损;单向阀座平面应平整、光亮,无刻痕、缺口、变形;活塞缸壁光滑无刻痕;泵体与活塞的配合间隙应符合要求。

②检查活塞,活塞表面应无裂纹、深度划痕,活塞与壳体由于磨损出现配合松旷或运动不平稳时应更换新泵。

③进出油阀的检验,进出油阀应磨损均匀,无裂纹,工作面若磨损台阶或轻度变形,可在研磨平台上磨平。

④检查手泵:用手掌心堵住手泵接头孔,抽动手泵拉钮,检验手泵活塞与筒壁

的密封性,当掌心触感到较大吸力时,手泵部件可不必拆检继续使用。否则必须拆检,并保证活塞与筒壁的配合间隙(通常只需更换活塞上的"O"形橡胶圈)。

⑤检查滤网、封油垫圈应无损坏,弹簧应无裂纹折断、松弛等现象。

三、装配输油泵

①按拆卸相反的顺序装配输油泵,在装配过程中注意保持清洁。

②活塞、顶杆、滚轮体装配时,表面涂抹适量机油润滑。

③起密封作用的垫圈,安装时应保证端面压紧宽度均匀,不偏斜。

④泵体螺塞、接头螺栓座等安装时,螺纹尾部或压紧端面允许使用少量密封剂。

输油泵安装时,必须注意输油泵体和喷油泵体之间的垫片的厚度,垫片过薄,输油泵推杆行程小,泵油量减少;垫片过厚,推杆与活塞发生干涉。

【任务拓展】

柴油滤清器维护注意事项

①清洗纸质滤芯时,应将纸质滤芯上下端面的中心孔堵住,以防清洗中脏物或脏油进入滤芯内腔,清洗后用压缩空气吹干。有些发动机的柴油滤清器滤芯为一次性的,定期更换即可。

②应检查柴油滤清器接头是否有渗漏、各密封圈是否损坏,若有损坏应更换。

③检查限压阀,球阀应在导孔内移动灵活,球阀弹簧不应有变形或损坏。

④组装滤清器时,各密封圈必须完好齐全,并安装到位。各螺纹件的拧紧以不发生渗漏为准,过度拧紧易造成部件损坏。

⑤滤清器安装回燃油系统后,应松开滤清器上的放气螺钉,用手泵泵油,直到放气螺钉处不再有泡沫油流出时,拧紧放气螺钉,继续用手泵泵油,直到低压油路充满柴油为止,最后应拧紧手泵柄螺塞,以防柴油机工作时再吸入空气。

【任务巩固】

1.常用的输油泵有_____和_____,以_____输油泵应用最多。

2.输油泵能根据实际用油量的大小_____输油量。

3.需排除低压油路中的空气时,可往复拉动_____,实现发动机静止状态下泵油。

任务4 柱塞式喷油泵检修

【任务目标】

　　1.了解柱塞式喷油泵结构。

　　2.掌握柱塞式喷油泵的检修方法。

【任务准备】

一、资料准备

　　拖拉机或柴油机、柱塞式喷油泵总成、喷油泵解剖教具、各种柱塞偶件、出油阀偶件、供油提前角自动调节器;常用工具;相关图片、任务评价表等与本任务相关的教学资料。

二、知识准备

　　喷油泵又称为高压油泵,其功用是提高柴油压力,按照发动机的工作顺序,负荷大小,定时定量地向喷油器输送高压柴油。柴油机常用的喷油泵按其工作过程不同可分为柱塞式喷油泵和转子分配式喷油泵两种类型。

　　国产系列柱塞式喷油泵主要有 A、B、P、Z 和 Ⅰ、Ⅱ、Ⅲ号等系列,以满足各种柴油机的需要。国产系列喷油泵的工作过程和结构形式基本相同,由分泵、油量调节机构、传动机构、泵体四部分组成。柱塞式喷油泵如图 2-72 所示。

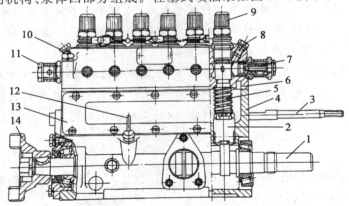

图 2-72　柱塞式喷油泵

1-凸轮轴　2-滚轮　3-供油拉杆　4-喷油泵下体　5-柱塞弹簧　6-喷油泵上体　7-溢油阀
8、10-放气螺钉　9-出油阀压紧座　11-进油接头　12-机油尺　13-侧盖　14-联轴节从动盘

（一）分泵

分泵是带有一副柱塞偶件和出油阀偶件的泵油机构，分泵的数目与发动机的缸数相等。每个气缸都有一个分泵供油，各缸的分泵结构尺寸完全一样。分泵的主要零件由出油阀偶件、柱塞偶件、出油阀弹簧、柱塞弹簧、出油阀压紧座等组成，如图 2-73 所示。

1. 出油阀偶件

出油阀和出油阀座是一对精密偶件，配对研磨后不能互换，其配合间隙为 0.01 mm，出油阀是一个单向阀，在弹簧压力作用下，阀上部圆锥面与阀座严密配合，其作用是在停供时，将高压油管与柱塞上端空腔隔绝，防止高压油管内的油倒流入喷油泵内。出油阀的下部呈十字断面，既能导向，又能通过柴油。出油阀的锥面下有一个小的圆柱面，称为减压环带，在供油时，减压环带上行离开阀座，在供油终了回油时，出油阀下落，减压环带下边缘一落入阀座内时则使上方容积很快增大，使高压油管内的油压迅速下降，停喷迅速干脆，避免喷孔处产生后滴油现象。

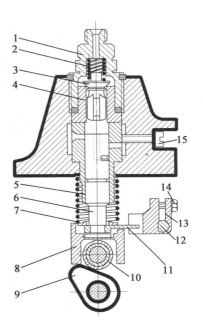

图 2-73　柱塞泵分泵

1-出油阀压紧座　2-出油阀弹簧　3-出油阀
4-出油阀座　5-柱塞套　6-柱塞　7-柱塞弹簧
8-滚轮架　9-凸轮　10-滚轮　11-调节臂
12-供油拉杆　13-调节叉　14-螺钉
15-定位螺钉

2. 柱塞偶件

柱塞和柱塞套也是一对精密偶件，经配对研磨后不能互换，要求有高精度、光洁度和好的耐磨性，其径向间隙为 0.002～0.003 mm。

柱塞头部圆柱面上切有斜槽 3，并通过径向孔、轴向孔与顶部相通，尾部有油量调节臂，通过转动调节臂可改变柱塞的循环供油量；柱塞套上制有进、回油孔，均与泵上体内低压油腔相通，柱塞套装入泵上体后，应用定位螺钉定位，如图 2-74 所示。

3. 工作过程

发动机工作时，在喷油泵凸轮轴的凸轮与柱塞弹簧的作用下，迫使柱塞作上、下往复运动，从而完成泵油任务，泵油过程可分为以下三个阶段。

（1）进油过程　当凸轮的凸起部分转过去后，在弹簧力的作用下，柱塞向下运动，柱塞上部空间产生真空度，当柱塞上端面把柱塞套上的进油孔打开时，充满在

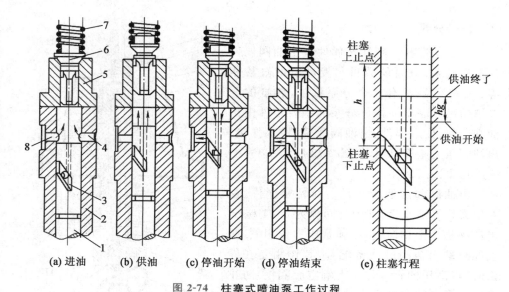

图 2-74 柱塞式喷油泵工作过程

1-柱塞 2-柱塞套 3-斜槽 4、8-油孔 5-出油阀座 6-出油阀 7-出油阀弹簧

油泵上体低压油腔内的柴油经油孔进入泵油室,柱塞运动到下止点,进油结束。

(2)供油过程 当凸轮轴转到凸轮的凸起部分顶起滚轮体时,柱塞弹簧被压缩,柱塞向上运动,燃油受压,一部分燃油经油孔流回喷油泵上体油腔。当柱塞顶面遮住套筒上进油孔 4 和 8 的上缘时,由于柱塞和套筒的配合间隙很小,使柱塞顶部的泵油室成为一个密封油腔,柱塞继续上升,泵油室内的油压迅速升高,泵油压力大于出油阀弹簧力与高压油管剩余压力之和时,推开出油阀,高压柴油经出油阀进入高压油管,通过喷油器喷入燃烧室。

(3)停油过程 柱塞向上供油,当上行到柱塞上的斜槽(停供边)与套筒上的回油孔相通时,泵油室与柱塞头部的中心孔和径向孔及斜槽沟通,通过油孔 4 和 8 回油,油压骤然下降,出油阀在弹簧力的作用下迅速关闭,停止供油。此后柱塞还要上行到上止点,但不再泵油。当凸轮的凸起部分转过去后,在弹簧的作用下,柱塞又下行,又开始了下一个循环。

由以上工作过程可知:

柱塞往复运动总行程是不变的,由凸轮的升程决定。柱塞每循环的供油量大小取决于供油有效行程,即柱塞封装油孔 4 和 8 到斜槽接通油孔 8 之间的行程。转动柱塞可改变供油有效行程,从而改变供油量。供油开始时刻不随供油行程的变化而变化。

（二）油量调节机构

油量调节机构用于转动柱塞,改变供油行程以改变循环供油量。

A 型泵采用齿杆式油量调节机构,调节齿杆左右移动可带动可调齿圈转动,可调齿圈通过控制套筒带动柱塞旋转而改变供油量。Ⅱ 号泵采用的是拨叉拉杆式油量调节机构,供油拉杆由调速器控制,上装有调节拨叉,柱塞调节臂球头插在调节叉槽内,左右拉动供油拉杆,带动柱塞一起转动,如图 2-75 所示。

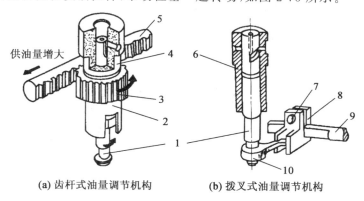

(a) 齿杆式油量调节机构　　　　**(b) 拨叉式油量调节机构**

图 2-75　油量调节机构

1-柱塞　2-控制套筒　3-可调齿圈　4、6-柱塞套　5-供油调节齿杆
7-锁紧螺钉　8-拨叉　9-供油拉杆　10-调节臂

（三）传动机构

传动机构由凸轮轴和滚轮体总成组成。喷油泵凸轮轴是曲轴通过齿轮驱动的,曲轴转两圈,凸轮轴转一圈各缸喷油一次,二者速比为 2∶1。

挺柱体部件的作用是将凸轮的运动平稳地传递给柱塞,并且可以适量调整柱塞的供油时间。常见的供油时间调整方式有螺钉调节式和垫块调节式。

（四）供油提前角自动调节器

供油提前角自动调节器装在喷油泵和发动机油泵正时齿轮之间,作用是随柴油机转速的变化,自动调节喷油泵的供油提前角。

机械离心式供油提前器,如图 2-76 所示。安装在油泵正时齿轮上或安装在联轴器的主动凸缘盘上,柴油机转速升高,离心力增大,飞块进一步外甩,从动盘相对主动盘再超前一角度,供油提前角增大。反之,当柴油机转速降低时,喷油提前角相应减小。

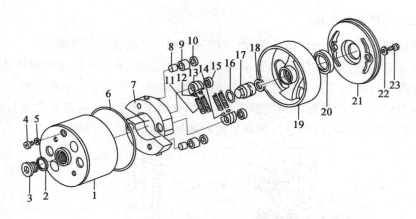

图 2-76　　供油提前角自动调节器

1-壳体　2、10-垫圈　3-放油螺塞　4-丝堵　5、22-垫片　6、16-密封圈　7-飞块

8-滚轮内圈　9-滚轮　11-弹簧　12、14、18-弹簧垫圈　13-弹簧座

15-定位圈　17-螺母　19-从动盘　20-油封　21-盖　23-螺栓

【任务实施】

一、柱塞偶件检验

1. 柱塞副外观检验

柱塞副外观检验内容有:柱塞表面有明显的磨损痕迹,柱塞弯曲或头部变形,柱塞或柱塞套有裂纹,柱塞头部斜槽及环槽边缘有剥落或锈蚀等现象,柱塞套端面及内孔表面有锈蚀或显著的刻痕。发现有以上情况之一时应更换。

2. 柱塞滑动性试验

先用洁净的柴油仔细清洗柱塞副,涂上干净的柴油后进行试验。将柱塞套倾斜 60°左右,将柱塞拉出约 1/3 行程。放手后,柱塞应在自重作用下平稳地滑入套筒内。转动柱塞后重复上述试验,柱塞均应平稳地滑入套筒内,如图 2-77所示。

3. 柱塞副的密封性检验

用手指堵住套筒上端孔和侧面进油孔,另一手向外拉柱塞,应感觉有吸力;放松柱塞时,柱塞应能迅速回位。将柱塞转动几个不同位置,反复试验几次,每次都能符合上述要求,说明柱塞偶件配合良好,如图 2-78 所示。

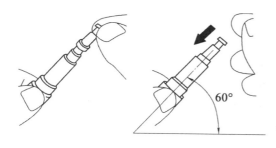 

图 2-77 柱塞滑动性试验

图 2-78 柱塞密封性试验

二、出油阀偶件检验

出油阀偶件的主要耗损也是磨损,多出现在密封锥面、减压环带和导向部分。与出油阀相配合的出油阀座在密封锥面和座孔圆周表面也会出现相应的磨损。

1. 外观检验

目测检查出油阀偶件,工作面不应有刻痕及锈蚀,密封锥面应光泽明亮、完整连续,光亮带宽度应不超过 0.5 mm,出油阀垫片应完好无损,否则应更换。

2. 滑动试验

将泡过柴油的出油阀偶件处于垂直状态,把阀芯从座孔中抽出 1/3 左右,松开后,阀芯应能靠自重平稳地落入阀座,无卡滞现象;将阀芯转动几个位置,反复试验,每次都能符合上述要求,说明出油阀偶件配合良好。

3. 密封性检验

在做滑动性试验时,将手指堵塞出油阀座下方的孔,出油阀阀芯下落到减压环带进入阀座时应能停住。在此位置时,用手指轻轻压入出油阀芯,放松手指后,出油阀芯应能马上弹回原位置。手指从下端面移开时,阀芯应在自重作用下完全落座,如图 2-79 所示。

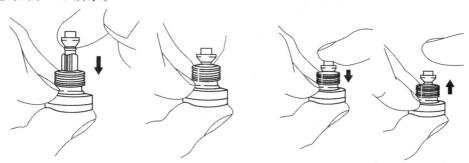

图 2-79 出油阀密封试验

三、喷油泵正时安装

(一)喷油泵与柴油机用法兰盘连接

将柴油机第一缸活塞摇至压缩上止点的位置,使喷油泵凸轮轴上的标记与泵体上的标记对正,固定喷油泵在柴油机上即可。

(二)喷油泵与柴油机用联轴器连接

①将柴油机第一缸活塞摇至压缩上止点前开始喷油位置。

②将喷油泵固定在柴油机上,先不连接高压油管及油泵联轴节。

③顺着喷油泵旋向缓慢转动油泵凸轮轴,观察第一缸高压油管接头口油平面;油面刚开始波动,即为第一缸分泵开始供油时刻。

④连接联轴器,如图 2-80 所示。

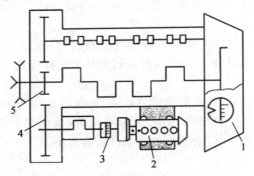

图 2-80　喷油泵正时安装

1-喷油正时标记　2-喷油泵　3-联轴器　4-油泵驱动齿轮　5-曲轴正时齿轮

四、供油正时检查调整

拆下喷油泵第一缸高压油管,转动飞轮,观察第一缸高压油管接头口油平面,直至不冒气泡为止,将多余燃油除去,使接头内燃油刚好与管口齐平,缓慢转动飞轮,当第一缸高压油管接头口油平面发生波动时,立即停止转动,此时观察飞轮上的喷油正时标记是否对正。

如果供油提前角不对,应进行调整,不同机型,调整方法不同,常用方法有:

转动泵体法。拧松喷油泵壳体上与柴油机紧固螺钉,顺着油泵凸轮轴旋向转动泵体,喷油时间延迟,逆着凸轮轴旋向转动泵体,喷油时间提前。

转动泵轴法。松开从动联轴节与中间凸缘紧定螺钉,顺着凸轮轴旋向转动油泵凸轮轴,喷油时间提前;反之,喷油时间延迟。

加减垫片法。单缸柴油机供油提前角,通过增减喷油泵与机体间的垫片来调整,增加垫片,喷油时间延迟;反之,喷油时间提前。垫片厚度每变动 0.1 mm,供油提前角变动 1.3°左右。

调整后拧紧安装螺钉,启动柴油机,检查柴油机在喷油提前角改变前后的性能变化,直至符合要求。

【任务巩固】

1. 喷油泵又叫_____,有_____和_____两种类型。
2. 柱塞式喷油泵由_____、_____、_____、_____等部分组成。
3. 如何检修柱塞偶件和出油阀偶件?

任务5　调速器检修

【任务目标】

1. 了解柴油机调速器的工作过程。
2. 掌握调速器的检修方法。

【任务准备】

一、资料准备

柱塞式喷油泵总成、喷油泵解剖教具;喷油泵试验台、常用工量具;图片视频、维修手册、任务评价表等与本任务相关的教学资料。

二、知识准备

(一)调速器功用

当发动机负荷稍有变化时,导致发动机转速变化。当负荷减小时,转速升高,转速升高导致柱塞泵循环供油量增加,循环供油量增加又导致转速进一步升高,这样不断地恶性循环,造成发动机转速越来越高,最后飞车;反之,当负荷增大时,转速降低,转速降低导致柱塞泵循环供油量减少,循环供油量减少又导致转速进一步降低,这样不断地恶性循环,造成发动机转速越来越低,最后熄火。

调速器功用就是根据发动机负荷变化而自动调节供油量,从而保证发动机的转速稳定在很小的范围内变化。调速器按功能分为两速调速器和全速调速器。

两速调速器。不仅在怠速时能防止发动机自动熄火,而且能防止发动机超速。在中间转速时,调速器不起作用,柴油机的工作转速由驾驶员通过操纵油量调节机构来调整。

全速调速器。不仅能稳定发动机的怠速和限制最高转速,而且在任一选定的转速下都能根据负荷的大小自动调节供油量,使发动机稳定工作。

拖拉机上多采用机械离心式全速调速器。

(二)调速器构造

与Ⅱ号喷油泵配合使用的球盘式离心全速调速器,安装在Ⅱ号喷油泵后端,如图 2-81 所示。

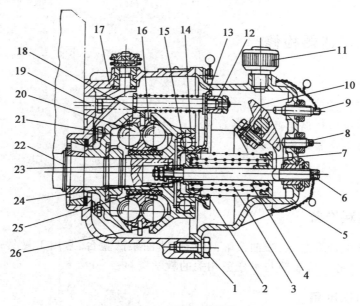

图 2-81　Ⅱ号喷油泵全速调速器

1-放油螺钉　2-启动弹簧　3-高速调速弹簧　4-低速调速弹簧　5-调速器后壳　6-调节螺柱　7-弹簧后座
8-低速限止螺钉　9-高速限止螺钉　10-调速叉　11-加油口螺塞　12-拉杆螺母　13-拉板
14-启动弹簧前座　15-调速弹簧前座　16-飞球座　17-调速器前壳　18-飞球保持架
19-供油拉杆　20-飞球　21-驱动锥盘　22-喷油泵凸轮轴　23-垫圈
24-校正弹簧　25-校正弹簧座　26-推力锥盘

（三）调速器工作过程

Ⅱ号喷油泵调速器工作过程如图 2-82 所示。驾驶员通过油门踏板操纵调速叉 10 处于图中所示某一固定位置,此时若柴油机发出的有效转矩正好与外界阻力矩平衡,因而转速稳定,飞球组件离心力所造成的轴向推力 F_a 和调速弹簧作用力 F_b 相平衡。拉板 11 和油量调节拉杆 12 处于一定的位置,并与调节螺柱 6 的凸肩之间保持一定的间隙 Δ_1。

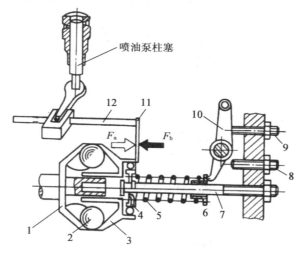

图 2-82　全速调速器原理

1-放油螺钉　2-启动弹簧　3-高速调速弹簧　4-低速调速弹簧　5-调速器后壳　6-调节螺柱
7-弹簧后座　8-低速限止螺钉　9-高速限止螺钉　10-调速叉　11-拉板　12-供油拉杆

①当外界阻力矩突然减小时,而驾驶员未改变调速叉的位置,则发动机转速将会升高,飞球组件产生离心力增大,于是 $F_a > F_b$,使油量调节拉杆自动右移,供油量减小,发动机的有效转矩也随之减不,重新至与外界阻力矩相等时为止,转速便不再升高。此时柴油机以比外界阻力矩变化前略高的转速稳定运转。

②当外阻力矩突然增加时,发动机转速降低,飞球组件的离心力减小,$F_a < F_b$,使拉板自动左移,增加供油量,发动机有效转矩变大,直至其有效转矩与外界阻力矩相等,转速不再降低,F_a 与 F_b 重新取得平衡为止。此时柴油机以较前略低的转速稳定运转。

这样调速器根据外界阻力变化自动调节供油量,维持转速在很小的范围内变化。全速式调速器从最小油门到最大油六位置,不同油门踏板位置,调速叉施加给调速弹簧的力不同,发动机维持的转速不同,均可通过调速器自动稳定转速。

【任务实施】

　　将喷油泵总成安装在喷油泵实验台上,分别进行供油时刻检查调整、调速器调试和供油量检查调整,如图 2-83 所示。

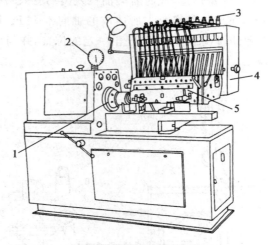

图 2-83　喷油泵试验台

1-刻度盘　2-转速表　3-标准喷油器　4-量油箱　5-被测喷油泵

一、喷油泵供油时刻检查调整

　　①打开试验台上标准喷油器的溢油阀,调节试验台供给喷油泵低压油腔的油压至 4 MPa 以上,送入喷油泵低压油腔。转动喷油泵凸轮轴,使第 1 缸柱塞处于下止点位置,柱塞套上进油口未被柱塞遮盖,燃油从低压油腔能顶开出油阀进入高压油管,从第 1 缸喷油器的回油管中流出。

　　② 缓缓转动喷油泵凸轮轴,使第 1 缸柱塞从下止点位置上行,直到第 1 缸喷油器回油管中刚刚停止流油时,说明第 1 缸分泵柱塞上行到供油开始位置(堵住柱塞套筒上的进油孔时)。反复进行几次试验,当第 1 缸开始供油时,检查喷油泵联轴器和泵体上的供油正时标记应对正,否则说明第 1 缸供油正时失准。

　　③第 1 缸供油正时失准时,可通过滚轮体上的调整螺钉来调整,旋出可提前,旋入为推迟。

　　④利用试验台飞轮盘上的刻度,选择任意角度作为第 1 缸供油开始的基准,依照上述方法,按发动机各气缸做功顺序,依次检查其他气缸供油间隔角以确定其他各气缸供油正时。

二、调速器调试

1.高速起作用转速试验与调整

将喷油泵转速增至接近额定转速,再把操纵臂向供油方向推到底。然后再慢慢增加转速,当供油拉杆向减少供油方向移动时,此转速即为高速起作用的转速,应符合标准值。如过高,则旋出调速器后盖上方高速限止螺钉;过低,则旋入。

2.怠速转速的试验和调整

将喷油泵在低于怠速下运转,逐渐增加喷油泵转速,当供油拉杆向减少供油方向移动时,此对应的转速是怠速,应符合规定。如过高,则旋出调速器后盖中间怠速调节螺钉;过低,则旋入怠速调节螺钉。

3.停油转速的试验

将操纵臂推到底,增加转速并观察标准喷油器。当喷油器不喷油时所对应的转速即为停油转速。太高,则装配不当;太低,则高速弹簧过软,应更换。

三、供油量试验和调整

1.额定转速供油量试验和调整

使喷油泵以额定转速运转,转动操纵臂至最大供油位置。喷油 100 次,观察六个量杯中的油量,应符合规定,各缸不均匀度应小于 3%。不合标准或不均匀时,松开柱塞拨叉相对拨叉轴移动一定距离。

2.怠速时的供油量及均匀性试验和调整

使喷油泵在 250 r/min 运转。放松操纵臂,喷油 100 次。观察各量油杯中的油量,不均匀度应小于 30%。不符时,在不影响额定供油量的前提下调整拨叉,方法同上。

3.启动供油量试验及调整

使喷油泵在 200 r/min 运转,转动操纵臂至最大供油位置,喷油 100 次,观察各量杯中的油量,应大于规定值。如油量太低,将支承轴旋入一些。

【任务巩固】

1.两速调速器不仅在_____时能防止发动机自动熄火,而且能防止发动机_____。在中间转速时,调速器不起作用,柴油机的工作转速由驾驶员通过操纵油量调节机构来调整。

2.全速调速器不仅能稳定发动机的_____和限制_____,而且在任一选定的转速下都能根据负荷的大小自动_____,使发动机稳定工作。

任务 6　分配泵检修

【任务目标】

　　1.了解柴油机 VE 型分配泵的工作过程。

　　2.掌握分配泵的检修方法。

【任务准备】

一、资料准备

　　拖拉机或柴油机、分配泵总成、分配泵解剖教具、柱塞偶件;常用工量具;图片视频、维修手册、任务评价表等与本任务相关的教学资料。

二、知识准备

　　分配式喷油泵简称分配泵,是一种不同于柱塞式喷油泵的另一种形式的喷油泵,有转子式和单柱塞式两类。分配泵与柱塞式喷油泵相比,有以下优点:

　　①分配泵结构简单,零件少,体积小,质量轻,使用中故障少,容易维修。

　　②分配泵用一个柱塞向柴油机各缸供油,精密偶件加工精度高,可以使各缸之间供油量差别很小,保证各缸供油的均匀性和供油时间的一致性。分配泵单缸供油量和供油提前角不需调整。

　　③分配泵的运动件靠喷油泵体内的柴油润滑和冷却,因此,对柴油的清洁度要求很高。

　　④分配泵凸轮的升程小,有利于提高柴油机转速。

（一）基本构造

　　轴向压缩式分配泵(简称 VE 型分配泵)应用较广泛,如图 2-84 所示。可分为两部分。一部分为铝合金泵体,内装有滑片式输油泵、油压调节阀、传动轴及传动轴齿轮、滚轮、滚轮座圈、平面凸轮盘、供油角自动调节器和调速器总成;另一部分为铸钢泵体,被称为泵分配头。内部装有泵柱塞、分配套、油量调节套(溢流环)、高压油管路接头、出油阀、断油电磁阀等。

　　初级输油泵把燃油从燃油箱中吸出后,经燃油滤清器过滤后进入二级输油泵(滑片式输油泵)。分配泵驱动轴由发动机曲轴通过中间传动装置驱动。驱动轴带

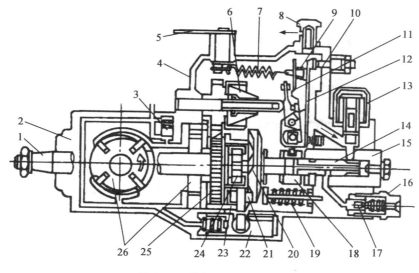

图 2-84　轴向压缩式分配泵

1-驱动轴　2-泵体　3-调压阀　4-泵盖　5-调速手柄　6-飞锤　7-调速弹簧　8-回油电磁阀　9-急速弹簧
10-最大油量调整螺钉　11-张力杆　12-调整杆　13-断油电磁阀　14-柱塞　15-分配套　16-出油阀紧座
17-出油阀　18-油量调节套筒　19-柱塞弹簧　20-平面凸轮盘　21-滚轮　22-喷油提前器活塞
23-滚轮支架　24-十字联轴器　25-调速器驱动齿轮　26-滑片式输油泵

动滑片式输油泵,驱动轴右端通过联轴节带动平面凸轮转动,平面凸轮盘上有传动
销钉,带动柱塞 14 旋转,柱塞由柱塞弹簧压向平面凸轮盘,坐落在滚轮机构上。柱
塞在平面凸轮盘驱动下,做旋转运动的同时,又做往复运动。往复运动产生高压燃
油,旋转运动进行燃油分配。

(二)工作过程

下面以四缸柴油机配用的 VE 型分配泵为例,说明其工作过程。

1.进油过程

如图 2-85 所示,当平面凸轮盘 1 的下凹部分转到与滚轮 2 接触时,在柱塞弹
簧的作用下,转动着的柱塞向左移动,接近终点时,泄油孔完全被油量调节套筒
9 所封闭。当柱塞的一个进油槽与分配套的进油孔相对时,泵腔中的低压燃油便
进入柱塞前端的压油腔 6,直至柱塞进油槽与分配套的进油孔错开,进油结束。

2.泵油过程

如图 2-86 所示,当平面凸轮盘由下凹部分向凸起部分转动时,柱塞由左向右
运动,此时柱塞中心油道的油压急剧升高。当柱塞的出油槽与分配套的一个出油

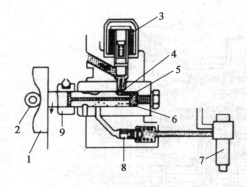

图 2-85 进油过程

1-平面凸轮盘 2-滚轮 3-停油电磁阀 4-进油孔
5-柱塞进油槽 6-压油腔 7-喷油嘴
8-出油阀 9-油量调节套筒

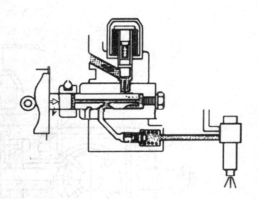

图 2-86 泵油过程

孔相对时,高压燃油流经出油孔、出油阀、高压油管,送到相应缸的喷油器中。柱塞每转一周,对四缸柴油机,分别进油 4 次,出油 4 次,向每个气缸供油一次。

3.回油过程

如图 2-87 所示,柱塞在平面凸轮盘作用下继续右移,当柱塞的泄油孔露出,并与泵腔相通时,柱塞中心油道中的高压油便流回泵腔,油压急剧下降,供油结束。

柱塞从出油槽与柱塞套出油孔接通到关闭的行程称为柱塞的有效行程。有效行程越大,向外供油量越多,移动油量调节套筒的位置,即可改变拄塞的有效行程,从而改变 VE 分配泵的供油量。

4.均压过程

如图 2-88 所示,柱塞上加工有压力平衡槽,它始终与泵腔相通。当供油结束,柱塞转过 180°时,柱塞上的压力平衡槽便与该缸分配套出油孔相通泄压,便与泵

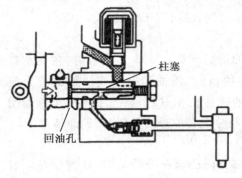

图 2-87 回油过程

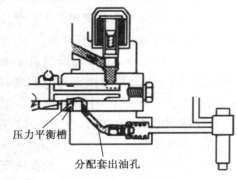

图 2-88 均压过程

腔油压平衡,从而使各缸分配油路内的压力在燃油喷射前趋于均衡,保证各缸喷油量均匀。

【任务实施】

一、分配泵外部检查

①检查分配泵壳体外部表面有无燃油、机油、裂纹裂痕及其他异常现象。
②检查分配泵驱动轴的转动情况是否灵活自如,驱动轴前后端间隙的大小。
③检查油门加速杆手柄和熄火拉杆的工作情况是否正常。
④检查泵室内有无进水痕迹。
⑤检查泵室内的燃油情况,有无杂质和金属粉末。

二、分配泵部件检查

分解分配泵,清洗并检查主要部件。

1.柱塞检查

将柱塞分别套入分配头总体和油量调节套筒中,当把柱塞拉出 2/3 位置时,倾斜分配头总体和油量调节套筒,柱塞应能靠自身重力滑入,无任何卡滞现象,如图 2-89 所示。

柱塞在作滑动试验时,应选择 4 个不同的位置反复进行,均无异常现象。若有卡死、发滞时,应更换柱塞。但应该注意,有的柱塞在试验时有阻滞现象是由于使用的清洗油中

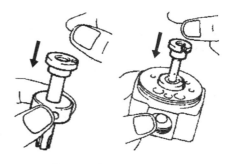

图 2-89 柱塞滑动试验

有杂质造成的,所以对所使用的清洗油应保持高度清洁,并对柱塞反复试验。

2.滚轮环和滚轮的检查

用千分表测量滚轮高度,变化值应小于 0.02 mm,若测量值不在规定范围内,应成套更换滚轮组件体。

3.柱塞弹簧的检查

用直角尺检查柱塞弹簧的垂直变形量,柱塞弹簧的最大歪斜度应在 2.0 mm以内,否则应更新弹簧。另外检查柱塞弹簧的自由高度应符合要求,弹簧外表无伤痕。

4.断油电磁阀检查

当发动机启动时,将启动开关闭合,从蓄电池来的直流电送到电磁阀线圈,较

大的电流使线圈内的阀门被开并压缩弹簧,从而使燃油油路畅通。在发动机启动后,点火开关停留在 ON 位置,此时在电路中串入了电阻,以较小的电流使阀门保持在打开位置。当发动机需要停止运转时,将点火开关拧到 OFF 位置,电路断开,线圈中的针阀在弹簧作用下返回阀座,从而切断燃油路,使发动机停止运转。

断油电磁阀的检查方法:用导线连接断油电磁阀接线柱,用导线的另一端和电源线或蓄电池电极相接触。在接通电源的瞬间,应从断油电磁阀的线圈内部听到咔嗒咔嗒的响声,若听不到响声,则表明断油电磁阀工作不正常,应进行更换。

【任务巩固】

1.分配式喷油泵有 _____ 和 _____ 式两种类型,VE 型分配泵属于 _____。

2.VE 型分配泵有 _____ 个柱塞,在平面凸轮盘驱动下,做旋转运动的同时,又做往复运动。往复运动产生 _____,旋转运动进行 _____。

任务7 认知高压共轨喷射系统

【任务目标】

1.了解柴油机高压共轨系统的工作过程。

2.能识别高压共轨喷射系统各组件并说明其功用。

【任务准备】

一、资料准备

共轨喷射柴油机实训台、各种传感器;常用工量具;图片视频、观察记录表、任务评价表等与本任务相关的教学资料。

二、知识准备

柴油机电控燃油喷射系统的研究开发始于 20 世纪 70 年代,90 年代得到迅速发展,现应用较多是高压共轨喷射系统。高压共轨柴油喷射系统是指在由高压油泵、油轨(共轨管)、压力传感器和发动机控制模块(engine control module,ECM)组成的闭环控制系统中,将喷射压力的产生和喷射过程彼此分开的一种供油方式。

高压油泵只负责燃油加压并输送到油轨,油轨中燃油压力大小由压力调节阀调整;燃油喷射则由 ECM 根据各种传感器输入的信息,适时发出指令使喷油器喷油。在发动机的转速范围内可实现连续的高压喷射,在每循环中能完成预喷、主喷、后喷等多次喷射。ECM 可精确控制喷油量和喷油时刻。

与传统的机械式喷油系统比较,电控柴油喷射系统具有如下优点:

①对喷油定时的控制精度高,反应速度快。

②对喷油量的控制精确、灵活、快速,喷油量可随意调节,可实现预喷射和后喷射。

③喷油压力高(高压共轨电控喷油系统可高达 200 MPa),不受发动机转速影响。

④无零部件磨损,长期工作稳定性好,可靠性好,适用性强。

(一)基本组成

柴油机高压共轨喷射系统由电子控制和燃油供给两大部分组成,BOSCH 高压共轨喷射系统的基本组成,如图 2-90 所示。

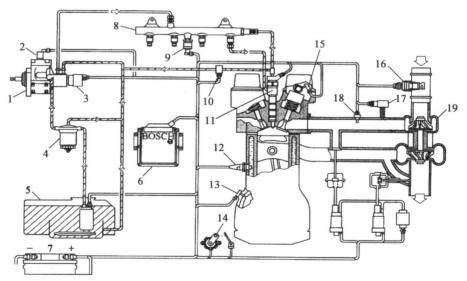

图 2-90 BOSCH 高压共轨喷射系统

1-高压油泵 2-燃油切断阀 3-压力控制阀 4-柴油滤清器 5-油箱 6-ECM 7-蓄电池
8-共轨管 9-油压传感器 10-油温传感器 11-喷油器 12-水温传感器 13-曲轴传感器
14-加速踏板传感器 15-凸轮轴传感器 16-空气流量传感器 17-增压压力传感器
18-进气温度传感器 19-蜗轮增压器

1. 电子控制

电子控制部分由发动机控制模块（ECM）、各种传感器和执行器组成。

（1）传感器　柴油机的喷油量、喷油时间和喷油规律除了取决于柴油机的转速、负荷外，还跟众多因素有关，如进气流量、进气温度、冷却液温度、燃油温度、增压压力、电源电压、凸轮轴位置、废气排放等，所以必须采用相应传感器，采集相关数据。传感器的作用是将各种物理信号变成电信号，输送给 ECM，作为发动机运行控制参数。

传感器主要有曲轴转速传感器、凸轮轴位置传感器、各种温度传感器（如冷却液温度传感器、进气温度传感器、机油温度传感器、回油管内柴油温度传感器）及增压压力传感器、燃油压力传感器、空气流量传感器和加速踏板位置传感器等。

（2）执行器　执行器有电控喷油器、油压控制阀、流量控制阀、增压压力执行器、蜗轮控制器和废气再循环（EGR）反馈控制器等。

（3）发动机控制模块（ECM）　ECM 的功能是接受各种传感器输入的信号，经过比较、运算、处理后，得出最佳喷油时间和喷油量值，向喷油器发出开启或关闭指令，从而精确控制发动机的工作过程。

发动机启动时，由水温与发动机转速信号决定喷油量，而当车辆正常行驶时，则主要由加速踏板位置传感器信号和发动机转速信号决定喷油量。

ECM 还具有以下辅助功能：

怠速转速控制。ECM 除维持怠速最低稳定运转转速以节省燃油以外，还在电器负载、空调压缩机运转、变速器换挡操作及操作动力转向时，利用怠速控制器改变喷油器的喷油量来调节怠速转速。

怠速平滑运转控制。由于机械磨损，发动机各缸产生的转矩产生差异，导致发动机运转不稳。ECM 测量做功时的转速变化，对各缸做出比较，调节各缸喷油量，使其产生的转矩相同，使发动机运转平稳。

巡航控制。即定速控制，驾驶人通过操作仪表板上的巡航控制开关控制车速，车速控制器增减喷油量以便实际车速等于设定车速。

2. 燃油供给

高压共轨系统为蓄压器式共轨系统，分为低压油路部分和高压油路部分。

（1）低压油路部分　低压油路部分由油箱、电动输油泵和柴油滤清器等组成，其作用是产生低压柴油，输往给高压泵，结构原理与传统的柴油供给系低压油路相似。

（2）高压油路部分　高压油路部分由高压油泵、限压阀、高压油管、共轨管、压力控制阀和电控喷油器等组成。

　　高压油泵。高压油泵的作用是产生高压油和控制供油率。BOSCH 公司采用由柴油机驱动的三个径向柱塞泵来产生高达 160 MPa 的压力。高压共轨腔中的压力的控制是通过对共轨腔中燃油的放泄来实现的,为了减小功率损耗,在喷油量较小的情况下,将关闭三个径向柱塞泵中的一个压油单元使供油量减少。

　　共轨管。共轨管的作用将高压油分配到各缸喷油器中,并起蓄压器作用,保持燃油压力稳定。共轨管容积具有削减高压油泵的供油压力波动和每个喷油器由喷油过程引起的压力振荡的作用,使高压油轨中的压力波动控制在 5 MPa 以下。共轨管上安装有压力传感器、限压阀和限流阀。压力传感器向 ECM 提供高压油轨的压力信号;限流阀保证在喷油器出现燃油漏泄故障时切断向喷油器的供油,并可减小共轨管和高压油管中的压力波动;限压阀保证高压油轨在出现压力异常时,迅速将高压油轨中的压力进行放泄。

　　电控喷油器。电控喷油器是共轨式燃油系统中最关键和最复杂的部件,它的作用根据 ECM 发出的控制信号,通过控制电磁阀的开启和关闭,将高压油轨中的燃油以最佳的喷油定时、喷油量和喷油率喷入柴油机的燃烧室。

　　(二)工作过程

　　燃油从油箱被电动输油泵吸出后,经油水分离器和滤清器滤清后,被送入高压油泵,这时燃油压力为 0.2 MPa。进入高压泵的燃油一部分通过高压泵上的安全阀进入油泵的润滑和冷却油路后流回油箱,另一部分进入高压油泵。在高压油泵中,燃油被加压到 135 MPa 后,被输送到油轨。在油轨上有一个压力传感器和一个通过切断油路来控制油量的压力限制阀,压力限制阀可调节 ECM 设定的共轨压力。高压柴油从油轨、流量限制阀经高压油管进入喷油器后,又分两路:一路直接喷入燃烧室;另一路是在喷油期间从针阀导向部分和控制套筒与柱塞缝隙处泄漏的多余燃油,从回油管流回油箱。

　　在电子控制高压共轨系统中,由各种传感器(如曲轴转速传感器、加速踏板位置传感器、凸轮轴位置传感器、各种温度和压力传感器等)及时检测出发动机的实际运行状态,由 ECM 中的微型计算机根据预置的程序进行运算后,确定适合于该工况下的最佳喷油量、喷油时刻、喷油速率模型参数等,ECM 发出指令,使发动机始终处在最优工作状态,确保发动机的动力性、经济性得到有效地发挥,并且可使排放污染降到最低。

【任务实施】

　　观察电控共轨柴油机,识别各组成部分,把主要部分名称填写在表 2-8 中。

表 2-8　柴油机高压共轨喷射系统观察记录表　　　　柴油机型号：_____

序号	主要部件	功用
1		
2		
3		
4		
5		

【任务巩固】

1.高压共轨柴油机的电子控制部分由_____、_____和_____组成。

2.高压共轨柴油机的高压油路部分由_____、_____、_____、_____、_____和电磁喷油器等组成。

项目四 冷却系构造与维修

【项目描述】

一拖拉机出现水箱开锅故障、水温指示灯报警现象,查阅使用维修说明书,需要对冷却系进行拆检。冷却系主要包括散热器、节温器、风扇和水泵等总成。

本项目分为认知冷却系、散热器检修、节温器检查、风扇检修和水泵检修 5 个工作任务。

通过本项目学习熟悉冷却系的构造和工作过程;掌握主要总成的维修技术;培养认真严谨、善于思考、沟通协作等能胜任岗位工作的职业素质。

任务 1 认知冷却系

【任务目标】

1.了解冷却系组成、功用和分类。

2.会正确描述冷却系的工作过程。

【任务准备】

一、资料准备

单缸柴油机、多缸柴油机;维修手册、任务评价表等与本任务相关的教学资料。

二、知识准备

冷却系功用就是将柴油机受热零部件部分热量及时散发到大气中去,保证柴油机在适宜的温度下工作。如果冷却不足,运动零件的正常配合间隙将破坏,高温使机油变质和失效,导致零件卡死,使柴油机无法工作,并且高温使柴油机充气不足、功率下降;如果冷却过度,将导致热损失增大,可燃混合气不能很好形成和燃烧,柴油机工作粗暴,降低动力性和经济性。

根据所用冷却介质不同,柴油机冷却方式有风冷式和水冷式两种。风冷式是以空气为冷却介质,利用风扇产生的气流将零件的部分热量散发到大气中去。水冷式是以水为冷却介质,将受热零件的热量先传给水,再通过冷却水散发到大气中去。

按冷却水的循环方式分,有蒸发式水冷和强制循环式水冷,小型柴油机多采用蒸发式水冷,大中型柴油机多采用强制循环式水冷。

(一)蒸发式冷却系

单缸柴油机蒸发式水冷却系如图 2-91 所示。

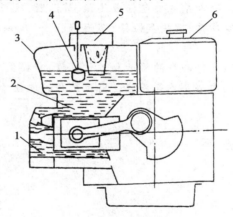

图 2-91 蒸发式冷却系

1-缸盖水套 2-缸体水套 3-水箱 4-浮子 5-加水口 6-油箱

水箱与水套直接相通,水箱口敞开并通大气。柴油机工作时冷却水吸收高温零件热量,蒸发成水蒸气后,将热量散发到大气中,使柴油机得到冷却。

(二)强制循环式水冷却系

强制循环冷却系由风扇、水泵、水套、散热器、百叶窗、节温器、水管、水温表和传感器等组成,如图 2-92 所示。

柴油机工作时,在水泵驱动下冷却水在柴油机水套、节温器、散热器之间循环,冷却水将气缸体水套内热量吸收,温度升高后流到气缸盖水套,再次升温后沿水管流入散热器,在风扇作用下,空气流由前向后从散热器中通过,将热量不断散发到

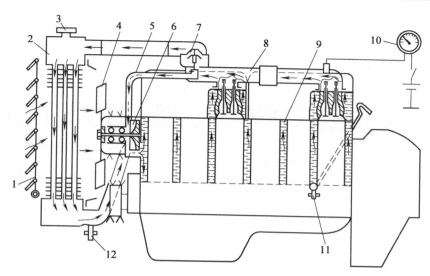

图 2-92　强制循环水冷却系

1-百叶窗　2-散热器　3-散热器盖　4-风扇　5-小循环水管　6-水泵　7-节温器
8-出水管　9-水套　10-水温表和传感器　11-水套放水开关　12-散热器放水开关

大气中去,使水得到冷却。冷却了的水流到散热器底部后,又被吸入水泵不断循环,维持柴油机在适宜的温度下工作。

【任务实施】

一、观察冷却系构造

观察冷却系构造,填写表2-9。

表 2-9　冷却系构造记录表　　　柴油机型号: _____

序号	主要总成或零件名称	功用
1		
2		
3		
4		
5		

二、描述冷却系工作过程

观看冷却系的工作过程,记录冷却水流动路线,填入表 2-10。

表 2-10　工作过程记录表

序号	冷却系	冷却水流动路线
1	蒸发式冷却系	
2	强制循环冷却系	

【任务巩固】

1.冷却系由_____、_____、_____、水泵、冷却水套、水管、节温器、水温传感器和控制冷却强度的装置等组成。

2.按照冷却介质不同,冷却系可以分为_____式和_____式两种。

3.写出强制循环式冷却系的工作过程。

任务 2　散热器检修

【任务目标】

1.了解散热器的功用、构造和工作过程。

2.学会熟练地使用工量具检修散热器,正确排除散热器常见故障。

【任务准备】

一、资料准备

散热器;水箱检漏仪、拆装工具;维修手册、任务评价表等与本任务相关的教学资料。

二、知识准备

散热器俗称水箱,其功用是储存冷却液,并把来自柴油机水套中热水的热量散发到大气中去。散热器主要有上、下水室和散热器芯组成,上水室制有进水管、加水口,进水管用橡胶管与气缸盖水套相连,加水口上有散热器盖,下水室制有出水管和放水阀,出水管用橡胶管与水泵进水口相连,如图 2-93 所示。

散热器盖对冷却系统起密封加压作用,上有空气阀和蒸汽阀,当柴油机处于正常执态时,阀门关闭,将冷却系与大气隔开,防止水蒸气逸出,使冷却系统内压力稍高于大气压力,从而增高冷却液的沸点,保证柴油机在较长时间及较高负荷下工作。散热器盖的构造如图 2-94 所示,当冷却液温度升高,散热器内部压力大于规定值时,蒸气阀开启,使冷却液蒸汽从蒸汽排出管排出,以防压坏散热器芯管;当冷却液温度降低,体积收缩后压力降到低于大气压某定值时,空气阀开启,空气进入冷却系,避免压力差将散热器芯管压瘪。

散热器长期使用后,在内壁产生水垢,影响散热效果,要定期清洗水垢。

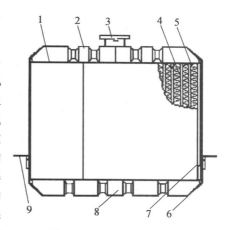

图 2-93　散热器和风扇

1-主片　2-上水室　3-加水口

4-冷却管　5-散热器带　6-附侧板

7-侧板　8-下水室　9-支架

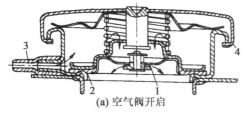
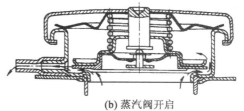

(a) 空气阀开启　　　　　　　　(b) 蒸汽阀开启

图 2-94　散热器盖

1-空气阀　2-蒸汽阀　3-蒸汽排出管　4-散热器盖

【任务实施】

一、散热器密封性检验

散热器的密封性检验可用气压表、气泵就车进行,其方法如下:

图 2-95　散热器密封性检查

①封闭散热器进、出水口,将散热器加水至加水口下方 10～20 mm 处。

②用气泵向散热器内加压至 200 kPa,压力表在 5 min 内压力应不下降。

③检查散热器有无渗漏现象。如有渗漏,应进行修复或更换,如图 2-95 所示。

二、散热器检修

①散热器外形因受到碰撞引起凹陷、凸起等变形损伤,可用焊丝拉平修复。

②散热器渗漏可用锡焊或粘接方法修复,散热器贮水室裂缝可用铜焊焊修。

③散热器堵塞清洗:从加水口向散热器内加入热水,用手试散热器芯管各处温度,温度不升高的部位,即堵塞部位。对堵塞的散热器,首先拆下,用压缩空气和清水洗外部,然后放在10%～15%氢氧化钠或铬酸水溶液内,煮洗约0.5 h,取出后用清水冲出水箱水垢。

【任务巩固】

1. 散热器由 _____、_____、_____、下储水室和进出水管等组成。

2. 拖拉机的散热器盖常采用装有 _____阀和 _____阀。

3. 简述散热器密封性的检查步骤。

任务 3   节温器检查

【任务目标】

1. 了解节温器的功用、构造和工作过程。

2. 学会使用工量具检修节温器,排除常见故障。

【任务准备】

一、资料准备

节温器;温度计、拆装工具;维修手册、任务评价表等与本任务相关的教学资料。

二、知识准备

节温器安装在气缸盖水套的出水口处,根据出水温度自动改变进入散热器的水量和循环路线,以调节柴油机的冷却强度。

柴油机通常采用蜡式节温器,蜡式节温器由上支架、下支架、主阀门、旁通阀、感应体、中心杆、橡胶管和弹簧等组成,如图2-96所示。

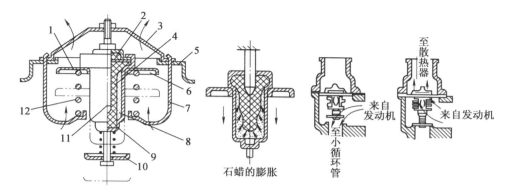

图 2-96　节温器

1-主阀门　2-盖和密封垫　3-上支架　4-胶管　5-阀座　6-通气孔

7-下支架　8-石蜡　9-感应体　10-旁通阀　11-中心杆　12-弹簧

蜡式节温器的工作过程如下：

①当水温低于 76℃ 时，石蜡处于固态，主阀门完全关闭，旁通阀完全开启，由气缸盖出来的水经旁通管直接进入水泵，称为小循环。小循环路线：冷却水经水泵—水套—节温器后不经散热器，而直接回到水泵。其水流路线短，散热少，冷却强度弱，用于柴油机预热升温。

②当冷却水温度在 76～86℃ 之间时，石蜡逐渐变成液态，体积随之增大，迫使橡胶管收缩，从而对中心杆下部锥面产生向上的推力。由于杆的上端固定，故中心杆对橡胶管及感应体产生向下的反推力，克服弹簧张力使主阀门逐渐打开，旁通阀开度逐渐减小，大小循环同时进行，称为混合循环。

③当柴油机内水温升高到 86℃ 以上时，石蜡完全变成液态，主阀门完全开启，旁通阀完全关闭，冷却水全部流经散热器，称为大循环，冷却强度高。大循环路线：冷却水经水泵—水套—节温器—散热器，又回到水泵，水流路线长，散热强度大。

【任务实施】

一、节温器检修

节温器检查方法是：水浴加热节温器，观察主阀门，76℃ 开启，86℃ 全开，节温器最大升程约 8 mm。如不符合上述要求，应更换节温器，如图 2-97 所示。

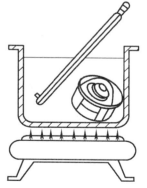

图 2-97　节温器检查

二、水温过高故障检修

①检查冷却水,若不足重新添加。
②检查风扇皮带,若过松,按要求调整。
③检查水泵工作情况,若损坏,维修或更换。
④检查节温器,若损坏,主阀门打不开,则更换。
⑤检查冷却系水垢,若过多则进行清洗。
⑥检查水箱表面是否脏堵,若脏堵,则清理脏物。
⑦检查喷油是否过晚,若过晚,则重新调整喷油时间。

【任务巩固】
1.节温器有_____和乙醚皱纹筒式两种,常采用_____节温器。
2.蜡式节温器主要由_____、_____、_____和_____等组成。
3.写出节温器的检查方法。

任务4　风扇检修

【任务目标】
1.了解风扇的功用、构造和工作过程。
2.学会使用工量具检修风扇,排除风扇常见故障。

【任务准备】

一、资料准备

风扇;拆装工具;维修手册、任务评价表等与本任务相关的教学资料。

二、知识准备

风扇安装在散热器后面,其功用是增加通过散热器的风速和风量,提高散热器的散热能力,如图 2-98 所示。

柴油机上采用轴流式风扇,当风扇旋转时,对空气产生吸力,使空气高速轴向流过散热器。风扇驱动有两种方式:

　　①风扇与水泵同轴,用 V 带驱动,皮带紧度可以调整。

　　②风扇通过硅油离合器安装在水泵轴上,水泵由 V 带驱动,而风扇的旋转取决于流过硅油离合器的空气温度,温度超过 65℃时,离合器结合,风扇旋转;温度低于 35℃时,离合器分离,风扇不转。硅油风扇离合器如图 2-99 所示。

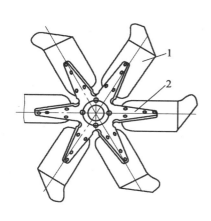

图 2-98　风扇叶片

1-叶片　2-连接板

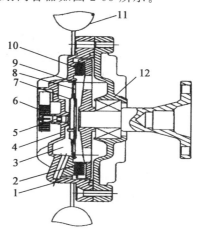

图 2-99　硅油风扇离合器

1-回油孔　2-主动板　3-储油腔　4-前盖　5-销轴
6-双金属感温器　7-阀片　8-进油孔　9-储油板
10-工作腔　11-风扇　12-壳体

【任务实施】

一、风扇皮带张紧度检查调整

　　①检查风扇皮带张紧度。用大拇指按压 V 带中部,V 带下陷 10～20 mm 为宜,否则进行调整。

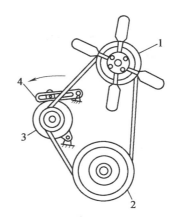

　　②调整目的。若皮带过松,皮带将在皮带轮上打滑,风扇和水泵等的转速下降,扇风量和泵水量减小,使柴油机过热;皮带过紧,将增加轴承和皮带的磨损。

　　③调整方法。调整发电机支架的位置可以调节皮带的张紧度,如图 2-100 所示。

图 2-100　风扇皮带张紧度调整

1-风扇皮带轮　2-曲轴皮带轮
3-发电机　4-移动支架

二、硅油风扇离合器检修

①当柴油机停止运转一段时间冷却之后,用手拨动风扇叶片,应感到较费力。

②在冷态下启动柴油机,并使其运转1~2 min后熄火。然后再用手拨动风扇叶片,应感到较为轻松。

③检查时如果符合上述要求,即认为风扇工作情况正常,否则,说明有故障。

④启动柴油机,当其温度接近85~90℃时,仔细倾听风扇响声,同时观察风扇转速的变化。如果噪声明显增大,转速迅速提高,甚至全速运转,表明阀片已开启,出油孔已打开,硅油已流入工作腔,使主、从动盘接合,即表明硅油风扇离合器的工作情况良好。

⑤将柴油机熄火,并随即用手拨动风扇叶片,感到十分费力,即表明风扇正常。

当发现风扇离合器突然失灵时,可把风扇后面的紧固螺母松开,将压在其下面的锁止片端部错头插入主动轴上的孔里,然后重新拧紧螺母。这样就可以使风扇固定在轴上随同旋转,保证柴油机的冷却。有备件时更换新品。

【任务巩固】

1.风扇安装在_____后面,其功用是_____,提高散热器的散热能力。

2.风扇按驱动的动力可分为_____和_____两种。

3.如何检查调整风扇皮带的张紧度。

任务5 水泵检修

【任务目标】

1.了解水泵的功用、构造和工作过程。

2.学会使用工量具检修水泵,排除水泵常见故障。

【任务准备】

一、资料准备

水泵;拉拔器、拆装工具;维修手册、任务评价表等与本任务相关的教学资料。

二、知识准备

水泵的功用是强制冷却水循环流动,保证冷却可靠。柴油机冷却系通常采用离心式水泵,主要由壳体、叶轮、水泵轴、进水管和出水管组成,如图 2-101 所示。其构造简单,排水量大,因故障停转时不妨碍冷却水自流循环。

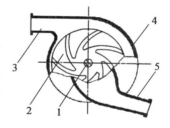

图 2-101　离心式水泵
1-水泵轴　2-叶轮　3-出水管
4-泵壳　5-进水管

水泵与风扇同轴,通过 V 带传动,当叶轮旋转时,水泵中的水被叶轮带动一起旋转,在离心力作用下,水被甩向叶轮边缘,经外壳上与叶轮呈切线方向的出水管压送到发动机水套内。同时,叶轮中心处的压力降低,散热器下部的水便经进水管被吸入水泵。如此连续作用,使冷却水在系统内不断地循环。如由于故障水泵停止工作时,冷却水仍然能从叶片之间流过,进行自然循环。

【任务实施】

一、水泵检修

水泵常见的故障有带轮与泵轴配合松旷,水封损坏漏水,泵壳或叶轮破裂等。

1. 带轮与泵轴检修

停机后用手板动风扇叶片,查看带轮与水泵轴配合是否有明显松旷。如有,表明带轮与水泵轴或带轮与锥形套配合松旷。检查风扇及带轮毂的螺栓,如松旷应拧紧;带轮仍松摆,则可能是水泵轴松旷,应分解水泵,检查轴承。水泵轴轴颈及其轴承磨损严重,使水泵轴的摆动量超过 0.10 mm,应更换新件。

2. 水泵漏水检修

当水泵漏水时,应检查水泵衬垫、水泵壳的泄水孔。当水泵衬垫漏水时,应先检查水泵紧固螺栓是否松动,如松动应拧紧;如仍漏水,应更换衬垫。当水泵壳的泄水孔漏水时,应分解水泵,检查水封,如损坏应更换。更换水封总成后,应进行漏水实验:堵住水泵进、出水口,将水注满叶轮室,转动泵轴,各处应不漏水。水封动环与静环接触面磨损起槽、表面剥落或破裂导致漏水时,应更换水封总成。

3. 裂纹检修

泵壳出现裂纹可焊修或更换新件;水泵叶轮出现破损,应更换新件。

二、水泵拆装

当发现水泵轴承或水封损坏,需要更换时,首先将水泵拆开,清洗干净,换上新配件,再装配好。

①拆下风扇固定螺钉,取下风扇。

②拆下风扇皮带轮毂固定螺栓,用拉拔器拉下轮毂。

③拆下叶轮固定螺栓及轴承锁环,朝叶轮中心向前压出水泵轴,取下叶轮。

④从叶轮上将水封锁环、胶木垫、橡皮套和弹簧等零件取下。

⑤清洗拆下零件。

⑥更换损坏零件,按拆卸相反顺序进行装配。

【任务巩固】

1.水泵由_____、_____、_____、水泵轴、支承轴承、水封等组成。

2.水泵常见的故障有_____,_____和_____等。

3.简述水泵的工作过程。

项目五　润滑系构造与维修

【项目描述】

一拖拉机出现机油压力指示灯报警故障现象,查阅使用维修说明书,需要对润滑系进行拆检。润滑系主要包括机油滤清器、机油泵、机油散热器和机油尺。

本项目分为认知润滑系、机油滤清器检修和机油泵检修 3 个工作任务。

通过本项目学习熟悉润滑系的构造和工作过程;掌握润滑系主要总成的维修技术;培养认真严谨、善于思考、沟通协作等能胜任岗位工作的职业素质。

任务1　认知润滑系

【任务目标】

1. 了解润滑系的功用和分类。

2. 会描述润滑系的工作过程。

【任务准备】

一、资料准备

单缸柴油机、多缸柴油机;维修手册、任务评价表等与本任务相关的教学资料。

二、知识准备

润滑系主要功用有:

润滑作用。将机油供给各零件摩擦表面,形成油膜,减小零件的摩擦、磨损和功率消耗。

冷却作用。循环流动的机油带走因摩擦产生的热量,使零件温度不致过高。

清洗作用。循环流动的机油带走磨损下来的金属磨屑和其他杂质。

密封作用。润滑油黏附于气缸和活塞及活塞环表面形成油膜,进一步密封气缸。

防锈作用。润滑油附着于零件表面形成油膜可以防止零件腐蚀。

缓冲作用。轴颈和轴瓦配合间隙的油膜不可压缩,起到减振缓冲的作用。

(一)柴油机润滑形式

1.压力润滑

压力润滑是利用机油泵将机油以一定压力连续不断地送向各摩擦面进行润滑的。如曲轴主轴承、连杆轴承等采用压力润滑。这种润滑方式润滑可靠,效果好。

2.飞溅润滑

飞溅润滑是借助运动零件将机油溅起,以油滴或油雾状将机油送到摩擦表面进行润滑的。常用于气缸和活塞的润滑。这种润滑方式简单方便,但润滑可靠性较差。

3.滴油润滑

利用机油自重滴落到摩擦表面上进行润滑。这种润滑方式可靠性差,仅用于负荷小又无机油激溅到的摩擦表面的润滑,如挺柱和凸轮采用这种润滑。

(二)单缸柴油机润滑油路

机油泵把机油加压,送至飞轮端主轴承座后,分成两路:一路进入主轴承,润滑主轴颈和主轴承,并经曲轴内部斜油道流向连杆轴承和另一侧主轴承,然后从齿轮室一端缝隙内流出飞溅润滑各齿轮。最后由齿轮室内机体侧壁上的两个孔流回油底壳;另一路经主轴承座外部机油管送至机油压力指示器,以显示机油压力是否正常,并经指示器下部泄油孔喷出飞溅润滑气门及摇臂轴总成,最后流回油底壳,如图 2-102 所示。该润滑油路构造简单,但没有机油滤清器,使用中应特别注意机油的清洁和更换。

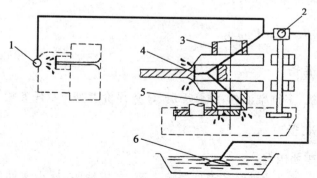

图 2-102 单缸柴油机润滑油路

1-机油压力指示器　2-机油泵　3、5-主轴颈　4-连杆轴颈　6-集滤器

（三）多缸柴油机润滑油路

多缸柴油机润滑系主要有油底壳、机油集滤器、机油泵、机油滤清器、主油道、分油道、限压阀和旁通阀等组成，如图 2-103 所示。

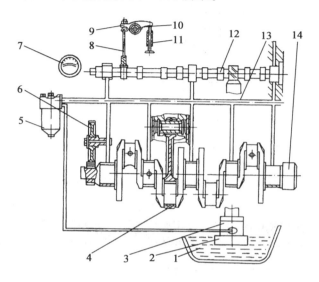

图 2-103　多缸柴油机润滑油路

1-油底壳　2-机油集滤器　3-机油泵　4-连杆轴瓦　5-粗滤器　6-正时齿轮　7-机油压力表
8-气门推杆　9-气门摇臂　10-气门　11-气门导管　12-凸轮轴　13-主油道　14-曲轴

柴油机工作时，机油经集滤器初步过滤后进入机油泵，经机油泵加压后送至机油滤清器，过滤后进入机体至主油道。然后分成 3 路：一路通至主轴承，经过曲轴内部油道到达连杆轴承；一路通至凸轮轴轴承，润滑凸轮轴轴颈，并经过凸轮轴后轴颈上的偏心槽向摇臂轴及摇臂轴轴承间断送油；一路通至正时中间齿轮轴，润滑齿轮系，凸轮轴最后一道轴颈的回油经过凸轮轴中心孔去润滑机油泵齿轮轴。喷油泵与调速器单独成一系统，另外加机油润滑。

【任务实施】

一、观察润滑系构造

观察润滑系构造，填写表 2-11。

表 2-11　润滑系构造记录表　　　　　　　　柴油机型号：_____

序号	主要总成或零件名称	功用
1		
2		
3		
4		
5		

二、描述润滑系工作过程

观看润滑系的工作过程，记录机油流动路线（表 2-12）。

表 2-12　工作过程记录表　　　　　　　　柴油机型号：_____

序号	润滑系	机油流动路线
1	单缸柴油机	
2	多缸柴油机	

【任务巩固】

1. 对负荷大，相对运动速度高的零件，采用_____润滑方式。

2. 润滑系一般由_____、_____、_____、机油散热器、各种阀、传感器和机油压力指示灯等组成。

3. 写出润滑系机油流动路线。

任务 2　机油滤清器检修

【任务目标】

1. 了解机油滤清器的功用、构造和工作过程。

2. 学会使用工量具检修机油滤清器，排除机油滤清器常见故障。

【任务准备】

一、资料准备

机油滤清器;拆装工具;维修手册、任务评价表等与本任务相关的教学资料。

二、知识准备

机油滤清器的作用是滤掉机油中的机械杂质和胶质,保持机油的清洁,以减轻零件磨损,并延长机油的使用期限。一般润滑系中装有几个不同滤清能力的滤清器——集滤器、粗滤器和细滤器。

(一)机油集滤器

机油集滤器装在机油泵之前入口处,防止较大的机械杂质进入机油泵。有固定式和浮动式两种,如图 2-104 所示。

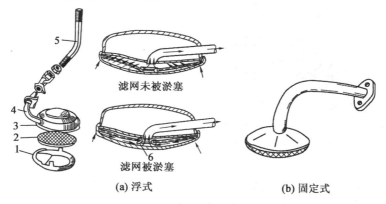

滤网未被淤塞

滤网被淤塞

(a) 浮式　　　　　　　　**(b) 固定式**

图 2-104　机油集滤器

1-罩　2-滤网　3-浮子　4-吸油管　5-固定管　6-滤网环口

(二)机油细滤器

机油细滤器用来清除微小杂质、胶质和水分,与主油道并联,属于分流式滤清器。常用离心式机油细滤器由壳体、转子轴、转子体、转子盖、进油限压阀、进油孔、出油孔等组成,如图 2-105 所示。

柴油机工作时,从机油泵来的润滑油进入细滤器进油孔。当油压低于100 kPa 时,进油限压阀不开,机油不经细滤器而全部流向主油道,保证柴油机可靠润滑。当油压超过 100 kPa 时,进油限压阀被顶开,润滑油进入转子内腔,然后经两喷嘴喷出。在油的反射力作用下,转子及其内腔的润滑油高速旋转,转速可高达 10 000 r/min 左右。在离心力的作用下,润滑油中的杂质被甩向转子盖内壁并沉积下来,清洁的机油从出油口流回油底壳。

　　(三)机油粗滤器

　　机油粗滤器用来过滤机油中颗粒较大的杂质,串联于机油泵与主油道之间,属于全流式滤清器,如图 2-106 所示。

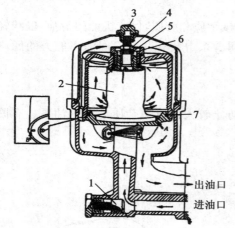

　　图 2-105　**机油细滤器**
1-进油限压阀　2-滤网　3-六角螺母　4-锁紧螺母
5-止推垫片　6-转子紧固螺母　7-密封圈

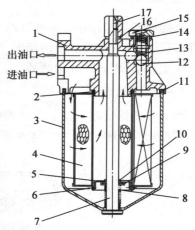

出油口
进油口

　　图 2-106　**机油粗滤器**
1-上盖　2、6、10、11、14、16-密封圈　3-外壳
4-滤芯　5-托板　7-拉杆　8-弹簧　9-垫圈
12-球阀　13-旁通阀弹簧　15-阀座　17-螺母

　　粗滤器由壳体、滤芯、旁通阀、进油口和出油口等组成。当粗滤器工作时,润滑油经进油口进入滤芯的外表面,经滤芯后由出油口流出。当滤芯堵塞时,旁通阀被顶开,机油不经滤芯直接进入主油道。

【任务实施】

一、机油粗滤器和机油更换

　　柴油机机油在经过一定时期的使用后,由于外界杂质的掺入以及机油本身所产生的一些化学变化,将使机油渐渐失去它的润滑性能,可根据柴油机的工作时间及参考机油的色、味、黏度等外观性指标予以判别,及时更换机油。

　　①启动拖拉机预热到正常工作温度,熄火后趁热放出油底壳中的机油。

　　②旋紧油底壳放油螺塞,将适量清洁混合油(柴油与机油比例为 1∶1)加入油

底壳。启动柴油机,低速运转 1～2 min(注意机油压力表,没有压力时应及时停车),停车后放出油底壳中柴油。

③拆下机油滤清器壳体,倒出柴油,清洗滤清器各部件,更换新的滤芯,然后按顺序装好。

④向油底壳内加入新机油,油面高度应在机油尺上下限刻线间的 3/4 位置。

⑤启动拖拉机,检查机油压力是否正常,滤清器各连接处是否漏油,停车 5 min 后再次检查油面高度。

二、机油细滤器检修

在机油压力与温度正常的情况下,当发动机大油门熄火后,若能连续 25 s 听到滤清器转子转动的声音,说明该细滤器工作正常。若声响时间少于 25 s,则说明转子内壁沉积物过多,因而自身沉重、转速下降,已失去应有的滤清作用,必须拆开清洗检查。

1. 拆卸转子

首先旋下顶端的盖形螺母,取下外罩。拧下锁紧螺母并旋出转子轴向间隙调整螺母,取下止推垫片,即可从转子轴上取下整个转子总成。

2. 拆开转子总成

将转子总成放在适当的木制垫块上,垫块的表面形状恰能与转子底座吻合,拧松转子上方的碗形螺母,转子外壳即会跟随螺母脱离转子底座。拆卸时应小心,勿使转子外壳产生变形。因为转子是经过动平衡的,必须轻拿轻放,以免破坏其平衡。

3. 清理转子外壳

滤清器在工作过程中,将机油里的杂质分离并沉淀在转子壳内壁上,在从内壁上除掉这些沉淀物时应注意,切勿刮伤或压扁外壳。只准使用竹片刮、毛刷擦,或用汽油、煤油清洗。

4. 吹通喷嘴,清洗转子底座

若喷嘴被异物阻塞,应用压缩空气吹通。将转子底座清洗干净。

5. 清洗所有零件

清洗离心滤清器内进油限压阀外的全部零件。在一般情况下,不拆卸进油限压阀,因为它是经过调整的,只有在它失去作用时才有必要拆修并重新校准。

6. 检查各部件

检查转子轴是否松动,若有松动需重新拧紧;查看止推垫片是否磨损,密封垫片是否损坏,并及时更换新件。

7.重新装复

装配转子时要注意对准标记,这是保证动平衡的最基本的要求。将转子总成套入转子轴上,套上止推垫片,旋入转子轴向间隙调整螺母,拧到靠住转子后再拧松退回半圈,旋紧锁紧螺母。用百分表测量转子的轴向间隙,此间隙应为 0.4～0.8 mm 为宜。如果不在此范围,应重新旋松螺母,重新调整并拧紧,直至合适为止。检查转子转动的灵活性,盖好带密封圈的滤清器外罩,套好垫片拧紧螺母。

【任务拓展】

机油散热器和机油尺

机油散热器的功用是冷却机油,使油温不致过高,保证机油具有一定的黏度和良好的润滑性,除了靠油底壳的自然散热外,有的柴油机还装有机油散热器。机油散热器多装在冷却水散热器的前面,利用空气或水来冷却,如图 2-107 所示。

机油尺用来检查油底壳油量和油面的高低。它是一片金属杆,下端制成扁平,并有刻线。机油油面必须处于上、下限刻线之间,如图 2-108 所示。

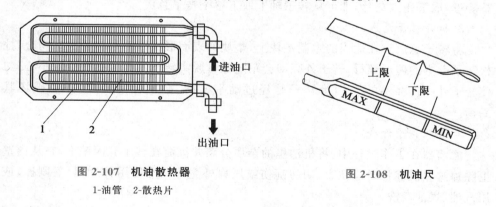

图 2-107　机油散热器
1-油管　2-散热片

图 2-108　机油尺

【任务巩固】

1.一般柴油机润滑系中装有_____、_____、_____不同滤清能力的滤清器。

2.安装新滤清器时,应在密封圈上涂上干净的_____。

3.写出机油细滤器的检修步骤。

任务 3　机油泵检修

【任务目标】

1. 了解机油泵的功用、构造和工作过程。

2. 会正确使用工量具检修机油泵,排除常见故障。

【任务准备】

一、资料准备

机油泵;塞尺、游标卡尺、拆装工具;维修手册、任务评价表等与本任务相关的教学资料。

二、知识准备

机油泵的功用是在柴油机工作时,将机油从油底壳中吸起加压,连续不断地泵送进润滑油路。机油泵常用有齿轮式和转子式两种。

（一）齿轮式机油泵

齿轮式机油泵由泵壳、主动齿轮、从动齿轮和油泵盖等组成,如图 2-109 所示。

当柴油机工作时,齿轮按图示箭头方向旋转,工作过程如下:

吸油。机油泵进油腔齿轮的轮齿脱开啮合,其容积增大,产生真空吸力,机油便经进油口被吸入进油腔。

压油。机油泵齿轮的轮齿将机油带入到出油腔,出油腔齿轮的轮齿进入啮合,其容积减小,油压增大,机油便经出油口被压送到柴油机油道中。

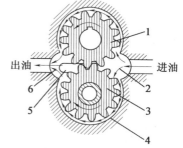

图 2-109　齿轮式机油泵

1-主动齿轮　2-进油口　3-从动齿轮
4-泵壳　5-限压阀　6-出油口

（二）转子式机油泵

转子式机油泵由内、外转子等零件组成,如图 2-110 所示。外转子比内转子多一个齿,机油泵工作时,内转子带动外转子旋转,进油腔容积不断由小变大,腔内产生一定真空度,润滑油从油底壳被吸入进油腔。随后经过过渡油腔,再进入出油腔,出油腔容积由大变小,使润滑油压力升高,再送往各润滑油道。

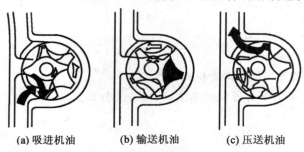

(a) 吸进机油　　　(b) 输送机油　　　(c) 压送机油

图 2-110　转子式机油泵

在机油泵的出口处装有限压阀,以限制润滑油路中的最高机油压力,防止油压过高破坏密封。

【任务实施】

一、检修齿轮式机油泵

①检查齿轮啮合间隙。检查时,将机油泵盖拆下,在互成 120°三个位置处测量机油泵主、从动齿轮的啮合间隙,磨损极限值为 0.20 mm。

②检查机油泵主、从动轮与机油泵盖接合面间的间隙,磨损极限间隙值为 0.15 mm。

③检查主动轴的弯曲度。如果弯曲度超过 0.03 mm,则应对其进行校正或更换。

④检查主动齿轮轴与机油泵壳体的配合间隙。主动齿轮轴与机油泵壳体配合间隙磨损极限值为 0.20 mm,否则应对轴孔进行修复或更换。

⑤检查机油泵盖。机油泵盖如有磨损、翘曲或凹陷超过 0.05 mm 时,应进行修复或更换。

⑥检查限压阀。检查限压阀弹簧有无损伤,弹力是否减弱,必要时予以更换。检查限压阀配合是否良好,油道是否堵塞,滑动表面有无损伤。

二、检修转子式机油泵

①用塞尺检查外转子与泵体之间的间隙,超过 0.20 mm,应换用新件,如图

2-111 所示。

②用塞尺检查内、外转子齿顶端面间隙,如超过 0.18 mm,应换用新件。

③用直尺和塞尺检查内转子轴向间隙,使用极限为 0.15 mm。

④检查限压阀是否有刮伤。限压阀柱塞在阀孔内有无磨损,间隙是否增大而松旷,如有,应换用新件。弹簧弹力下降,应更换。

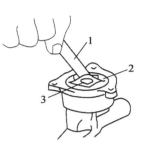

图 2-111　转子式机油泵检查
1-塞尺　2-外转子　3-泵体

三、机油压力过低故障检修

①检查油底壳油量,若不足重新添加。
②检查集滤器是否堵塞,若堵塞,清洗集滤器。
③检查机油泵磨损情况,若磨损严重则更换。
④检查限压阀开启压力是否过低,若过低,则重新调整。
⑤检查机油牌号,若不符,则重新更换。
⑥检查机滤是否堵塞,若堵塞,则更换。
⑦检查机油压力表或感压塞是否失灵,若失灵,则更换。

【任务巩固】

1.机油泵的功用是_____,常用的有_____和_____两种。

2.齿轮式机油泵由_____、_____、_____、油泵盖等组成,转子式机油泵主要由_____、_____等零件组成。

3.简述机油压力过大的故障检修步骤。

模块三　底盘构造与维修

项目一　传动系构造与维修

项目二　行走系构造与维修

项目三　转向系构造与维修

项目四　制动系构造与维修

项目五　工作装置构造与维修

项目一　传动系构造与维修

【项目描述】

一拖拉机踩下离合器，难以挂上所需挡位，查阅使用维修说明书，需要对传动系进行拆检。传动系主要包括离合器、变速箱、分动箱、中央传动、差速器和最终传动装置。

本项目分为离合器检修、变速箱检修、分动箱检修、中央传动检修和最终传动检修 5 个工作任务。

通过本项目学习熟悉传动系构造和工作过程；掌握主要装置维修技术；培养认真严谨、善于思考、沟通协作等能胜任岗位工作的职业素质。

任务 1　离合器检修

【任务目标】

1. 了解离合器的功用、构造和工作过程。

2. 会使用工量具检修离合器，排除离合器常见故障。

【任务准备】

一、资料准备

单作用离合器、双作用离合器；游标卡尺、千分尺、百分表等量具、拆装工具；维修手册、图片视频、任务评价表等与本任务相关的教学资料。

二、知识准备

从柴油机到驱动轮之间的一系列传动件称为传动系。功用是将柴油机经飞轮输出的动力传递给驱动车轮,并改变扭矩的大小,以适应行驶条件的需要,保证拖拉机正常行驶。此外,还具有改变车速、倒向行驶、切断动力、改变动力旋转平面等功用。

传动系有机械式和液力式两种,拖拉机普遍采用机械式传动系。

轮式拖拉机传动系如图 3-1 所示。通常把中央传动、最终传动和位于同一壳体内的差速器布置在左右驱动轮之间,合称为后桥。

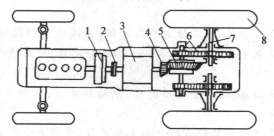

图 3-1　轮式拖拉机传动系

1-离合器　2-联轴节　3-变速箱　4-中央传动　5-差速器　6-最终传动　7-半轴　8-驱动轮

手扶拖拉机传动系如图 3-2 所示,变速箱、转向机构、中央传动、最终传动都装在传动箱内。

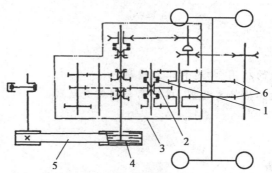

图 3-2　手扶拖拉机传动系

1-牙嵌离合器　2-中央传动　3-传动箱　4-离合器　5-三角带传动　6-最终传动

履带式拖拉机传动系和轮式拖拉机的主要区别在于后桥中没有差速器,而在中央传动与最终传动之间装有左、右两个转向离合器,如图 3-3 所示。

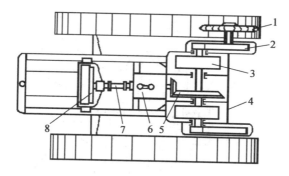

图 3-3　履带式拖拉机传动系

1-驱动轮　2-最终传动　3-转向离合器　4-后桥　5-中央传动　6-变速箱　7-传动轴　8-离合器

　　四轮驱动拖拉机的传动系是在变速箱后加装分动箱,通过操纵分动杆分别把动力传递给后桥和前桥。

（一）离合器功用及分类

1.离合器功用

①切断柴油机与变速箱间动力,以使变速箱顺利换挡。

②柔顺地接合动力,保证拖拉机平稳起步。

③超负荷时离合器可以通过自身打滑保护传动系零件免受损坏。

2.离合器分类

①根据动力传递方式不同分为摩擦式离合器、液力式离合器和电磁离合器三类,拖拉机常用摩擦式离合器,它通过摩擦力来传递动力。

②按从动盘的数目分单片式、双片式和多片式。中小型拖拉机常采用单片式离合器。

③按压紧状态分常接合式和常分离式,拖拉机用的是常接合式,即不操作时为接合状态。

④按操纵方式分机械式、液压式和气压式。拖拉机常采用机械式。

⑤按其作用分单作用式和双作用式。双作用离合器中的主离合器控制传动系统的动力,副离合器控制动力输出轴的动力。主、副离合器只用一套操纵机构且按顺序操纵的称为联动双作用离合器;主、副离合器分别用两套操纵机构的称为双联离合器。小型拖拉机常用单作用式,大型拖拉机常用双作用式。

（二）单作用离合器

1.基本构造

单作用摩擦式离合器如图 3-4 所示。

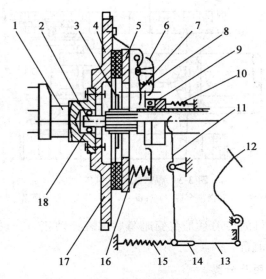

图 3-4　单作用离合器

1-曲轴　2-从动轴　3-从动盘　4-飞轮　5-压盘　6-离合器盖　7-分离杠杆　8-弹簧
9-分离轴承　10、15-回位弹簧　11-分离叉　12-踏板　13-拉杆
14-调节叉　16-压紧弹簧　17-从动盘摩擦片　18-轴承

（1）主动部分　包括飞轮、压盘、离合器盖。柴油机的动力经过飞轮与压盘的摩擦面传给从动盘。飞轮上有甩油孔，以便在离心力的作用下将漏入离合器中的油甩到离合器室内，从放油孔放出。压盘由灰铸铁制成，有足够的刚度，可防止变形；同时，为有效地吸收滑磨过程中产生的热量，压盘有足够的厚度和体积。压盘和飞轮一起旋转，并在离合器分离或结合过程中作轴向移动。离合器盖用螺栓固定在飞轮上。

（2）从动部分　包括从动盘和离合器轴。其中从动盘由轮毂、摩擦片、甩油盘和从动片等组成。从动片用薄钢板冲压而成，其上均布径向切口，其作用是消除内应力和防止钢片受热后产生翘曲变形。摩擦片用铆钉铆在从动片的两面上，铆钉头埋入摩擦片 1～2 mm。从动盘与甩油盘一起铆在具有内花键的轮毂上，轮毂安装在离合器轴上，从动盘带动离合器轴转动，并能在离合器轴上轴向移动。

（3）压紧部分　压紧弹簧均布在压盘的圆周上，压盘在压紧弹簧作用下，紧紧地压在从动盘上，使从动盘随飞轮一同转动。有的离合器在弹簧一侧装有隔热垫片，可保护弹簧不致因受热退火而使弹力降低。

（4）操纵机构　由踏板、分离轴承、分离杠杆、分离叉及拉杆等组成。三个分离杠杆均匀地安装在离合器盖上,分离杠杆可绕定位销转动,一端与压盘连接,另一端与分离轴承有 3～4 mm 间隙。分离轴承安装在分离套筒上,并随分离套筒轴向移动,分离拨叉一端安装在分离轴承两侧的耳销上,另一端与操纵机构拉杆及离合器踏板相连。

2.工作过程

(1)接合状态 当柴油机工作时,飞轮带动离合器盖和压盘一起旋转,在压紧弹簧的作用下,压盘把从动盘紧紧压在飞轮上,在摩擦力矩作用下,飞轮和压盘带动从动盘一起旋转,从动盘轮毂通过花键带动变速箱第一轴一起旋转,动力便传给了变速箱,如图 3-5 所示。

(2)分离状态 当踩下离合器踏板时,通过联动件使分离轴承前移,压在分离杠杆上,使压盘产生一个向后的拉力,当大于压紧弹簧的弹力时,拉动从动盘后移,使从动盘与飞轮、压盘脱离接触,柴油机停止向变速箱输出动力,离合器处于分离过程,如图 3-6 所示。踏下离合器踏板,消除分离杠杆内端与分离轴承端面之间的间隙所对应的踏板行程称为自由行程。

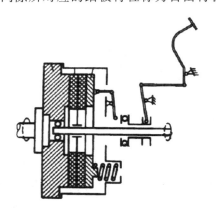

图 3-5 离合器接合

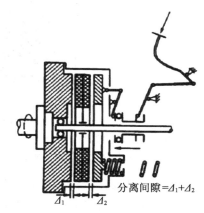

分离间隙=$\Delta_1+\Delta_2$

Δ_1 Δ_2

图 3-6 离合器分离

(3)接合过程 起步时缓慢放松踏板,通过联动件使作用在压盘上的拉力逐渐减小,在压紧弹簧的作用下,飞轮压盘与从动盘间压紧力逐渐增加,其摩擦力矩逐渐增大,离合器处于"半联动"状态,当摩擦力矩大于传动系统的阻力矩时,拖拉机平稳起步。

(三)双作用离合器

双作用离合器的两个离合器装在一起,用同一套操作机构操纵。其中一个离合器将柴油机的动力传给变速箱和后桥,驱动拖拉机行驶,一般称为主离合器;另一个离合器将柴油机的动力传给动力输出轴,向农机具提供动力,称为动力输出离合器或副离合器。东方红-50 拖拉机为双作用离合器,如图 3-7 所示。

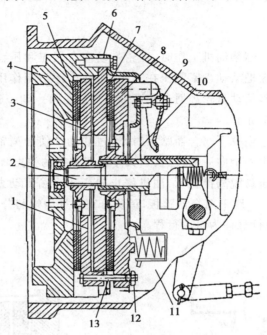

图 3-7　双作用离合器

1-弹簧　2-副离合器轴　3-前压盘　4-飞轮　5-副离合器从动盘　6-隔板　7-主离合器从动盘
8-后压盘　9、12-调整螺钉　10-主离合器轴　11-主离合器弹簧　13-联动销

这种双作用离合器的主、副离合器不是同时分离或接合的,而是有一个先后次序。在分离过程中,踩下离合器踏板,首先分离的是主离合器,使拖拉机停车,再往下踩离合器踏板则分离副离合器,使动力输出轴及农机具工作部件停止转动。接合过程则正好相反,先接合副离合器,后接合主离合器,即农机具工作部件先运转,拖拉机后起步。

这种先后依次分离和接合的特点,在农业生产中十分必要,例如拖拉机配合收割机工作,要求收割机割刀先运转,然后拖拉机起步前进,以免起步时机组惯性力矩过大,起步困难;在收割过程中,转弯、倒车时要求拖拉机停驶,而割刀不能停止运转,踩下主离合器部分即可。但这种双作用离合器不能满足拖拉机行驶中农具停止运转的要求。

【任务实施】

一、从动盘检修

①检查从动盘摩擦片表面,有烧蚀、破裂、严重油污时应更换。

②检查从动盘磨损情况,用深度尺测量铆钉头距摩擦片表面的距离,如图 3-8 所示。小于 0.5 mm 时更换新片。

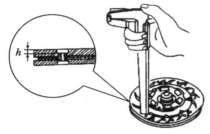

图 3-8　摩擦片磨损检查

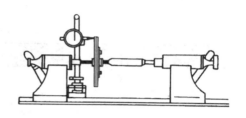

图 3-9　从动盘轴向偏摆检查

③检查从动盘毂与钢片连接不应松动,花键槽与变速箱第一轴配合不应有明显晃动。

④检查从动盘轴向偏摆。将离合器从动盘固定在定位轴上,用百分表在距边缘 2.5 mm 处测量其轴向偏摆,如图 3-9 所示。

⑤检查从动盘与变速箱输入轴花键配合情况。二者配合有无松旷,能否在轴上灵活移动。

二、压盘总成检修

①压盘表面若有裂纹或烧蚀情况时应予更换。

②压盘工作表面有超过 0.5 mm 深的沟槽时,应予以磨修或更换。

③压紧弹簧折断松动时,应予以更换,分离杠杆端部高度误差不应超过 0.3 mm,否则予以调整。

④膜片弹簧离合器应检查膜片内端磨损情况,如图 3-10 所示。变薄或磨损深度超限时应更换。

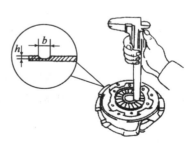

图 3-10　膜片弹簧磨损检修

三、分离轴承检修

用手转动分离轴承,应灵活自如,没有过大的噪声和阻力,分离轴承与分离杠杆或膜片弹簧内端接触处磨损沟槽深度不得超过 0.30 mm。

四、检修记录

填写表 3-1。

表 3-1　离合器检测记录表

序号	检测项目	检测数据	检测结论
1	从动盘检查		
2	压盘检查		
3	分离轴承检查		
4	弹簧检查		

五、离合器踏板自由行程调整

在使用过程中,由于离合器摩擦片的不断磨损,会造成离合器踏板自由行程发生变化,因此,必须定期检查调整。离合器踏板自由行程的调整方法有两种。

(一)内部调整

从离合器壳左侧前检查孔内取下调节螺母上的开口销,拧出调节螺母,使分离杠杆端部(三爪螺丝)与分离滑套推力轴承端面之间的间隙达到(2.5±0.5) mm,然后穿入新的开口销锁好。采用这种方法调整时,必须保证 3 个分离杠杆端部在同一垂直平面内,用厚薄规检查,其误差不应大于 0.3 mm。

(二)外部调整

松开拉杆上的锁紧螺母,取下连接销,拧出调节叉,使踏板自由行程达到 30～40 mm,然后穿入连接销,拧紧锁紧螺母。

为保证离合器的正常工作,离合器分离杠杆端部与分离轴承端面之间的间隙必须保持在(2.5±0.5) mm 范围内,对应于离合器踏板的自由行程为 30～40 mm。自由行程过大,离合器分离工作行程变小,离合器分离不彻底,易造成挂挡打齿;自由行程过小甚至没有自由行程,会给分离杠杆施加一定的压力,造成离合器接合不彻底,严重时打滑,驱动力下降,同时使离合器摩擦片及分离轴承易磨损烧蚀。

六、离合器打滑故障检修

拖拉机起步时缓慢无力,加速时柴油机转速上升而车速不能迅速上升,这种现象为离合器打滑。故障检修方法如下:

①检查摩擦片及压盘有油污,若油污,则用汽油清洗或更换。

②检查摩擦片磨损过多或烧毁,若磨损过多或烧毁,则更换。

③检查压紧弹簧片压力降低,若弹簧压力降低,则更换。

④检查踏板自由行程是否太小,或无自由行程,若自由行程太小,则调整到规定值。

⑤检查离合器从动盘变形是否严重,若变形严重,则校正或更换。

【任务巩固】

1.摩擦离合器由_____、_____、_____和_____等四部分组成。

2.离合器接合时应_____,保证拖拉机平稳起步,减少冲击;分离时应_____,保证变速箱换挡平顺和柴油机启动顺利。

3.简述双作用摩擦式离合器的工作过程。

4.离合器的常见故障有哪些?写出造成这些故障的原因。

任务2　变速箱检修

【任务目标】

1.了解变速箱的功用、构造和工作过程。

2.会使用工量具检修变速箱,排除变速箱常见故障。

【任务准备】

一、资料准备

二轴变速箱、三轴变速箱;游标卡尺、千分尺、百分表等量具、拉拔器、拆装工具;维修手册、图片视频、任务评价表等与本任务相关的教学资料。

二、知识准备

变速箱的功用是改变传动比从而变速变扭,设置倒挡和空挡,输出标准转速和扭矩。按传动比变速箱分有级式和无级式,一般拖拉机为有级式变速箱;按是否设有中间轴,又分为两轴式和三轴式。

(一)两轴式变速箱

东方红—802变速箱为两轴式变速箱,其有5个前进挡、1个倒退挡,如图3-11所示。

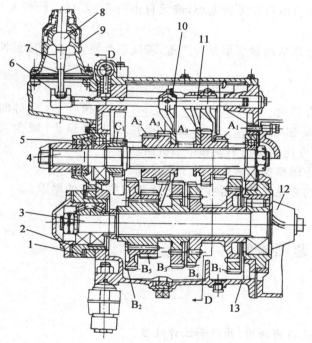

图 3-11　东方红—802 型拖拉机变速箱

1-调整垫片　2-轴承座　3-第二轴　4-第一轴　5-油封　6-拨头　7-变速箱杆
8-球头　9-变速杆座　10-拨叉　11-拨叉轴　12-小锥齿轮　13-箱体

第一轴。是输入动力的花键轴,该轴上套有 A_2、A_3 及 A_4、A_1 两幅双联滑动齿轮,前部设有固定齿轮 C_1,它与倒挡轴上的固定齿轮 C_2 常啮合。

第二轴。是输出动力的轴,该轴上固定有 B_2、B_3、B_4 及 B_1 齿轮,它们可分别与第一轴上相应的齿轮啮合而获得相应的挡位。与 B_2 制成一体的 B_5,为 V 挡固定齿轮。轴的后端制有中央传动主动圆锥齿轮。东方红—802 变速箱简图如图 3-12 所示。

(二)三轴式变速箱

上海—50 拖拉机是一个由具有 3 个前进挡和 1 个倒退挡的三轴式主变速箱和 1 个具有行星齿轮机构的副变速箱组合而成的组成式变速箱,如图 3-13 所示。

1.主变速箱

主变速箱第一轴是输入轴,中间轴为空心轴,第二轴为花键轴,各轴前、后端通过滚针轴承或滚动轴承支撑。倒挡轴是短轴,倒挡齿轮与主动齿轮常啮合。第一轴外面套有功率输入轴,其前端花键与副摩擦片毂的花键孔相连接,后端的齿轮与功率输出轴前端的齿轮常啮合。

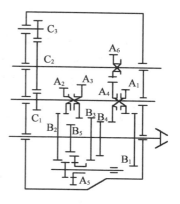

图 3-12 东方红—802
变速箱简图

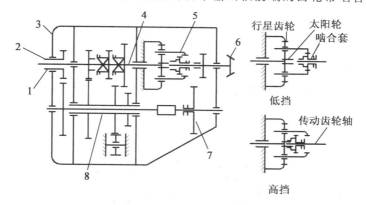

图 3-13 上海—50 拖拉机变速箱

1-第一轴 2-副离合器轴 3-变速箱壳 4-第二轴 5-高低挡齿轮
6-小锥齿轮 7-动力输出轴传动齿轮 8-中间轴

2.副变速箱

副变速箱为单级行星齿轮机构。当太阳轮转动时,行星齿轮除绕本身轴线自转外,还沿着内齿圈滚动作公转,并带动行星架以低于太阳轮的转速旋转。拨动啮合套使之与太阳轮上花键套啮合时,动力直接由第二轴传给传动齿轮轴,行星架空转,此时为高挡转速。拨动啮合套后移至与行星架的内齿圈啮合时,第二轴的动力经行星架减速后再传给传动齿轮轴,此时为低挡转速。

（三）变速操纵机构

变速操纵机构主要用来操纵变速箱的滑动齿轮或接合套,使其与有关齿轮分离和啮合,进行换挡;另外,为了使两个齿轮达到全长啮合,并可靠止动,防止同时挂上两个挡位,还设置了锁定机构、互锁机构和联锁机构。

1. 换挡机构

换挡机构用来拨动滑动齿轮或结合套进行换挡,如图 3-14 所示。

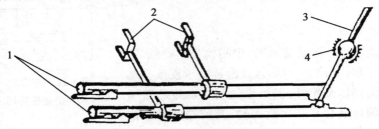

图 3-14 **换挡机构**

1-滑杆 2-拨叉 3-变速杆 4-球头支架

2. 锁定机构

锁定机构作用是防止拖拉机在工作中自动挂挡或自动脱挡,并保证变速箱的挂挡齿轮能全齿长啮合,在空挡时所有滑动齿轮能完全脱离啮合,如图 3-15 所示。

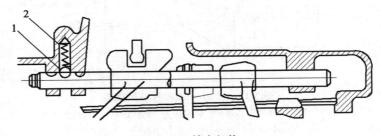

图 3-15 **锁定机构**

1-钢球 2-弹簧

3. 互锁机构

互锁机构功用是防止同时挂上两个挡。当用变速杆移动一个滑动齿轮时,其他滑动齿轮不应该移动,防止"乱挡"。互锁机构的构造有框式、球销式构造。下面是球销式互锁构造,如图 3-16 所示。

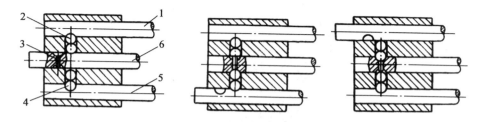

图 3-16　球销式互锁机构

1、5、6-拨叉轴　2、4-互锁钢球　3-互锁销

4.联锁机构

有些拖拉机上为保证换挡时首先彻底分离离合器,在离合器操纵机构和变速箱操纵机构之间装有联锁机构,防止在离合器还未完全分离时换挡。

【任务实施】

一、齿轮检修

(一)轮齿检查

①齿轮的齿面有轻微斑点或表面擦伤时,可用油石修磨后继续使用;若齿轮的啮合面上出现明显的疲劳麻点、麻面、斑痕、脱落或阶梯形磨损,甚至出现轮齿破碎等现象时,必须更换新件。

②固定齿轮或相配合的滑动齿轮,其齿长正常损伤不应超过全齿长的15%,使用极限为30%。

(二)啮合位置检查

齿轮齿面的啮合面中线应位于齿高的中部,啮合面积不得低于工作面的2/3。

(三)啮合间隙检查

变速箱常啮合齿轮齿厚磨损不超 0.25 mm,啮合间隙一般不大于 0.50 mm;接合齿轮齿厚磨损不超过 0.40 mm,啮合间隙不超过 0.60 mm;超过极限应更换相应齿轮,检测时,将输出轴与输入轴按标准中心距安装后,固定住一个轴上的齿轮,转动另一个轴上的齿轮,用百分表测量转动齿轮的摆动量,即为两齿轮的啮合间隙,如图 3-17 所示。

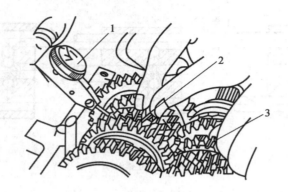

图 3-17   变速器齿轮啮合侧隙的检查

1-百分表   2-被测齿轮   3-固定齿轮

(四)检测记录

填写表 3-2。

表 3-2   齿轮检测记录表

序号	检测项目	检测数据	检测结论
1	轮齿表面		
2	啮合位置		
3	啮合间隙		

二、轴承检修

(一)滚针轴承检查

检查滚针轴承的磨损时,将相应的轴承、齿轮安装到变速轴轴颈上,然后把轴固定到台钳上,一面上下摆动齿轮,一面用百分表测量齿轮的摆动量,此即为齿轮与滚针轴承以及轴颈的径向间隙,测量方法如图 3-18 所示。其最大不得超过 0.08 mm,否则应更换新滚针轴承。

(二)圆锥滚子轴承检查

检查轴承内圈滚子及外圈滚道的疲劳磨损、烧

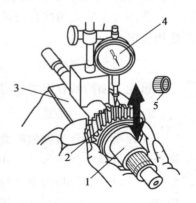

图 3-18   滚针轴承检查

1-轴   2-摆动齿轮   3-台钳

4-百分表   5-滚针轴承

蚀和损伤情况,若滚道因烧蚀而变色或滚动体发生裂纹、表层剥落以及大量斑点时,均应更换;当保持架上有穿透的裂纹或者由于圆锥滚子磨损,其小端的工作面凸出于轴承外座圈端面时,也应更换。若内、外圈有一个需要更换,则必须成对更换,以确保圆锥滚子轴承能灵活转动。若正常磨损,其间隙可通过安装调试来恢复到正常状态。

（三）球轴承检查

1.轴承外表检查

轴承内、外滚道上不得有撞击痕迹和严重擦伤、烧蚀现象,检查保持架装滚动体的槽口磨损情况,钢球不能自行掉出,否则应更换新件。若外表检视正常,还应进行空转试验:用拇指和食指夹住轴承内圈,转动轴承外圈,查看轴承旋转是否灵活,有无噪声,有无卡住、急停现象;如果转动不灵活或有卡住、急停现象,则多为滚道或钢球磨损失圆所致,应更换新件。

2.轴承间隙检查

轴承内部间隙的检查分为径向间隙检查和轴向间隙检查。

（1）轴向间隙检查　将轴承外座圈放置于两等高的垫块上,使内座圈悬空,并在内座圈上放一块小平板,将百分表触针抵在平板的中央,然后上下推动内座圈,百分表指示的最大与最小读数之差,就是轴向间隙。轴向间隙超过规定值应更换。

（2）径向间隙检查　将轴承放在平板上,使百分表的触针抵住轴承外座圈,然后一手压紧轴承内圈,另一手往复推动轴承外圈,表针所摆动的数字即为轴承的径向间隙。径向间隙超过规定值应更换。

轴向间隙使用极限为 0.20~0.25 mm,径向间隙使用极限为 0.10~0.15 mm。

（四）检测记录

填写表 3-3。

表 3-3　轴承检测记录表

序号	检测项目	检测数据	检测结论
1	滚针轴承		
2	圆锥滚子轴承		
3	球轴承		

三、变速箱轴检修

(一)轴颈磨损检修

变速箱轴颈磨损过大,不但会使齿轮轴线偏移,导致齿轮啮合间隙改变,产生啮合噪声,而且会导致轴颈在轴承孔内转动,引起轴颈烧蚀。轴径的磨损可用外径千分尺进行检测,与轴承间隙配合的轴颈其磨损不超过 0.07 mm,与轴承过盈配合的轴颈其磨损量不超过 0.02 mm,否则应修复或更换新件。

安装油封的轴颈部位,其磨损出现沟槽的深度不得超过 0.35 mm,否则应修复或更换。

(二)轴弯曲检修

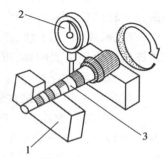

变速箱轴弯曲变形可用百分表检验。即将变速轴装夹支承到 V 形铁上,用百分表测量轴中间轴颈的径向圆跳动,如图 3-19 所示。其标准值为 0.04 ～ 0.06 mm,使用极限为 0.10 mm。超限时,可对轴进行冷压校正,严重时更换新轴。

(三)轴上花键检修

轴上花键齿的磨损可用测齿卡尺或百分表测量,当磨损量大于 0.20 mm 或配合间隙大于 0.40 mm 时,应予以更换。

图 3-19 变速器轴弯曲检查
1-V 形铁 2-百分表 3-输出轴

当变速箱轴出现裂纹或与轴制成一体的齿轮严重损伤时,也应更换新轴。

(四)检测记录

填写表 3-4。

表 3-4 变速箱轴检测记录表

序号	检测项目	检测数据	检测结论
1	轴颈磨损		
2	轴弯曲		
3	轴上花键		

四、故障检修

(一)跳挡检修

正在行驶的拖拉机,出现柴油机转速突然升高,车速变慢而停车,变速杆自动移入空挡位置,称之为"跳挡"。故障检修方法如下:

①检查拨叉轴定位槽磨损是否严重,若磨损严重,则更换拨叉轴。

②检查弹簧压力是否不足,若弹簧弹力不足,则更换弹簧。

③检查齿轮轴上的轴承磨损,是否使轴产生倾斜,若磨损,则更换轴承。

④检查齿轮花键磨损情况,若磨损,则更换齿轮。

(二)挂挡困难检修

拖拉机在工作时,踩下离合器,难以挂上所需挡位或出现响齿的现象称之为挂挡困难。故障检修方法如下:

①检查离合器分离不彻底情况,若分离不彻底,则按要求重新调整到规定值。

②检查变速杆拨头是否磨损严重,若磨损严重,则更换变速杆。

③检查啮合套端面及齿轮面磨损或打坏情况,若磨损或打坏,则更换或修理。

(三)乱挡检修

在变速箱工作中,变速杆不能退出挡位,也不能按需要的挡位方向拨动,变速杆不能放到空挡位置或同时挂上两个挡位,而使柴油机熄火或不能启动,这种现象称之为乱挡。故障检修方法如下:

①检查变速杆拨头磨损情况,若磨损严重,则修理或更换变速杆。

②检查变速导板槽是否磨损严重,若磨损严重,则更换变速导板。

③检查拨叉和啮合套的拨槽磨损情况,若磨损严重,则更换拨叉和啮合套。

④检查互锁销及拨叉轴定位槽磨损情况,若磨损严重,则更换互锁销及拨叉轴。

【任务巩固】

1.齿轮式变速箱主要由_____、_____和_____三部分组成。

2.变速箱的主要功用是_____、_____、_____。

3.三轴式变速箱的三根传动轴主要是_____、_____和_____。

4.自锁装置防止变速箱_____和_____;_____保证变速箱不会同时换入两个挡,避免产生运动干涉;_____提醒驾驶员防止误挂倒挡,提高安全性。

5.画出三轴式变速箱的传动简图,分析各挡动力传递路线。

任务3 分动箱检修

【任务目标】

1. 熟悉分动箱的功用、构造和工作过程。
2. 会使用工量具检修分动箱,排除分动箱常见故障。

【任务准备】

一、资料准备

分动箱;游标卡尺、千分尺等量具、拆装工具;维修手册、图片视频、任务评价表等与本任务相关的教学资料。

二、知识准备

分动箱就是将柴油机的动力进行分配的装置,可以将动力输出到后轴,或者同时输出到前/后轴。四轮驱动拖拉机的传动系中均装有分动箱。分动箱主要功用是将变速箱输出的动力分配到各个驱动桥,兼起副变速箱的作用,如图3-20所示。

分动箱由齿轮传动机构和操纵机构两部分组成,其齿轮传动机构由一系列齿轮、轴和壳体等零件组成;其操纵机构由操纵杆、拨叉、拨叉轴和一系列传动杆件以及自锁相互锁装置等组成,如图3-21所示。

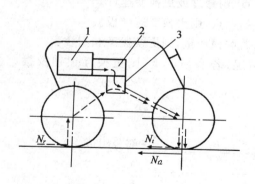

图 3-20 拖拉机分动箱位置

1-发动机 2-变速箱 3-分动箱

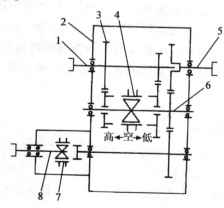

图 3-21 分动箱

1-输入轴 2-分动器壳 3-齿轮 4-换挡接合套
5-后桥输出轴 6-中间轴 7-前桥接合套 8-前桥输出轴

拖拉机需要前桥驱动时,驾驶员通过操作分动箱操纵杆,使前桥结合套向左移动,把变速箱传来的动力传递给前桥,实现前桥驱动。

【任务实施】

一、分动箱齿轮检修

分动箱齿轮的损伤表现为:齿面、齿端、齿轮中心孔、花键齿磨损,齿面疲劳剥落、腐蚀斑点,严重时会出现轮齿破碎、断裂等现象。当齿面出现下列情况之一时,应更换齿轮(更换时,通常应主、从动齿轮成对更换)。检修项目如下:

①细小斑点占齿面面积的 25% 以上。

②齿顶磨损超过 0.25 mm。

③齿长磨损超过全长的 30%。

④啮合间隙超过 0.50 mm。

二、分动箱操作机构检修

①换挡拨叉与啮合套环槽配合的侧隙不应大于 1.0 mm,否则应更换换挡拨叉或经堆焊后铣削、砂轮磨削、钢锉锉削修复。拨叉若有轻微变形,可以用锤子敲击校正,若变形严重应更换。

②换挡拨叉轴与其承孔配合的轴颈磨损不应大于 0.10 mm,否则应更换拨叉轴。

③换挡轴与其承孔配合的轴颈磨损不应大于 0.10 mm,否则应更换选挡、换挡轴。

④锁止机构的弹簧变形或弹力不足时应更换。

⑤锁止机构的锁销若磨损严重应更换。

三、检修记录

填写表 3-5。

表 3-5 分动箱检测记录表

序号	检测项目	检测数据	检测结论
1	齿轮		
2	操纵机构		

【任务巩固】

1.分动箱主要由_____、_____和_____三部分组成。

2.分动箱的主要功用是_____。

3.画出分动箱的传动简图,写出其工作过程。

任务4 中央传动检修

【任务目标】

1.熟悉中央传动的功用、构造和工作过程。

2.会使用工量具检修中央传动,并排除常见故障。

【任务准备】

一、资料准备

主减速器、差速器;游标卡尺、百分表等量具、拆装工具;维修手册、图片视频、任务评价表等与本任务相关的教学资料。

二、知识准备

后桥是拖拉机后部、两侧驱动轮之间所有传动机构及其壳体的总称。轮式拖拉机后桥一般由中央传动、差速器和最终传动等组成,其功用如下:

①将变速箱传来的柴油机转矩通过主减速器、差速器、半轴等传到驱动轮,并实现减速增扭。

②通过主减速器圆锥齿轮副改变转矩传递方向,使其与拖拉机前进方向相符。

③通过差速器保证内、外侧车轮以不同转速实现拖拉机的转向。

④当一侧驱动轮打滑时,将两侧驱动轮锁止,保持同一转速工作。

履带式拖拉机后桥由中央传动、转向离合器和最终传动等组成,转向离合器既是传动部件,又是转向系统的组成部分,如图3-22所示。

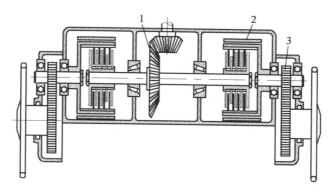

图 3-22　履带式拖拉机后桥

1-中央传动　2-转向离合器　3-最终传动

(一)中央传动

中央传动由一对圆锥齿轮组成,它的功能是将变速箱传来的扭矩进一步增大,转速进一步降低,并将动力的旋转平面转过 90°,然后再传给差速器、驱动半轴,以适应拖拉机形式的需要。目前大中型拖拉机,大多采用螺旋齿锥齿轮中央传动,也有少数拖拉机中央传动采用直齿圆锥齿轮式。典型的中央传动,如图 3-23 所示。

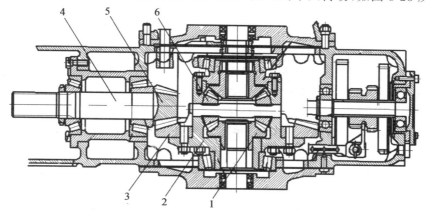

图 3-23　东风—50 拖拉机的中央传动

1-半轴齿轮　2-差速器壳　3-大圆锥齿轮　4-小圆锥齿轮轴　5-小圆锥齿轮　6-行星齿轮

东风—50 拖拉机的中央传动。小圆锥齿轮与变速箱第二轴(亦称小圆锥齿轮轴)4 制成一体,并支承在两个圆锥轴承上,用专用的螺母锁紧,并借以调整轴承的预紧度。在轴承座与壳体之间有调整垫片,用以调整主动小齿轮的轴向位置。从动大圆锥齿轮 3 用螺栓固定在差速器壳 2 上。差速器壳盖用螺栓与差速器壳紧固在一起,支承在两个轴承上。在左、右轴承盖与轴承的外圈之间有调整垫片,用以调整从动大圆锥齿轮的轴向位置和轴承预紧度。差速器壳 2 内安装着两组相互啮合的行星齿轮 6 和半轴齿轮 1,半轴齿轮用花键与半轴连接。变速箱的动力经小圆锥齿轮轴前的啮合套传给主、从动锥齿轮、差速器壳,然后经行星齿轮将动力分配给左右半轴齿轮、半轴,并最终传给驱动轮。

(二)差速器

差速器主要作用是为了转弯行驶或在不平路面上行驶时,使两侧驱动轮能以不同转速转动,以实现顺利转向。转弯时,左、右两驱动轮在同一时间内所走的路程是不同的,外侧轮走的距离长,内侧轮走的距离短。因此轮式拖拉机上都装有差速器,在转弯时使两个驱动轮应能以不同转速转动,以保证两个驱动轮作纯滚动,不产生滑移,以延长轮胎的使用寿命,同时,差速器还能把中央传动传来的动力传给左、右半轴,使两个驱动轮滚动。

拖拉机上采用的对称式锥齿轮差速器主要由左右半轴 1、6,差速器壳体 2,行星齿轮轴 3,行星齿轮 4,从动锥齿轮 5,半轴齿轮 7、8 等组成,如图3-24 所示。

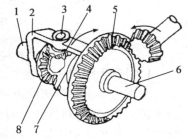

图 3-24 差速器

1、6-半轴 2-差速器壳体 3-行星齿轮轴

4-行星齿轮 5-从动锥齿轮

7、8-半轴齿轮

差速器工作特点。无论左右驱动轮转速是否相等,两半轴上输出转矩总是平均分配的,即"差速"不"差扭"。差速器的这一特点,会给拖拉机工作带来不利的影响,当一侧驱动轮陷入泥泞或冰雪地面上打滑时,即使另一个车轮是在良好路面上,拖拉机仍不能前进。因为差速器平均分配转矩的特点,使在良好路面上的车轮分配到的转矩只能与在泥泞路面滑转的驱动轮上的很小转矩相等,以致总的牵引力不足以克服行驶阻力,拖拉机便不能前进。

为消除差速器这一缺陷,不少拖拉机上设有差速锁,当拖拉机在行驶或作业过程中,若遇到单边驱动轮打滑,拖拉机不能前进时,可踩下差速联锁踏板,通过拨动杠杆、接合叉接合差速锁,使左右驱动轮轴刚性联接,以同一转速离开打滑地段后,松开差速联锁踏板,差速联锁锁即自动脱开。

差速锁布置有两种形式,一种是连接两半轴,另一种是连接一根半轴与差速器壳,拖拉机上常采用后者。差速锁上设有弹簧回位机构,只要松开操纵手柄或踏板,差速锁就自动分离。在平时行驶中和转弯时,禁止使用差速锁,以免造成机件损坏。

【任务实施】

一、轴承间隙检查调整

（一）主动锥齿轮轴承间隙

主动锥齿轮总成装好后，用专用扳手拧紧主动锥齿轮花键端上的圆螺母，消除轴承间隙，产生预紧力（0.4～0.8 N·m）。用手稍用力能使主动齿轮转动，但又不能借惯性转动，此时预紧力比较合适。之后，用止推垫圈锁住圆螺母。

（二）从动锥齿轮轴承间隙

紧固从动锥齿轮轴承座螺母，用手扳动从动锥齿轮可转动，又不能借惯性转动为合适，轴承预紧力为1.5～2 N·m。不合适时，用左右半轴轴承座与后桥壳体间的调整垫片来调整从动锥齿轮轴承间隙。

如果轴承间隙超过0.1～0.2 mm时，应在左右侧轴承盖上面各轴取厚度等于要求减小间隙量的一半的垫片，目的是保证减速器主、被动圆锥齿轮的正确啮合位置不变。若测得间隙过小时，其调整方法与前述相反。

二、主从动圆锥齿轮啮合间隙检查调整

检查圆锥齿轮啮合间隙时，将略大于0.5 mm直径的熔断丝挤在两齿轮的啮合中间，经转动齿轮将熔断丝挤压后，然后测量熔断丝被齿轮挤压后的厚度，即得到被测的间隙。新装齿轮的啮合间隙应在0.2～0.3 mm范围内，最大间隙不得大于0.4 mm。若不符合要求时应调整，其方法如下。

若测得齿轮啮合间隙过大时，可根据所测得啮合间隙减去正常啮合间隙所得的差值，便是要经过调整所要消除的间隙。此时，应使右轴承调整垫减少，左轴承调整垫增加。即将右侧轴承垫取出放在左侧轴承调整处，其调整垫的厚度应为多余间隙的1/2，从而使被动圆锥齿轮向主动圆锥齿轮靠近，以减小啮合间隙，然后再抽取变速箱下轴前轴承盖处的调整垫，以使主动圆锥齿轮后移而靠近被动圆锥齿轮。其减少垫片的厚度值应为多余间隙的1/2。反之，若所测得间隙过小时，其调整方法与上述相反。

三、主从动圆锥齿轮啮合印痕检查调整

为使主减速器能正常地工作，两齿轮的齿侧间隙和啮合印痕必须正确，而两者尤以啮合印痕更为重要。

检查齿轮啮合位置是否正确，一般是用齿面的接触印痕来判断，在齿面上涂上薄薄一层红油，然后转动齿轮，使其相互啮合数次后，观察齿面上所压出的红色印

痕,应符合要求。正确的啮合印痕应分布在齿长和齿高中部并略偏向小端,其长度不得小于齿宽的 55%,高度不得小于齿高 55%,如图 3-25 所示。

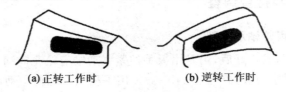

(a) 正转工作时　　　　　　**(b) 逆转工作时**

图 3-25　齿轮啮合印痕

比较常见的印痕位置是偏大或偏小,以及偏齿顶或偏齿根的接触。调整时通过改变调整垫片的厚度,使小圆锥齿轮轴向移动和旋转调整螺母,使大圆锥齿轮轴向移动以得到正确的啮合印痕。

在调整过程中,当啮合间隙和啮合印痕有矛盾时,应以啮合印痕为准,但啮合间隙不得小于 0.16 mm。

四、检测记录

填写表 3-6。

表 3-6　主减速器检测记录表

序号	检测项目	检测数据	检测结论
1	主动锥齿轮轴承间隙		
2	从动锥齿轮轴承间隙		
3	主从动圆锥齿轮啮合间隙		
4	主从动圆锥齿轮啮合印痕		

五、中央传动噪声增大故障检修

①检查小圆锥齿轮轴承游隙是否太大,若过大,则按要求进行调整。
②检查齿轮啮合情况,若不正常,则按要求进行调整。
③检查圆锥齿轮副轴承或齿轮损坏情况,若不正常,则更换齿轮或轴承。
④检查差速器轴磨损情况,是否咬死,若咬死,则更换差速器轴。
⑤检查行星齿轮或垫片磨损情况,若磨损严重,则更换齿轮或垫片。
⑥检查差速器轴承磨损或损坏情况,若磨损严重或损坏,则更换。
⑦检查中央传动润滑情况,若油面过低,则补充添加至规定油面高度。

【任务拓展】

中央传动齿轮副更换注意事项

在拖拉机修理中有些拖拉机的中央传动齿轮副出现磨损不正常和打齿现象，这往往和修理操作规范有关系，应注意以下几个方面：

①当齿轮副损坏需要更换时必须成对更换，不能只更换损坏的那只，在购买新件时，注意检查齿轮副的配对记号。

②更换齿轮副的同时应检查变速箱二轴的前轴承和后轴承的磨损情况，一般情况下应同齿轮副一起更换。

③大圆锥齿轮固定螺栓与孔配合超限时，要进行相应的绞孔处理，然后配用加大的螺栓。

④大圆锥齿轮与后桥轴装配时，配合面要清洗干净，螺栓应按对角线分 2 次拧紧，最后检查大圆锥齿轮的摆差不大于 0.2 mm。

⑤在安装调整时应在保证齿轮副两齿轮的节锥顶点相交于一点的前提下调整齿侧间隙，新齿轮副齿侧间隙为 0.2～0.55 mm，旧齿轮副齿侧间隙要大于这个数值，当齿侧间隙大于 2.5 mm 时报废。

⑥更换后，齿轮副应采取逐步增加负荷的方法进行一定时间的磨合，使齿轮副得到较好的啮合面。

【任务巩固】

1. 中央传动由_____组成，它的功能是将变速箱传来的扭矩_____，转速进一步_____，并将动力的旋转平面_____，然后再传给差速器、驱动半轴。

2. 写出中央传动、差速器的动力传递路线：主动锥齿轮→_____齿轮→_____行星齿轮轴→_____齿轮→_____齿轮→半轴→车轮。

3. 画出中央传动和差速器的构造简图，说明差速器的功用。

任务5 最终传动检修

【任务目标】

1. 熟悉最终传动的功用、构造和工作过程。

2. 会正确使用工量具检修最终传动，并排除常见故障。

【任务准备】

一、资料准备

圆柱齿轮最终传动、行星齿轮最终传动;游标卡尺、百分表等量具、拆装工具;维修手册、图片视频、任务评价表等与本任务相关的教学资料。

二、知识准备

最终传动是指差速器或转向机构之后、驱动轮之前的传动机构,用来进一步增扭减速。通常这一级的传动比较大,以减轻变速箱、中央传动等传动件的受力,减少它们的构造尺寸。最终传动还用来增大后桥的离地间隙。

最终传动按布置位置分为外置式和内置式两种。按构造分为外啮合圆柱齿轮传动和行星齿轮传动两种。

(一)内置式最终传动

左、右最终传动与中央传动和差速器同一后桥壳体内,构造紧凑,因驱动轮可在半轴上移动,故能无级调节轮距,但加大了桥壳尺寸,使离地间隙减小,如图 3-26 所示。

(二)外置式最终传动

左、右最终传动具有各自独立的壳体,并分置在左、右驱动轮处。此种后桥壳既能获得较大的离地间隙,改变最终传动壳体与后桥壳体的相对位置,还可同时改变离地间隙和拖拉机轴距,但不能无级调节轮距。这种最终传动又称为轮边减速最终传动,如图 3-27 所示。

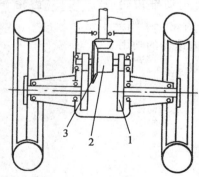

图 3-26　内置式最终传动

1-最终传动　2-差速器　3-中央传动

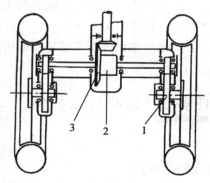

图 3-27　外置式最终传动

1-最终传动　2-差速器　3-中央传动

（三）圆柱齿轮最终传动

东风—50拖拉机的最终传动属外置式，由一对直齿圆柱齿轮和壳体等组成，如图3-28所示。主动齿轮6和半轴制成一体，并支承在两个短滚柱轴承上。从动齿轮1套在驱动轮轴3的花键上。驱动轮轴3通过两个锥轴承支承在最终传动壳体2上。最终传动壳体2用螺栓连接到半轴壳体5上。

柴油机的转矩经变速箱输入驱动桥，首先传到中央传动主减速器，由此减速增扭后，改变扭矩旋转方向，经差速器分配给左、右半轴，最后通过最终传动齿轮传至驱动轮，驱动拖拉机行驶。

安装时，如果使两壳体的孔相对错开一个位置，即可改变拖拉机的离地间隙和轴距。在半轴壳体内也装有自紧油封，防止最终传动壳体内的润滑油进入半轴壳体内。

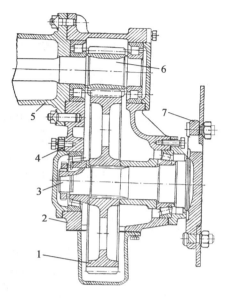

图3-28 东风—50拖拉机最终传动
1-从动齿轮 2-最终传动壳体 3-驱动轮轴
4-端盖 5-半轴壳体 6-主动齿轮 7-轮毂

（四）行星齿轮最终传动

行星齿轮最终传动由与主减速器相连的太阳轮、与壳体相连的齿圈和与半轴相连的行星架组成，如图3-29所示。主减速器的动力传给太阳轮，由于齿圈固定不转，经行星齿轮传递给行星架，实现了减速增扭。

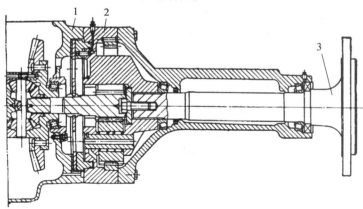

图3-29 行星齿轮最终传动
1-行星齿轮机构 2-后桥壳 3-半轴

【任务实施】

一、轴承间隙检查调整

大齿轮轴承间隙为 0.20～0.25 mm,小齿轮轴承间隙应以轴能用手转动灵活又无轴向窜动为宜。

大齿轮轴承间隙的调整,可用管钳把轴头螺母压盖拧到底退回 1/9 圈即可,然后用螺母将定位花键卡铁锁紧。

当小齿轮轴承间隙过大时,可在轴承后部增加适当厚度的金属垫圈或将内侧轴承盖与 壳体接触面车一刀,使轴承盖凸肩的实际尺寸加大,也可收到同样的效果。

二、齿轮检修

若间隙调整不当或花键卡块磨损,锁紧螺母松动或轴承磨损都会导致轴承间隙增大,破坏了齿轮的正常啮合印痕,从而易产生淬硬层脱落,严重时打齿。

若齿轮齿面磨损或脱落严重,也可将两侧的减速齿轮对调、翻面使用。

三、检测记录

填写表 3-7。

表 3-7　最终传动检测记录表

序号	检测项目	检测数据	检测结论
1	轴承间隙		
2	齿轮		

【任务巩固】

1.最终传动按齿轮构造分为_____和_____两种。

2.最终传动按安装位置分为_____和_____两种。

3.最终传动的主要功用是_____、_____。

4.如何检查调整最终传动的轴承间隙?

项目二　行走系构造与维修

【项目描述】

一拖拉机行驶中出现跑偏现象,查阅使用维修说明书,需要对行走系进行拆检。行走系用于支撑拖拉机重量,将扭矩转为驱动力和减少地面冲击。

本项目分为前轮定位调整、轮胎更换与维修和履带行走装置检修 3 个工作任务。

通过本项目学习能熟悉行走系的构造和工作过程,掌握主要组件的维修技术,培养认真严谨、善于思考、沟通协作等能胜任岗位工作的职业素质。

任务 1　前轮定位调整

【任务目标】

1.熟悉轮式行走装置的构造和前轮定位的参数内容。

2.会使用仪器设备检查调整前轮前束,并能排除常见故障。

【任务准备】

一、资料准备

轮式拖拉机;前束尺、转角仪、拆装工具;维修手册、图片视频、任务评价表等与本任务相关的教学资料。

二、知识准备

轮式拖拉机行走系一般由车轮及轮胎、前后桥、车架组成。前桥有双前轮分置式、双前轮并置式和单前轮式三种，一般拖拉机多采用双前轮分置式前桥，行驶稳定性好。

　　前桥一般采用刚性悬架，即前轴与机体铰接。当拖拉机在不平的地面行驶时，前轴可以摆动，以保证前两轮都能同时着地，一般摆动角度为 $4°\sim10°$，如图 3-30 所示。

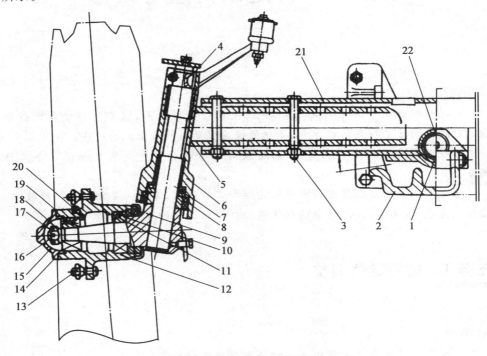

图 3-30　拖拉机前桥构造

1-摆轴　2-托架　3-螺栓　4-转向节臂　5-副套管　6-主套销　7-主销　8-油封　9-转向节轴
10-垫环　11-圆锥轴承　12-前轮毂　13-前轮螺栓　14-纸垫　15-轴承盖　16-开口销
17-螺母　18-垫圈　19-圆锥轴承　20-轴环　21-主套环　22-摆动支承管

　　为适应不同行距的茎秆作物行间作业，前轮轮距一般是可调的，即将前轴做成可伸缩的，常用的构造形式有两种：一种是伸缩套管式，套管断面为圆形或矩形，大部分轮式拖拉机上采用；另一种为伸缩板梁式，用在丰收—35 拖拉机上。伸缩板梁式前轴与伸缩套管式前轴构造基本相同，只是将上述伸缩套管及前轴套管改成具有"工"字形断面的前轴板梁及前轴臂。

（一）车轮

车轮的作用是承受全车重量，传递拖拉机与地面间的各种力和力矩，吸收不平地面引起的振动和使拖拉机行驶。车轮由轮毂、轮辋和辐板等组成，如图 3-31 所示。

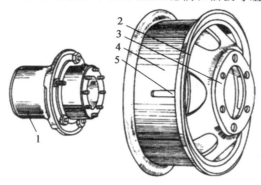

图 3-31　车轮

1-轮毂　2-挡圈　3-辐板　4-轮辋　5-气门嘴伸出口

轮毂。用来连接车轮和轮轴，拖拉机前轮轮毂通常用两个锥轴承安装在前轮轴上，后轮轮毂则通常用花键或平键与驱动轴相连，轮毂的外缘则是用螺栓连接在辐板上。

轮辋。用薄钢板滚轧形成后焊接而成，它具有特殊的断面，用于安装外胎。

辐板。用来连接轮辋和轮毂，并增加轮辋的刚度。拖拉机上广泛采用盘式辐板，一般前轮的辐板和轮辋焊接在一起，后轮的辐板则多采用可拆卸式连接。一般在后轮轮辋焊有连接凸耳，辐板则用螺栓紧固在凸耳上，能调节后轮轮距。

（二）前轮定位

轮式拖拉机的前轮并不与地面垂直，而是其上端略向外倾斜，前端略向里收拢；转向节立轴也不与地面垂直，而是其上端略向里和向后倾斜。前轮定位是转向节轴内倾及后倾，前轮外倾和前束的总称。前轮定位的作用是保证拖拉机直线行驶的稳定性和转向灵活、轻便，并可减少轮胎的磨损。

1.转向节立轴后倾

转向节立轴的上端沿拖拉机纵向向后倾斜一个角度 γ，称为转向节立轴后倾，如图 3-32 所示。

转向节立轴后倾的目的是为了使前轮具有自动回正的作用。显然，转向节立轴后倾角越大，回正力矩也越大。但是，过大的回正力矩反而会使拖拉机在行驶中产生"晃头"现象，转向费力，所以后倾角应该适当。一般拖拉机的转向节立轴后倾角 $\gamma=0°\sim5°$。该角度在焊接前轴时已确定。

2.转向节立轴内倾

转向节立轴上端向内倾斜一个角度 β,叫转向节立轴内倾,作用是使前轮具有自动回正作用,保证拖拉机直线行驶的稳定性,如图 3-33 所示。

3.前轮外倾

前轮在垂直于地面的平面内,向外倾斜一个角度 α,叫前轮外倾,如图 3-34 所示。该角度由焊接时前轮向下倾斜 α 角而得到。前轮外倾的作用是使转向操纵轻便,同时,在地面反作用力的作用下,使前轮向里压,减小了外端小轴承的负荷,使前轮不易松脱。前轮的外倾角 α 一般为 $1.5°\sim4°$。

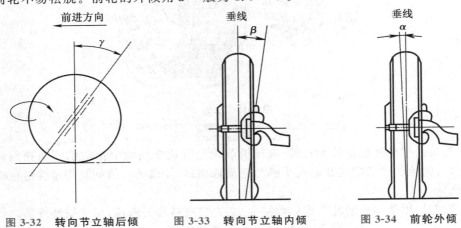

图 3-32 转向节立轴后倾   图 3-33 转向节立轴内倾   图 3-34 前轮外倾

4.前轮前束

在通过前轮中心的水平面内,两前轮前端的距离 B 比后端的距离 A 小一些,前轮的前窄后宽的现象叫前轮前束,其差值 $(A-B)$ 称为前束值,如图 3-35 所示。一般前轮前束值在 $2\sim12$ mm 范围内。

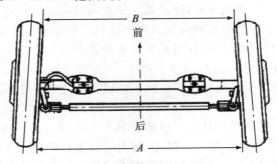

图 3-35 前轮前束

　　由于前轮外倾,前轮在行驶中有向外滚开的趋势,因为有前轴的连接,不可能向外滚开而强制其作直线运动,势必造成前轮产生横向滑移而加剧轮胎磨损。前轮前束的作用是使前轮向前滚动时产生向里运动的趋势,从而减小轮胎向外滚开的倾向,有利于减轻轮胎磨损。

【任务拓展】

拖拉机行驶原理

1.轮式拖拉机行驶原理

　　轮式拖拉机的行驶是由驱动轮与地面相互作用实现的。传动系将发动机产生的动力传动给驱动轮,并获得驱动扭矩,驱动轮通过轮胎花纹和轮胎表面对地面产生向后的水平作用力,地面对驱动力产生大小相等、方向相反的水平作用力,反作用力推动拖拉机向前行驶。

2.履带式拖拉机行驶原理

　　履带式拖拉机通过一条卷绕的环形履带支承在地面上。履带接触地面,履刺插入土内,在驱动扭矩的作用下,驱动轮上的轮齿和履带板节销之间的啮合连续不断地把履带从后方卷起,接地履带给地面一个向后的作用力,并产生一个向前的反作用力,反作用推动拖拉机向前行驶。

【任务实施】

一、前轮前束检查调整

　　①调整拖拉机前轮前束时,应选择一平整的地面,使拖拉机缓缓直行,打正转向盘后停车。

　　②在两前轮的最前方,与轮胎中心等高处的胎面中点,作一记号,先量出左、右轮胎这两点间距离 B。

　　③缓慢推动拖拉机直线向前,使前轮转过 180°,记号正好转到轮毂后方与轮胎中心等高处,再量出左、右两记号之间的距离 A。

　　④计算 A 和 B 的差值即前束值。

　　⑤若前束值不符合要求,松开转向横拉杆锁紧螺母,通过调整横拉杆长度的方法进行调整。

　　填写测量结果:拖拉机型号＿＿＿＿＿＿,前轮前束数值为＿＿＿＿ mm。

二、前轮摆动故障检修

　　①检查球销、油缸、转向摆臂紧固螺母、螺栓是否松动,若松动,则重新紧固。

②检查前束调整情况,若前束调整不当,则按要求重新调整到规定数值。

③检查轴承间隙是否过大或磨损严重,若间隙过大,则调整或更换轴承。

④检查转向主销磨损情况,若磨损严重,则更换转向主销。

⑤检查前轮轮辋是否严重变形,若严重变形,则更换轮辋。

【任务巩固】

1.转向节立轴后倾的作用是_____。

2.转向节立轴内倾的作用是_____。

3.前轮外倾的作用是_____,车轮前束是为了_____所带来的不良后果而设置的。

4.前轮定位有哪些参数? 各有何作用?

任务 2　轮胎更换与维修

【任务目标】

1.了解轮胎的构造和规格型号。

2.会使用仪器设备拆装修补轮胎,并能排除常见故障。

【任务准备】

一、资料准备

轮式拖拉机;扒胎机、补胎工具、拆装工具;维修手册、图片视频、任务评价表等与本任务相关的教学资料。

二、知识准备

轮式拖拉机采用橡胶充气轮胎,用于支承拖拉机总重量,传递驱动力和制动力,吸收和缓冲拖拉机行驶时所受到的部分冲击和振动,保证轮胎与路面的良好附着,以提高拖拉机的动力性、制动性和通过性。驱动轮一般采用直径较大的低压轮胎,且胎面上有凸起的花纹。导向轮均采用小直径轮胎,且胎面具有一条或数条环状花纹,以增加防止侧滑的能力。

(一)轮胎构造

拖拉机上常用有内胎的轮胎,如图 3-36 所示。内胎是一个封闭的橡胶圈,安装在轮辋和外胎之间,内部充满压缩空气,内胎的内侧有一气门嘴,穿过轮辋露在外面,利用它可以向内胎充气,以使车轮承受重量,并具有一定的弹性;垫带为了保护内胎,延长内胎的使用寿命;外胎是车轮与地面直接接触的部分,和地面产生相互作用力。

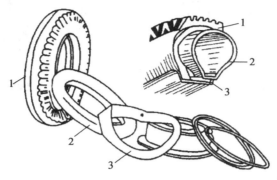

图 3-36　充气轮胎构造
1-外胎　2-内胎　3-垫带

外胎由胎面、胎侧、帘布层、缓冲层和钢丝圈等组成,根据其胎体中帘线排列方向的不同,分为普通斜交线外胎和子午线外胎,如图 3-37 所示。普通斜交线轮胎的帘线一般与轮胎横断面(子午断面)的交角为 52°～54°,帘线料可以是棉线、人造丝、尼龙或钢丝等。拖拉机轮胎常采用斜交线轮胎。

子午线轮胎的帘线顺着轮胎子午线方向(与胎面中线垂直方向)排列,各层帘线彼此不相交,帘线这种排列使其强度被充分利用,帘布层数比普通轮胎可减少近一半。子午线轮胎承载大,耐磨,滚动阻力小,缓冲能力强,不易被刺穿,并且质量较轻。

按胎内的空气压力大小,充气轮胎可分为高压胎、低压胎和超低压胎三种。一般气压在 0.5～0.7 MPa 者为高压胎,0.15～0.45 MPa 者为低压胎,0.15 MPa 以下者为超低压胎。拖拉机采用的轮胎都是低压轮胎,在松软地面可采用降低轮胎气压的方法增加附着性能。

(二)轮胎规格

一般用轮胎的外径 D,轮辋的直径 d,断面宽度 B 和断面高度 H 的公称尺寸来表示轮胎的基本尺寸,如图 3-38 所示。

低压轮胎规格尺寸表示方法一般用 $B—d$ 表示,B 为轮胎断面宽度,d 为轮辋直径,单位均为英寸,"—"表示低压胎。如"9.00—20"表示轮胎断面宽度为 9 英寸,轮辋直径为 20 英寸的低压胎。

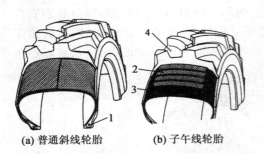

(a) 普通斜线轮胎　　**(b) 子午线轮胎**

图 3-37　外胎构造

1-胎圈　2-帘布层　3-缓冲层　4-胎冠

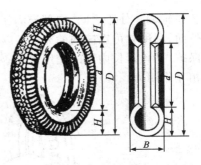

图 3-38　轮胎尺寸

D-轮胎外径　d-轮辋直径
B-断面宽度　H-断面高度

【任务实施】

一、轮胎拆卸

①拆卸轮胎时要用手锤、撬棍等专用工具,严禁用尖硬撬棒和大锤乱敲乱打,以免刺破轮胎或损坏胎圈和轮辋。

②先用扳手拧松车轮螺母,将车轮用千斤顶顶离地面,拧下车轮螺母,取下车轮。

③把有轮辋挡圈的一面朝上,取下气门嘴罩,取出气门芯,放出内胎中的空气,将外胎两边的胎圈压到轮辋的凹槽内,再用撬棒从气门嘴附近将一边的挡圈撬出轮辋外,然后用两根撬棒交替撬出挡圈,取出外胎,最后取出内胎。

二、轮胎修补

(一)外胎修补

当发现外胎胎面有小的裂纹时,应立即修补。修补时,先清除裂口内的泥沙并擦净,涂上胶,塞上生胶,用补胎夹烘 15 min,如外胎裂纹过大、穿洞或脱层时,应更换外胎。

(二)内胎修补

如内胎有小孔眼,可用热补或冷补法修补。

内胎热补。将小孔周围用锉刀粗糙处理,擦拭干净,将火补胶表面的一层护布揭去,把火补胶贴在小孔处,再用补胶夹对准火补胶装上,并旋紧螺杆,点燃火补胶上的加热剂,待 15 min 左右火补胶冷却后,拧松螺杆并取下补胶夹,这样火补胶就能与内胎紧密贴合。

内胎冷补。将小孔周围用锉刀粗糙处理,擦拭干净,揭下补胎胶片的保护层,用橡胶水分别均匀地涂在内胎和胶片上,待胶水稍干,即将胶片粘在内胎上,并用手锤击打,使胶片贴平粘紧在内胎上。如果内胎破损较为严重,应更换新胎。

三、轮胎安装

①安装轮胎时应先检查轮辋与轮胎是否配套,轮辋边缘不得有毛刺和严重变形,清除轮辋的铁锈,检查内胎有无破损和漏气,否则应修整和更换。

②擦洗干净轮辋、内外胎,把内胎装入外胎中,并用手检查内胎是否光顺地装在外胎中,不许有褶皱现象。

③将车轮平放在地面上,装气门嘴的一面朝上,把轮胎套在轮辋上,使气门嘴装在轮辋的气门嘴孔中,最后装上边圈。把锁圈放在边圈上,用撬棍将锁圈开口处的一端压入轮辋的边圈内,用撬棍和手锤逐渐把锁圈全部装入轮辋边槽内。

④装好轮胎后气门嘴要装正,轮辋的轮缘与胎圈贴合紧密。然后对内胎进行充气,边充气边用手捶敲打外胎,最好充到规定的气压后,放气再重新充气,以使内胎正常膨胀和消除褶皱现象。

⑤轮胎向拖拉机上安装时,必须注意轮胎花纹的方向。一般田间作业和运输时“人”字朝前,否则会影响轮胎的附着性和耐磨性,而且轮胎积泥,加剧磨损。最后拧上车轮螺母,去除千斤顶,使车轮落地,按规定拧紧车轮螺母。

【任务巩固】

1.拖拉机的外胎由_____、_____、_____、_____和钢丝圈等组成,根据其胎体中帘线排列方向的不同,分为_____和_____。

2.轮胎型号“9.00—20”表示轮胎的_____为9英寸,_____为20英寸的低压胎。

3.写出“9.00—20”轮胎型号的含义。

任务3　履带行走装置检修

【任务目标】

1.熟悉履带行走装置的构造和工作过程。

2.会使用仪器设备检修履带行走装置,并能排除常见故障。

【任务准备】

一、资料准备

履带式拖拉机;钢板尺、游标卡尺、拆装工具;维修手册、任务评价表等与本任务相关的教学资料。

二、知识准备

履带拖拉机行走装置由车架、行走装置和悬架组成,其行走装置由驱动轮、履带、悬架、支重轮、导向轮、张紧装置和托链轮等组成,如图 3-39 所示。

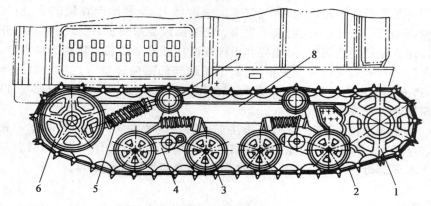

图 3-39   履带式拖拉机行走装置

1-驱动轮   2-履带   3-支重轮   4-台车   5-张紧装置   6-导向轮   7-托链轮   8-车架

履带拖拉机的驱动轮只卷绕履带而不在地面上滚动,由履带和地面接触,拖拉机的全部重量都通过履带作用在地面上。履带的接地面积大、接地比压小,因而在松软土壤上的下陷深度小。此外,由于履带支承面上同时与土壤作用的履刺较多,有较好的牵引附着性能,能适应在恶劣条件下工作。

驱动轮。安装在最终传动的从动轴后从动毂上,将驱动转矩转换成卷绕履带的作用力,以保证拖拉机行驶,如图 3-40 所示。

履带。用来将拖拉机的质量传给地面,并保证其与土壤的附着发挥足够的推进力。履带由若干块履带板通过履带销相互连接而成,履带板有整体式和组成式两种。

悬架。东方红—802型拖拉机行走系统为多台车式,其悬架和支重轮由四组弹性平衡式支重台车构成,如图 3-41 所示。每组支重台车由支重轮、支重轮轴、内外平衡臂、内外平衡弹簧等组成。内、外平衡臂用摆臂销轴铰接,上方装有内、外平衡弹簧,外平衡臂轴孔中装有衬套与台车轴间隙配合,使整个台车能绕台车轴摆动。

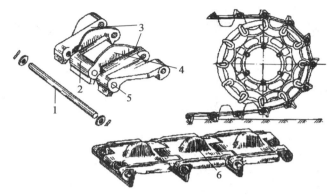

图 3-40　履带和驱动轮
1-履带销　2-节销　3-导轨　4-导向突起　5-销孔　6-节齿

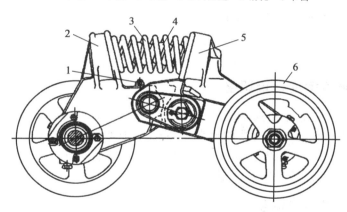

图 3-41　支重台车
1-摆臂销轴　2-内平衡臂　3-外平衡弹簧　4-内平衡弹簧　5-外平衡臂　6-支重轮

支重轮。经常与水泥、沙接触,承受外界冲击,要求轮缘有较好的耐磨性,其转动部分密封可靠。农用拖拉机经常采用直径较小、数量较多的支重轮,使履带支承面的接地压力较均匀,减少拖拉机在松软土壤工作时的下陷深度。

导向轮。功用是引导履带运动,防止横向滑脱。

张紧装置。用来保持履带有合适的张紧度,以减少拖拉机在行驶时履带的振动和由此引起的额外功率损失;履带张紧后还可以防止它在工作时滑脱;张紧装置的缓冲弹簧可以使它兼有缓冲作用。张紧装置主要由张紧度调整机构和缓冲弹簧等组成。东方红—802 型拖拉机的张紧装置和导向轮如图 3-42 所示。

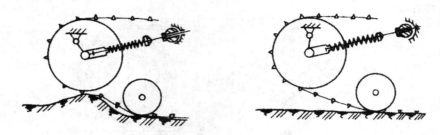

图 3-42　东方红—802 型拖拉机张紧装置和导向轮

托链轮。主要用来托住驱动轮和导向轮之间的上方区段链轨,防止履带下垂过大,以减少拖拉机行驶时履带的跳动,并防止履带在上方横向滑脱。托链轮是外缘不经过加工的铸钢件,通过两个球轴承安装在固定于支架的轮轴上。轮轴用间隔套做轴向定位,内端装有用弹簧压紧的端面油封,油封的大、小密封环与支撑轮的密封环通用,外端用托链轮盖封住,托链轮盖上设有加放油螺塞。

【任务实施】

一、履带下垂度检查调整

将拖拉机停放在平坦的硬地面上,取平直木条放在两托链轮上方的履带的履刺上,测量履带下垂量最大处的履刺上端至木条下端面之间的距离,应为 30～50 mm,这时张紧弹簧压缩长度应为 260～265 mm。若下垂度过大,可转动张紧螺杆后端的调整螺母,使导向轮前移,使履带下垂度符合要求。

二、导向轮检查调整

导向轮的轴向间隙过大时,应拆下导向轮盖,松开锁紧螺母,将调整螺母拧紧消除轴向间隙,再退回 1/5～1/3 圈,使轴承间隙为 0.30～0.50 mm。最后拧紧锁紧螺母和锁片,装上导向轮盖。

三、支重轮检查调整

检查支重轮轴承间隙时,支起拖拉机,使被检查的支重轮离开履带轨道,轴向晃动支重轮不应有间隙感,若间隙过大,应拆下支重轮,拆下轴承盖,减少轴承盖处垫片,再重新检查,直到合适为止。支重轮轴承间隙应为 0.30～0.50 mm。

四、托链轮检查调整

车上检查托链轮轴承间隙时,用撬杠撬起履带使其离开托链轮,轴向晃动托链轮,其轴向间隙不得大于 2 mm,否则,应更换新轴承。

五、检测记录

填写表 3-8。

表 3-8　履带行走装置检测记录表

序号	检测项目	检测数据	检测结论
1	履带下垂度		
2	导向轮		
3	支重轮		
4	托链轮		

【任务巩固】

1.履带拖拉机行走装置由_____、行走装置和_____组成,其行走装置由_____、_____、_____、_____和托轮等组成。

2.履带的作用是_____,导向轮的作用是_____,支重轮的作用是_____。

3.总结履带行走装置常用的检查调整项目。

项目三　转向系构造与维修

【项目描述】

一拖拉机出现转向沉重现象,查阅使用维修说明书,需要对转向系进行拆检。轮式拖拉机采用转向盘式转向系,履带拖拉机采用转向杆式转向系,手扶拖拉机采用转向把式转向系。转向系一般由转向操作装置和转向传动装置组成。

本项目分为转向器检修、转向离合器检修和液压转向装置检修 3 个工作任务。

通过本项目学习熟悉转向系的构造和工作过程,掌握主要组件的维修技术,培养认真严谨、善于思考、沟通协作等能胜任岗位工作的职业素质。

任务 1　转向器检修

【任务目标】

1. 熟悉轮式拖拉机转向机构的构造和转向工作过程。
2. 会使用仪器设备检查调整转向盘自由行程,并能排除常见故障。

【任务准备】

一、资料准备

蜗杆滚轮式转向器、蜗杆曲柄指销式转向器、循环球式转向器;千分尺、拆装工具;维修手册、图片视频、任务评价表等与本任务相关的教学资料。

二、知识准备

轮式拖拉机常采用使转向轮在路面上偏转一定的角度来改变其行驶方向,并确保拖拉机稳定安全地正常行驶,能使转向轮偏转以实现拖拉机转向的一整套机构称为拖拉机转向机构。转向系统按其转向能源的不同,可分为机械式转向系和液压式转向系。

机械式转向系统由转向操纵机构、转向器、转向传动机构等组成,用于轮式拖拉机,如图 3-43 所示。

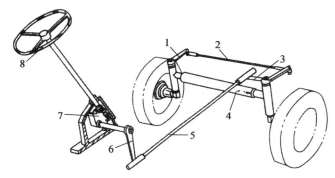

图 3-43　轮式拖拉机转向系统

1-转向节臂　2-横拉杆　3-转向拉杆　4-前轴　5-纵拉杆　6-转向摇臂　7-转向器　8-转向盘

转向时,驾驶员作用于转向盘上的力,经过转向轴(转向柱)传到转向器,转向器将转向力放大后,又通过转向传动机构的传递,推动转向轮偏转,致使拖拉机行驶方向改变,转向是完全由驾驶员所付出的操纵力来实现的,操纵较费力,劳动强度较大,但其具有构造简单、工作可靠、路感性好、维护方便等优点。

(一)转向器

转向器是转向减速机构,用来增大转向盘作用到转向垂臂轴上的扭矩。当操纵转向盘向左或向右旋转时,蜗杆即驱动蜗轮带动垂臂前后摆动,进而借助转向纵拉杆驱使导向轮向左或向右偏转,以完成拖拉机的转向动作。

转向器按构造形式,可分为蜗杆滚轮式、蜗杆曲柄指销式和循环球式。

1.球面蜗杆滚轮式转向器

约翰迪尔 JDT600 型拖拉机采用的是球面蜗杆滚轮式转向器,如图 3-44 所示。

转向轴通过三角花键固定在球面蜗杆上,球面蜗杆用两个无内圈锥轴承支承于壳体,锥轴承间隙由下盖与壳体之间的调整垫片来调整。三齿滚轮与球面蜗杆相啮合,滚轮用两排滚针支承在滚轮轴上,滚轮轴固定在摇臂轴的 U 形支座上。摇臂轴由壳体滚柱轴承和侧盖的衬套支承。通过转向盘使蜗杆转动时,滚轮沿蜗杆的螺旋槽滚动,从而带动摇臂轴转动,使摇臂前后摆动,再通过纵拉杆、转向梯形

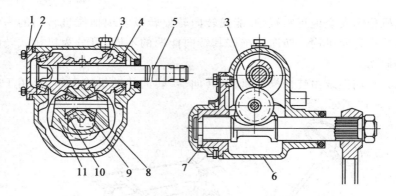

图 3-44 球面蜗杆滚轮式转向器

1-轴承盖　2、7-调整垫片　3-蜗杆　4-蜗杆轴承　5-转向轴
6-转向蜗杆箱　8-轴承　9-滚轮　10-滚轮轴　11-转向摇臂轴

等驱动前轮偏转。蜗杆和滚轮的轴心连线与摇臂轴不垂直,有偏距,旋转调整螺钉使摇臂轴轴向移动时,可改变啮合副的啮合间隙。转向轴的上支承用黄油润滑。转向器壳体内加注齿轮润滑油。

蜗杆蜗轮式转向器与球面蜗杆滚轮式转向器属同一类型,只是将球面蜗杆改成普通蜗杆,滚轮改为扇形蜗轮而已,它的传动比小,但传动效率低,操纵费力,磨损快,所以有被球面蜗杆滚轮式转向器取代的趋势。

2. 螺杆螺母循环球式转向器

上海—50 型拖拉机采用循环球式转向器,如图 3-45 所示。

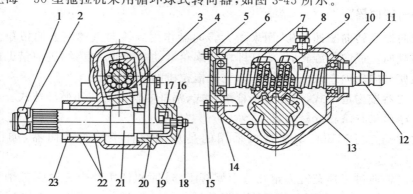

图 3-45 螺杆螺母循环球式转向器

1-螺母　2-弹簧垫圈　3-转向螺母　4-垫片　5-底盖　6-壳体　7-导管卡子　8-通气塞和加油螺塞
9-导管　10-轴承　11、23-油封　12-转向螺杆　13-钢球　14、17-调整垫片　15-螺栓
16-侧盖　18-调整螺钉　19-锁紧螺母　20、22-滚针轴承　21-齿扇轴

螺杆与螺母的螺纹槽内安装 28 颗钢球,导流管连接螺母螺纹的始末两端,转动转向盘带动螺杆旋转时,通过钢球使螺母轴向移动,螺母又通过驱动销带动 2 个扇形齿轮以不同的方向转动,从而使固定在两扇形齿轮轴上的左、右摇臂以相反的方向前后摆动,并通过纵拉杆使前轮偏转。螺杆上端支承在带球面支座的止推轴承上,其下端没有支承,以适应螺母的轴向圆弧运动。转动止推轴承上座可调整止推轴承间隙。驱动销与螺母销窝的间隙通过增减调整垫片进行调整。

3. 蜗杆曲柄指销式转向器

曲柄指销式转向器的传动副以转向蜗杆为主动件,其从动件是装在转向摇臂轴 2 上的曲柄 4 端部的指销,曲柄销插在蜗杆的螺旋槽中。转向时蜗杆转动,使曲柄销绕摇臂轴作圆弧运动,同时带动摇臂轴转动。国产长春—30、40 等拖拉机采用这种转向器,如图 3-46 所示。

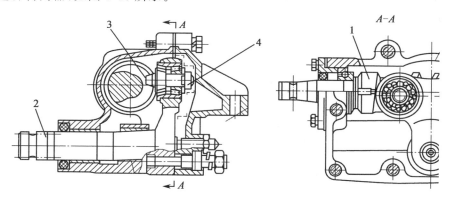

图 3-46　曲柄指销式转向器

1-转向摇臂　2-转向摇臂轴　3-指销　4-曲柄

(二)转向传动机构

轮式拖拉机上常用的转向机构布置成转向梯形。当驾驶员转动转向盘时,通过转向器变成转向垂臂的前后摆动,再通过纵拉杆和转向节轴带动转向梯形,从而带动两导向轮偏转,实现转向。上述转向梯形设置在前轴(前桥)前面,称为前置式转向梯形。某些拖拉机将它设置在前桥后面,称为后置式转向梯形。

操纵转向盘时,通过转向器使内侧垂臂向前,外侧垂臂向后协调摆动,达到内侧导向轮偏转角大于外侧偏转角。

【任务实施】

一、转向盘自由行程调整

转向盘自由行程是指拖拉机停在平坦路面上,前轮居中时,转向盘向任一方向从开始转动到前轮开始偏转前所转过的角度。适当的转向盘自由行程能缓和反冲,使操纵柔和,能避免驾驶员疲劳。自由行程过小,转向沉重,转向盘易产生"打手"现象;自由行程过大,拖拉机摆头,方向不易操纵。当转向盘自由行程大于±15°时,应及时检查调整转向器,以免出现事故。转向盘自由行程和转向轴轴向间隙、蜗轮与蜗杆啮合间隙有关。

(一)蜗轮与蜗杆啮合间隙调整

调整蜗轮与蜗杆啮合间隙时,先松开半圆头螺钉 2。转动调芯盘 3,同时转动转向盘,当感到有明显阻力而自由行程减少到±15°时,拧紧半圆头螺钉即可,如图3-47 所示。

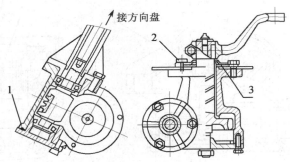

图 3-47 蜗轮蜗杆转向器的调整

1-垫片 2-半圆头螺钉 3-调芯盘

(二)转向轴轴向间隙调整

转向轴轴向间隙的调整,如图3-47 所示。当轴向间隙不符合要求时,可用更换垫片 1 的方法,保证转向轴的轴向间隙在 0.1～0.2 mm 范围内。

二、球面蜗杆滚轮式转向器检修

(一)转向器壳、盖检修

壳体及侧盖出现裂纹,应换新件;壳体、侧盖及底盖各结合平面的平面度误差超过 0.01 mm,应磨平;蜗杆轴承孔的轴线,与侧盖摇臂轴承孔轴线的垂直度超过规定时,应换新件;蜗杆轴承座孔磨损,可进行镶套修复,转向摇臂轴承衬套磨损,应配换新衬套;转向器壳的侧盖和下盖放在壳体上扣合,缝隙超过 0.05 mm 时,应修磨平整。

（二）转向轴、蜗杆检修

转向轴进行探伤检查或敲击法检查,不应有任何性质的裂损,否则应更换。转向轴上端的键槽磨损可换位另开键槽,螺纹损伤超过规定,可焊后加工予以修理。转向轴发生弯曲时,将转向轴放在 V 形铁上,在平板上用百分表检验。其弯曲变形若超过 0.05 mm 时,应进行冷压矫正。矫正时,为防止轴管凹陷变形,应先在轴管内腔充满细砂并挤紧。蜗杆工作面上有脱层或阶梯形磨损,应更换,更换蜗杆后,应将其与转向轴下端翻边铆紧,以保证其牢固配合。

（三）摇臂轴（垂臂轴）检修

用探伤检查摇臂轴不得有任何性质的裂纹,否则更换新件。摇臂轴与衬套和轴承的配合间隙一般为 0.03~0.07 mm,不得大于 0.10 mm。摇臂轴轴颈磨损,可修复或更换;衬套和轴承磨损,应予更换,铰削新衬套时,要注意其同心度要求。摇臂轴端部花键齿的扭曲变形大于 1.0 mm 时应更换。

（四）滚轮检修

滚轮在滚轮轴上的转向间隙大于 0.15 mm,径向间隙大于 0.2 mm,应予修理。修理方法是更换轴承或换加大的滚针并加厚止推圈,然后焊修滚轮两端面,以消除过大的间隙。滚轮如有裂纹、疲劳剥落,应予更换。滚轮轴下 V 形止推垫圈的转向间隙为 0.02~0.16 mm,若超过应配换加厚的止推圈。

（五）检测记录

填写表 3-9。

表 3-9　球面蜗杆滚轮式转向器检测记录表

序号	检测项目	检测数据	检测结论
1	转向器壳、盖		
2	转向轴、蜗杆		
3	摇臂轴		
4	滚轮		

三、循环球式转向器检修

(一)壳体检修

壳体侧盖产生裂纹应更换,二者结合平面的平面度公差为 0.1 mm,大于规定值时应进行修磨。两螺杆轴承孔的公共轴线与摇臂轴轴承孔轴线的垂直度误差超过原厂技术标准时应进行磨修或更换。更换摇臂轴衬套后可在镗模上镗削,利用镗模矫正两衬套的同轴度、两轴线的垂直度和轴心距。

(二)转向螺杆与螺母总成检修

转向螺杆螺母的钢球滚道若有疲劳磨损、划痕等损耗时应予更换。钢球与滚道的配合间隙不大于 0.1 mm,其简便的检验方法是将配合副清洗干净后,将螺杆垂直提起,转向螺母在重力作用下,应能平稳地旋转下落。若无其他损耗,一般不要拆检传动副组件。转向螺杆产生隐伤、三角键台阶形磨损或扭曲,应更换。转向螺杆轴承滚道有裂痕、压坑或剥落,钢球碎裂或凹坑,保持架扭曲变形、断裂等现象,一律更换轴承总成。

(三)摇臂轴检修

摇臂轴必须进行隐伤检验,产生裂纹后应更换,不许焊修。轴端花键出现台阶形磨损、扭曲变形应更换。扇形齿面严重剥落、磨损、变形,应予更换。摇臂轴与衬套配合间隙超限时,应更换衬套。

(四)检测记录

填写表 3-10。

表 3-10　循环球式转向器检测记录表

序号	检测项目	检测数据	检测结论
1	壳体		
2	转向螺杆与螺母总成		
3	摇臂轴		

四、蜗杆曲柄指销式转向器检修

(一)蜗杆止推轴承检修

轴承内外圆滚道磨损、剥落或保持架变形、有缺口、磨损严重,则必须换新。轴承钢球有碎裂,钢球从保持架上脱落等,更换轴承时,内外圈和保持架等应同时成套更新。

(二)摇臂轴检修

摇臂轴任何部位有裂痕或支承表面严重磨损及偏磨都应更换。摇臂轴端部花键应无明显扭曲变形,如发现有两齿以上扭曲变形、损坏,也应更换。

(三)指销、支承轴承检修

指销工作面应无金属剥落,如有剥落或严重偏磨、轴承挡边碎裂情况之一者,均应更换指销轴承总成。更换指销轴承总成时,应成对更换。指销装入滚道的距离应符合原设计规定。同时应对指销轴承紧度进行检查调整。

(四)蜗杆轴承紧度调整

可通过上盖垫片来进行。增加调整垫片两端轴承间隙变大,减小垫片则间隙变小,调好后,在蜗杆轴输入端检查旋转扭矩,以小于或等于 2.7 N·m 为合适,调好后,按规定加注润滑油。

(五)蜗杆检修

蜗杆滚道磨损、剥落情况轻微,可用油石清磨后继续使用;若磨损、剥落严重,则必须更换。蜗轮齿面有明显压痕或阶梯形磨损,蜗杆表面出现裂纹,都必须换新件。

(六)检测记录

填写表 3-11。

表 3-11　蜗杆曲柄指销式转向器检测记录表

序号	检测项目	检测数据	检测结论
1	蜗杆止推轴承		
2	摇臂轴		
3	指销、支承轴承		
4	蜗杆轴承		
4	蜗杆		

五、转向沉重故障检修

拖拉机左右转弯时,转动转向盘沉重费力,驾驶员体力消耗增加,这种现象称为转向沉重。故障检修方法如下:

①检查轮胎气压是否足,若不足,则按规定给轮胎充气。

②检查转向器是否缺油,若缺油,则添加至规定油面高度。

③检查转向传动机构的各个活动节点是否缺少润滑,若润滑不好,则重新润滑。

④检查横拉杆或转向节臂产生弯曲变形情况,若弯曲变形,则校正或更换。

⑤检查转向轴弯曲或转向轴管是否凹陷,若存在凹陷,则更换转向轴管。

⑥检查转向器蜗杆上下轴承调整过紧、蜗杆和滚轮或齿扇和钢球螺母啮合间隙过小情况,若间隙过小,则按要求重新调整。

⑦检查前轮定位情况,若定位不正确,则重新调整。

⑧检查车架、前轴发生弯曲变形情况,若存在变形,则进行校正或更换。

【任务巩固】

1.机械式转向系由_____、_____和_____组成。

2.转向盘自由行程越_____,转向操纵越灵敏。

3.拖拉机上常用的转向器有_____、_____、_____。

4.写出球面蜗杆滚轮式转向器的工作过程。

任务2 转向离合器检修

【任务目标】

1.熟悉履带和手扶拖拉机转向机构的构造和转向工作过程。

2.会使用仪器设备检查调整转向离合器,并能排除常见故障。

【任务准备】

一、资料准备

手扶拖拉机转向离合器、履带式拖拉机转向离合器;塞尺、拆装工具;维修手册、图片视频、任务评价表等与本任务相关的教学资料。

二、知识准备

(一)履带式拖拉机转向离合器

国产履带式拖拉机的转向机构由转向离合器和操纵机构组成。履带式拖拉机上多采用干式和多片常接合式摩擦离合器。

东方红—75 拖拉机的转向离合器构造,如图 3-48 所示。横轴(11)由中央传动大锥齿齿轮带动,其花键端装有主动鼓(1),主动鼓(1)的外圆齿槽上松动的套有 10 片主动片(6),每两片主动片之间有一片两面铆有摩擦片的从动片(5),也是 10 片。从动片的外圆周上有齿,与从动鼓(4)的内齿套合上。从动鼓(4)用螺钉固定在从动鼓接盘(3)上,并通过它带动最终传动主动齿轮。6 对大、小压紧弹簧(7)通过弹簧拉杆(8)将压盘(12)压向主动鼓(1),使主、从动片压紧,即常结合式。

分离轴承被螺母压紧在压盘(12)的颈部,分离轴承座(10)的外面套有分离拨叉(9)。当转动分离拨叉(9)时,分离轴承往中央传动方向移动,带动压盘和压紧弹簧,进而使主、从动片之间的压紧力降低或彻底分离。

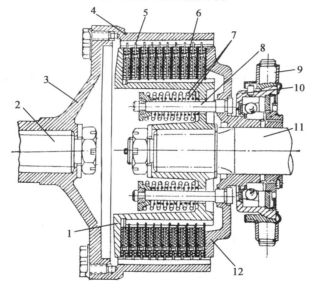

图 3-48　东方红—75 拖拉机的转向离合器

1-主动鼓　2-最终传动主动轴　3-从动鼓接盘　4-从动鼓　5-从动片　6-主动片
7-大、小压紧弹簧　8-弹簧拉杆　9-分离拨叉　10-分离轴承座　11-横轴　12-压盘

转向离合器的操纵机构如图 3-49 所示。当驾驶员操作操纵杆(1)时,通过传动杆件带动分离叉(5)转动,带动分离拨圈(6)使转向离合器分离,切断该侧驱动轮的动力,实现转向操作。

(二)手扶拖拉机转向离合器

手扶拖拉机是通过改变两侧驱动轮驱动力来实现转向,在转向时驾驶员可通过对手扶架施加一定的转向力矩以协助转向。有尾轮的手扶拖拉机,通过两侧驱动轮的驱动力差,同时偏转尾轮来实现转向。手扶拖拉机常采用牙嵌式离合器,如图 3-50 所示。

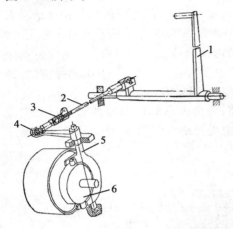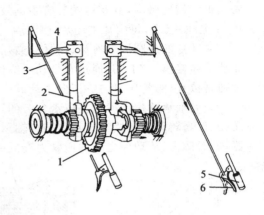

图 3-49　东方红—75 拖拉机转向操纵机构
1-操纵杆　2-推杆　3-调整接头　4-分离杠杆
5-分离叉　6-分离拨圈

图 3-50　手扶拖拉机牙嵌式转向离合器
1-中央传动从动齿轮　2-转向拨叉　3-转向拉杆
4-转向臂　5-把套　6-转向把手

　　转向离合器一般设在变速箱内,由转向拨叉、转向齿轮、牙嵌式离合器转向轴以及中央传动从动齿轮和操纵部分的操向手把、拉杆、转向臂等组成。转向轴中间套装着中央传动从动齿轮,由弹性挡圈限位,该齿轮两端和左、右两个转向齿轮的内端都有结合牙嵌,组成左、右两个牙嵌式离合器。

　　拖拉机直行时,左、右两个牙嵌式转向离合器接合,两转向齿轮与中央传动从动齿轮嵌合在一起,将动力传给最终传动,使两驱动轮得到相等的扭矩而前进。当需要向左转向时,捏住左边转向把手,通过拉杆、转向臂拉动转向拨叉,使左侧的转向齿轮压缩弹簧向左移动,转向齿轮的结合爪与中央传动从动齿轮左侧结合爪脱离,左侧驱动轮的动力被切断而不产生驱动力,而右侧驱动轮仍照常转动,于是拖拉机向左转弯。转弯后,松开转向把手,恢复动力传递,拖拉机又开始直行。

【任务实施】

一、履带式拖拉机转向操纵杆检查调整

　　自由行程是保证转向离合器时刻处于完全结合状态而要求的。拖拉机在使用过程中,由于摩擦片的磨损,自由行程减小,此时拖拉机重负工作时会出现打滑现象,会增加从动盘的磨损。自由行程过大,也将会出现转向离合器分离不清的现

象,致使转向不灵,若此时制动器配合转向,将会严重损伤转向离合器从动盘,致使摩擦片松动,增加磨损。必须及时给予检查调整。

操纵杆的全行程为 400～500 mm,其中自由行程为 60～80 mm。拧松推杆接头的夹紧螺钉,转动推杆接头调整自由行程。另一边的操纵杆也按此调整。

二、手扶拖拉机转向拉杆检查调整

转向拉杆过长或过短会造成手扶拖拉机不能转向或转向困难,此时应检查调整转向拉杆的长度。

为了保证离合器很好地接合与分离,转向手把与手把套之间的距离应为 20～30 mm。调整时,先拧松锁紧螺母,拔出转向拉杆和转向手把连接处的开口销,取出转向拉杆,调整转向拉杆长度。距离过大,应调长转向拉杆;距离过小,应调短转向拉杆。最后锁紧螺母。

检查转向臂铰链处是否磨损过大。磨损过大应更换。检查转向拨叉轴颈、转向盖内孔配合是否严重磨损。如果磨损严重,必须更换。

【任务巩固】

1.手扶拖拉机的转向主要是通过_____来实现,常采用_____离合器。

2.履带式拖拉机的转向机构由_____和_____组成,多采用_____离合器。

3.简述履带式拖拉机的转向过程。

任务3　液压转向装置检修

【任务目标】

1.熟悉液压转向装置的构造和工作过程。

2.会正确使用仪器设备检修液压转向装置,并能排除常见故障。

【任务准备】

一、资料准备

液压转向装置;拆装工具;维修手册、图片视频、任务评价表等与本任务相关的教学资料。

二、知识准备

目前大中型拖拉机广泛采用动力转向,动力转向多采用液压式。在驾驶员控制下,动力装置对转向装置或转向器某一传动件施加不同方向的液压作用力,该转向装置总称为转向加力装置。按所用液压动力的多少液压动力转向分为液压助力式和全液压式两种。

液压式助力式转向系,是在机械式转向系的基础上,增加了转向控制阀、转向油泵、转向动力缸等一套液压助力装置。

全液压式转向装置是由液压式转向器代替了机械式转向器,并由软管和转向油缸连接,如图 3-51 所示。

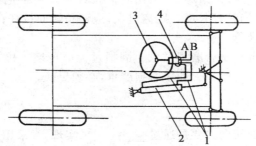

图 3-51　全液压转向布置图

1-连接油管　2-转向油缸　3-转向盘　4-全液压转向器　A-自油泵来　B-去油箱

全液压转向系由油泵总成、转阀式全液压转向器和转向油缸等组成,如图 3-52 所示。

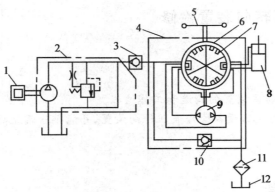

图 3-52　液压转向系液压系统图

1-柴油机　2-油泵总成　3-单向阀　4-转阀式全液压转向器　5-转向盘　6-控制阀
7-阀套　8-转向油缸　9-计量泵　10-止回阀　11-滤清器　12-油箱

图 3-52 中控制阀处于中立位置,拖拉机以直线或某一定偏转角行驶原理图。左转弯时,控制阀在转向盘带动下左转到"左"油路位置,使一部分油液经控制阀进入转向油缸的下腔,推动活塞上移,实现向左转向。右转弯时,控制阀处于"右"油路位置,推动活塞下移,实现向右转向。当液压油泵失效时,可用人力转向,计量泵变成手动油泵,其转向时的油流路线与动力转向时基本相同,区别是单向阀关闭,止回阀打开,转向油缸内的油液经止回阀流回计量泵,自行循环。

全液压转向存在的主要问题是路感不明显,转向后转向盘不能自动回位,失效时手动转向比较费力。

【任务实施】

一、恒流溢流齿轮泵检修

恒流溢流齿轮泵较常见的故障是溢流阀锈蚀卡滞在泵盖孔内,往往会造成转向沉重。

若拆下溢流阀上下堵丝,还不能将溢流阀取出,则需将恒流泵拆下,用一合适的圆冲将其打出,并用高目数砂纸将泵盖孔和恒流阀清洗净,然后研磨至恒流阀可以在泵中自由活动为止。恒流阀内部的钢珠被锈蚀出麻点或凹坑、凹环,会造成转向不动作,在一般情况下,不要拆卸恒流阀,若钢珠损坏,可找一合适的钢珠代用,调整螺钉的紧固约为 5 圈为宜。

二、全液压转向器检修

转向器的阀芯转向轴端为花键连接,损坏后不能代用。

单向阀为一调压阀,若被脏物垫住或卡滞,都会造成转向失灵。弹簧压紧程度,约为调整丝堵紧到内丝中部。从全液压转向器轴内向外取出阀套和阀杆时应先取出人力转向单向阀钢珠,防止掉到阀体内腔与阀套环槽之间。安装时,应将全液压转向器倒过来先装阀套和阀杆,然后将钢球装入人力转向单向阀孔内,待双向转子泵安装后,再拧紧人力转向单向阀支撑螺栓。

三、油管正确安装连接

各油管拆装不应出错,方向机上有 4 个英文字母:T 接转向油箱;P 接齿轮泵;A 和 B 接转向油缸(若方向机无字母,则按方向机左上的油孔为 T 孔,左下的油孔为 P 孔,右侧孔为 A、B 孔安装)。若 T、P 互换错接,这样,会导致一侧转向打不动,而另外一侧会发生沉重的故障。

四、检测记录

填写表 3-12。

表 3-12　全液压转向系统检测记录表

序号	检测项目	检测数据	检测结论
1	恒流溢流齿轮泵		
2	全液压转向器		
3	油路连接		

五、转向沉重故障检修

①检查齿轮油泵供油量情况,齿轮油泵是否有内漏或滤网堵塞,若有则更换齿轮泵或清洗滤网。

②检查转向系统有空气,若有空气,则排除系统内的空气,并查看吸油管路。

③检查转向油箱油位是否不足,若不足,则加油至规定油面高度。

④检查安全阀弹簧力变弱,或钢球不密封情况,若有,则清洗安全阀并调整安全阀弹簧压力。

⑤检查油液黏度是否太大,若太大,则更换规定的油液。

⑥检查阀体内钢球单向阀是否失效,若失效,则清洗、保养或更换单向阀。

⑦检查转向系统是否漏油,若有,则排除漏油点。

【任务巩固】

1.液压转向装置由_____、_____和_____组成。

2.全液压转向系有哪些故障现象?故障原因是什么?

项目四 制动系构造与维修

【项目描述】

一拖拉机出现制动失灵故障现象,查阅使用维修说明书,需要对制动系进行拆检。制动系主要用于减速或停车、驻车和协助转向。

本项目分为蹄式制动器检修、盘式制动器检修和气压制动装置检修3个工作任务。

通过本项目学习熟悉转向系构造和工作过程;掌握主要组件的维修技术;培养认真严谨、善于思考、沟通协作等能胜任岗位工作的职业素质。

任务 1 蹄式制动器检修

【任务目标】

1.熟悉蹄式制动器的构造和工作过程。

2.会使用仪器设备检修蹄式制动器,并能排除常见故障。

【任务准备】

一、资料准备

蹄式制动器;游标卡尺、千分尺、拆装工具;维修手册、图片视频、任务评价表等与本任务相关的教学资料。

二、知识准备

制动系主要由制动器和制动操纵机构组成。

　　制动器。广泛采用摩擦式制动器,主要有蹄式和盘式,且多为干式。根据制动时两制动蹄对制动鼓径向力的平衡状况,蹄式车轮制动器又分为非平衡式、平衡式(单问助势、双向助势)和自动增力式三种。非平衡式蹄式制动器常应用在中小功率的拖拉机上;对制动效果要求较高时,可采用浮动凸轮构造的自动增力式蹄式制动器。

　　制动操纵机构。机械式、液压式和气压式。大多是机械式,主要有制动踏板、卡板、踏板轴、调节叉、回位弹簧、推杆、连接臂等组成,如图3-53所示。

　　制动操纵机构按其布置方式,可分为左、右制动器分别操纵制动式和左、右制动器同时操纵制动式两种。

　　左、右制动器分别操纵制动式是指拖拉机的左、右轮制动器各用一套操纵机构,有两个制动踏板,可方便实现单边制动操作(应用于田间作业,减小转弯半径;协助转向),也可以用锁片连接,同时进行制动操作(应用于道路运输)。

　　左、右制动器同时操纵制动式 是指拖拉机的左、右轮制动器共用一套操纵机构,共用一个制动踏板,踩下制动踏板可实现同时对左右轮制动器的制动操作。

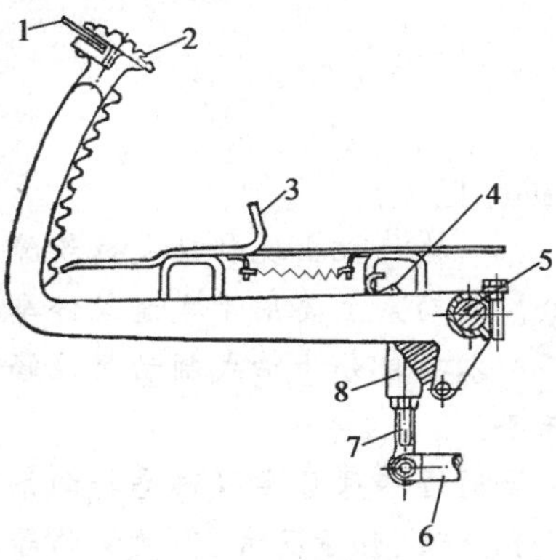

图 3-53　制动操纵机构
1-连锁板　2-踏板　3-卡板　4-回位弹簧
5-踏板轴　6-连接臂　7-推杆　8-调节叉

　　小型拖拉机常采用蹄式制动器,蹄式制动器主要由制动鼓、制动蹄、制动凸轮、回位弹簧、制动底板、支承销等组成,如图3-54所示。

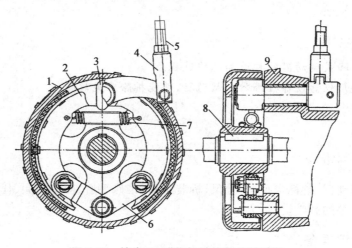

图 3-54　神牛-25 型拖拉机的蹄式制动器
1-制动鼓　2-制动蹄　3-制动凸轮　4-调节叉　5-拉杆　6-连接板　7-弹簧　8-平键　9-半轴壳

　　不制动时,制动蹄与制动鼓之间保持一定的间隙,制动鼓随车轮自由转动而不受阻碍。当踩下制动踏板时,制动踏板通过制动操纵机构的传动杆件,使制动器凸轮转动,撑开两制动蹄,使其摩擦片压紧在制动鼓的内圆表面上。制动蹄与制动鼓接触面上产生一个与车轮旋转方向相反的摩擦力矩,使制动鼓停止转动,迫使拖拉机被制动。

【任务实施】

一、制动蹄检修

　　①检查制动蹄有无油污、裂纹。若摩擦片油污较轻,摩擦片只有少量磨损,可用汽油清洗油污,清洗后必须加温烘干,然后用锉刀和粗砂布修磨平整。

　　②检查制动蹄摩擦片的磨损是否超限,如图 3-55 所示。用游标卡尺深度尺测量摩擦片铆钉头距摩擦片表面应不小于 0.80 mm,衬片厚度应不小于 9 mm,否则,换用新制动蹄总成。

二、制动鼓检修

　　①检查制动鼓摩擦片表面是否有沟槽。

　　②检查制动鼓的磨损和圆度误差,如图 3-56 所示。制动鼓内圆面的圆度误差不得大于 0.125 mm,否则,应对制动鼓在专用镗鼓机上进行镗削加工。若制动鼓内径超过使用极限时,一律换用新件。

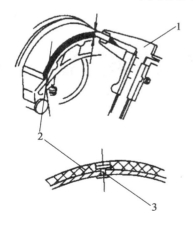

图 3-55　制动蹄摩擦片厚度检查

1-卡尺　2-摩擦片　3-铆钉

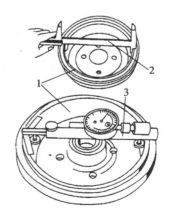

图 3-56　制动鼓检查

1-制动鼓　2-卡尺　3-测量圆度工具

三、制动蹄与制动鼓接触面积检查

如图 3-57 所示,将制动蹄摩擦片表面打磨干净后,靠在制动鼓上,检查二者的接触面积,应不小于 60%,否则应继续打磨制动蹄摩擦片的表面。

四、定位弹簧及复位弹簧检查

如图 3-58 所示,若定位弹簧、复位弹簧的自由长度增长率达 5%,则应更换新弹簧。

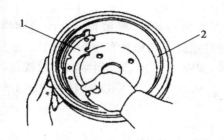

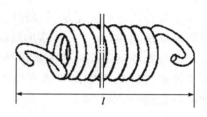

图 3-57   制动蹄摩擦片与制动鼓接触面积检查
1-制动蹄摩擦片   2-制动鼓

图 3-58   弹簧检查

五、检测记录

填写表 3-13。

表 3-13   蹄式制动器检测记录表

序号	检测项目	检测数据	检测结论
1	制动蹄		
2	制动鼓		
3	制动蹄与制动鼓接触面积		
4	弹簧		

六、制动踏板自由行程检查调整

制动器踏板自由行程是指用手推动制动踏板至感觉其有阻力时为止,踏板所移动的距离为踏板的自由行程,一般为 40~80 mm,如图 3-59 所示。调整方法如下:

①用手按下制动踏板时,可通过钢板尺测量。

②若自由行程过大或过小,可将调节叉与推杆连接处的锁紧螺母松开,拧动调节叉或者推杆,使推杆变长或变短,使踏板的自由行程减小或增大。左、右轮制动器踏板应同时进行调整。

③调整结束后应进行检验,使左右两侧的推杆对左右制动器摇臂的拉力基本相同。

④拖拉机型号_____,制动踏板自由行程数值为_____ mm。

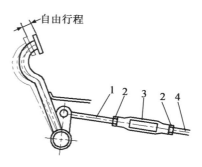

图 3-59 制动踏板自由行程
1、4-拉杆 2-锁紧螺母 3-拉杆接头

【任务拓展】

拖拉机制动系主要参数

1.制动控制力

施加在控制装置上的力。

2.制动力矩

制动器产生的制止车轮或履带运动或运动趋势的阻力矩。

3.制动力

由制动作用产生的阻止车轮或履带运动或运动趋势的地面摩擦力。

4.制动反应时间

从制动控制装置开始动作到制动器开始产生制动力矩所经历的时间。

5.有效制动时间

从制动力开始产生到拖拉机完全停住所经历的时间。

6.总制动时间

制动反应时间和有效制动时间之和。

7.制动距离

由驾驶员开始制动至拖拉机完全停住时的行驶距离。

8.制动初速度

制动控制装置开始动作时的拖拉机行驶速度。

9.平均制动减速度

自驾驶员开始制动至拖拉机完全停住所获得的制动减速度的平均值。

10.制动器热衰减系数

热态和冷态平均制动减速度之比。

【任务巩固】

1.制动系统由_____、_____两部分组成。

2.蹄式制动器主要由_____、_____、_____、回位弹簧、制动底板、支撑销等组成。当制动时制动操纵机构使制动凸轮转动,凸轮的凸起部分使两制动蹄向外扩张,紧贴在制动鼓的内表面上,产生_____,迫使拖拉机减速或停车,

3.简述蹄式制动器的工作过程。

任务 2   盘式制动器检修

【任务目标】

1.熟悉盘式制动器的构造和工作过程。

2.会使用仪器设备检修盘式制动器,并能排除常见故障。

【任务准备】

一、资料准备

盘式制动器;游标卡尺、千分尺、拆装工具;维修手册、图片视频、任务评价表等与本任务相关的教学资料。

二、知识准备

在大中型拖拉机上常采用盘式制动器,如图 3-60 所示。主要由支撑在机体上可轴向移动的制动压盘、机体上的固定盘和端面铆有摩擦片的摩擦制动盘等组成。在操纵机构作用下制动压盘将旋转的摩擦制动盘压向固定盘,它们之间产生摩擦力矩对摩擦制动盘产生制动作用。

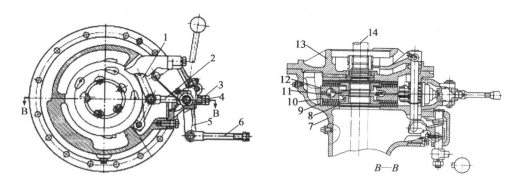

图 3-60 盘式制动器

1-斜拉杆 2-内拉杆 3-调整螺母 4-锁紧螺母 5-摇臂 6-外拉杆 7-半轴壳体
8-摩擦盘 9-回位弹簧 10、12-压盘 13-差速器壳体轴承座 14.半轴

盘式制动器的制动过程,如图 3-61 所示。

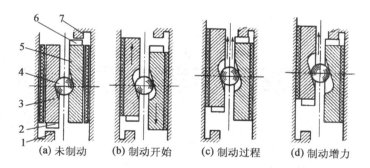

图 3-61 盘式制动器工作过程

1、7-制动器壳体上的凸肩 2、6-压盘上的凸耳 3、5-压盘 4-钢球

盘式制动器具有构造紧凑、操纵省力,制动盘摩擦磨损均匀,构造密封性好等优点,但其构造复杂,制动平顺性较差。盘式制动器在东方红—30/40、铁牛—55/60、东风—50、丰收—35 等拖拉机上得到广泛的应用。

【任务实施】

一、摩擦盘检修

盘式制动器摩擦盘总成的主要缺陷:摩擦片磨损及烧损,铆钉处产生裂纹或铆钉松动;花键磨损和摩擦盘变形等。

（一）检查摩擦盘厚度

用游标卡尺测量摩擦盘总成的厚度,当摩擦盘总成因摩擦片磨损,总厚度比标准尺寸小 3 mm 以上时,应及时更换摩擦盘总成。如铁牛—55 型拖拉机的标准厚度为(12±0.1) mm。

（二）检查铆钉头沉入深度

用深度尺检查摩擦片铆钉头下沉量,如铁牛—55 型铆钉头下沉量标准值为 1 mm,允许不修值为 0.5～0.8 mm,极限值为 0.25～0.30 mm。当铆钉处有裂纹或铆钉松动,铆钉头下沉量小于极限值时,就应更换摩擦片或摩擦盘总成。

（三）检查摩擦片钢盘

将摩擦盘套在检查用心轴上,将百分表触针触在钢盘边缘,其端面跳动不能超过 0.5 mm,若超过时,可用宽口扳手进行校正。

（四）检测记录

填写表 3-14。

表 3-14　摩擦盘检测记录表

序号	检测项目	检测数据	检测结论
1	摩擦盘厚度		
2	铆钉头沉入深度		
3	摩擦片钢盘		

二、制动压盘检修

制动压盘总成的主要缺陷:工作表面磨损、龟裂和翘曲、安装钢球的斜槽磨损。

（一）检查压盘总成的厚度

用游标卡尺测量压盘总成的厚度,如铁牛—55 型拖拉机制动压盘总成的总厚度标准值应为 32～32.8 mm,修后允许值为 30～30.8 mm。

（二）检查压盘工作表面

将制动压盘分开至 43 mm 时,其不平行度不大于 0.48 mm,在拉簧作用下能自动回到原始位置为合适。当制动压盘工作表面翘曲、龟裂轻微时,可用手工加研磨砂磨平;其严重翘曲或有较深的沟痕,则可磨去其痕迹,并消除其不平度,但其厚度不得比标准值小 1 mm 以上。当制动压盘斜槽轻微磨损后,可用油石打磨圆滑;严重磨损后,须更换新片。钢球磨损后,须按标准规格更换。

(三)检测记录

填写表 3-15。

表 3-15 蹄式制动器检测记录表

序号	检测项目	检测数据	检测结论
1	压盘总成的厚度		
2	压盘工作表面		

三、制动跑偏检修

左右制动器制动时,制动力矩不等或者两边制动器起作用时间不同,会使拖拉机在高速行驶紧急制动时发生"跑偏"现象,造成严重事故。

①检查制动跑偏时,左、右两侧制动器处于连锁状态,拖拉机在高速行驶状态下,踩下离合器分离,紧急制动,观察左、右制动轮在路面上的制动印痕。若两印痕均为直线,相互平行,长度相等,则说明左右制动器工作一致,性能良好。若印痕长度不一,拖拉机有"跑偏"现象,则应对制动器进行调整。

②将制动印痕较长的一侧制动踏板的自由行程适当调大,使左右两侧制动器的制动效果一致,再通过调整左、右制动器使其同时起作用,并能可靠制动。调整完毕后再次进行路试检查,确认其工作一致性后方可使用。

③拖拉机型号_____,制动印痕长度数值为_____ m。

【任务巩固】

1.盘式制动器主要由支撑在机体上可轴向移动的_____、机体上的_____和端面铆有摩擦片的_____等组成。

2.盘式制动器具有_____、_____、_____, _____等优点,但其构造复杂,制动平顺性较差。

3.盘式制动器有哪些检修内容?

任务 3 气压制动装置检修

【任务目标】

1. 了解气压制动装置的构造和工作过程。
2. 会使用仪器设备检修气压制动装置,并能排除常见故障。

【任务准备】

一、资料准备

气压制动装置;游标卡尺、拆装工具;维修手册、图片视频、任务评价表等与本任务相关的教学资料。

二、知识准备

轮式拖拉机挂车大都采用气压制动。气压式传动机构是利用压缩空气的压力转变为机械推力,使车轮制动,其特点是踏板行程较短,操纵轻便、制动强度大;但需要消耗柴油机的动力,制动粗暴,构造比较复杂。

气压制动装置主要有空气压缩机、贮气筒、刹车阀、气压表、安全阀、操纵装置及一些连接管路组成,如图 3-62 所示。工作时,空气压缩机 3 产生的压缩空气经单向阀进入贮气筒 5,当踏下制动踏板时,通过机械制动系统制动拖拉机,同时推动制动阀 7 利用气压对拖车进行制动。

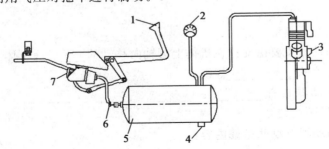

图 3-62 挂车气压制动装置

1-刹车踏板 2-气压表 3-空气压缩机 4-排气阀 5-贮气筒 6-安全阀 7-制动阀

制动控制阀控制从贮气筒进入制动气室和挂车制动阀的压缩空气,即控制制动气室的工作气压。同时在制动过程中具有渐进随动的作用。从而保证制动气室的工作气压与制动踏板的行程,有一定的比例关系,确保制动的稳定,可靠,安全。

在挂车的车轮上装有膜片式气压制动气室,主要有盖、膜片、外壳及回位弹簧等部件组成,如图 3-63 所示。制动气室将输入的空气压力转变为制动凸轮的机械力,使车轮制动器产生摩擦力矩。

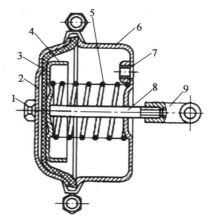

图 3-63 制动气室
1-进气口 2-盖 3-膜片 4-支承盘 5-弹簧
6-壳体 7-螺钉孔 8-推杆 9-连接叉

【任务实施】

一、制动控制阀检修

①用塞尺检测制动阀壳体结合面平面度误差不大于 0.10 mm,否则进行修磨。若阀门压痕深度超过 0.50 mm,应换用新件。

②直观检查各弹簧断裂或弹力明显减弱,应换用新件,各弹簧的技术状况,应符合要求。

③检查进、排气阀和阀座,若有刮伤,凹痕或磨损过度,应换用新件。若有轻微磨损,可在接触面上均匀涂上细研磨膏进行研磨。

④检查制动信号灯开关工作是否正常。若壳有裂纹或螺纹损坏时,应换用新件。

⑤若进行大修时,解体后各种橡胶密封圈及膜片均换用新件。推杆与衬套配合松旷时,也应换用新件。

⑥填写检测记录(表 3-16)。

表 3-16 制动控制阀检测记录表

序号	检测项目	检测数据	检测结论
1	壳体接合面		
2	弹簧		
3	进、排气阀		
4	制动信号灯开关		

二、制动气压不足故障检修

①检查管路是否漏气,若有,则排除漏气点。

②检查气泵进排气阀片磨损或弹簧损坏情况,若磨损,则更换。

③检查气泵活塞环、气缸套磨损情况,若磨损严重,则更换活塞环、气缸套。

④检查气压表是否失灵,若失灵,则修理或更换气压表。

⑤检查安全气阀关闭不严情况,若关闭不严,则更换安全阀。

【任务巩固】

1.制动操纵机构的功用是根据驾驶员意图控制_____的工作,实现制动器的制动、保持、解除制动等过程。

2.气压制动装置主要由_____、_____、_____、气压表、安全阀、操纵装置及一些连接管路组成。

3.简述气压制动系统的工作过程。

项目五　工作装置构造与维修

【项目描述】

一拖拉机出现液压悬挂提升无力和动力输出轴不转故障现象,查阅使用维修说明书,需要对工作装置进行拆检。工作装置主要包括动力输出装置和液压悬挂系统。

本项目分为动力输出装置检修和液压悬挂装置检修 2 个工作任务。

通过本项目学习熟悉拖拉机工作装置的构造和工作过程;掌握常见故障检修技术;培养认真严谨、善于思考、沟通协作等能胜任岗位工作的职业素质。

任务1　动力输出装置检修

【任务目标】

1.了解动力输出装置的构造和类型特点。

2.掌握动力输出装置常见故障检修方法。

【任务准备】

一、资料准备

标准转速式动力输出轴、同步式动力输出轴;拆装工具;维修手册、图片视频、任务评价表等与本任务相关的教学资料。

二、知识准备

动力输出装置是将拖拉机发动机的部分或全部功率通过旋转机械能为作业机

具提供动力的工作装置。如旋耕机、施肥机和播种机等农机具都是由拖拉机牵引行走,并依靠拖拉机输出动力来完成作业的;而脱粒机、排灌机、发电机等机具,是由动力输出轴直接带动或通过带轮传动来进行固定式作业的。

动力输出装置包括动力输出轴和动力输出皮带轮。

(一)动力输出轴

根据动力输出轴转速数,可将动力输出轴分为标准转速式动力输出轴和同步式动力输出轴。标准转速式动力输出轴的转速和拖拉机的使用挡位无关,其动力由发动机(或经离合器)直接传递;同步式动力输出轴和拖拉机行驶速度"同步"(呈正比),其动力由变速箱第二轴传出,其转速与使用挡位有关。

1.标准转速式动力输出轴

标准转速式动力输出装置如图 3-64 所示。按操纵关系不同,可分为非独立式、半独立式和独立式三种。

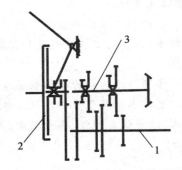

图 3-64　标准转速式动力输出装置
1-动力输出轴　2-主离合器
3-变速器第二轴

(1)非独立式动力输出轴　它与拖拉机传动系统共用一个主离合器,通过操纵啮合套将动力输出。拖拉机停车换挡,农具工作部件也停止转动,起步时惯性力大,易使发动机超载。欲使拖拉机停驶,农具工作部件转动;或者拖拉机行驶,农具工作部件停转,操作都需机组停下,烦琐而费时。如东方红—802 型拖拉机、奔野 304 型拖拉机均采用这种形式。

(2)半独立式动力输出轴　大中型拖拉机上广泛采用,如图 3-65 所示。它的动力由双作用离合器中的副离合器传出,经接合器传到动力输出轴。副离合器与主离合器的操作关系是后分离先接合,可使拖拉机停驶而农具工作部件仍可转动,在机组起步前,农具工作部件先转起来,减轻起步时发动机的负荷。在机组行驶中不能控制功率输出轴的分离与接合。铁牛—600L 拖拉机、东方红—300 型轮式拖拉机、飞毛腿 XC 系列拖拉机动力输出轴都是采用这种形式。

(3)独立式动力输出轴　它是由两套操纵机构分别控制主、副离合器,这种离合器叫双联离合器,如图 3-66 所示。动力由副离合器传出,经接合器传至动力输出轴。动力输出轴的接合与分离和拖拉机行走与否无关。它可满足各种作业的要求,如农具工作部件清理堵塞、地头转弯停转及果园喷药时停转等,都能操作简便。约翰迪尔 6003 系列拖拉机采用这种形式。

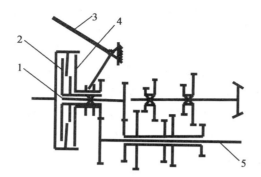

图 3-65　半独立式动力输出轴

1-变速箱第一轴　2-变速箱第一轴摩擦片　3-离合器踏板　4-输出轴摩擦片　5-动力输出轴

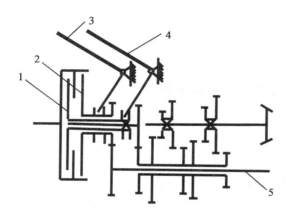

图 3-66　独立式动力输出轴

1-主离合器摩擦片　2-副离合器摩擦片　3-副离合器踏板　4-主离合器踏板　5-动力输出轴

2.同步式动力输出轴

某些农机具工作部件的转速要和拖拉机速度相匹配,如播种机和施肥机的工作转速应与拖拉机行驶速度呈正比,才能保证播量均匀。为使动力输出轴和拖拉机驱动轮同步,可采用同步式动力输出轴,如图 3-67 所示。

同步式动力输出轴属于非独立式操纵,用拖拉机单位行驶距离的输出轴转数(r/min)来表示。采用同步式动力输出,拖拉机在倒车时,动

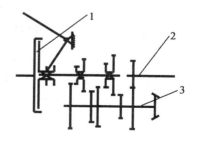

图 3-67　同步式动力输出装置

1-主离合器　2-动力输出轴

3-变速箱第二轴

力输出轴和农机具工作部件都将反转,因此要在倒车前将接合器拨回空挡,但当拖拉机滑转严重时,会影响所配置的农机具的工作质量。

有的拖拉机具备同步输出和独立输出两种输出模式。同步输出时只有在拖拉机行进时输出轴才转动,并且有着恒定的转速比,各个挡位的输出轴转速是不同的。而独立输出与拖拉机是否行进没有关联,只要发动机点火并结合了输出轴,输出轴就会转动,不论挂任何挡位,输出轴转速都只随发动机转速改变。独立输出一般都采用双速(540 r/min、1 000 r/min)动力输出。

(二)动力输出皮带轮

动力输出皮带轮是一个独立的部件。多数拖拉机在其后安装动力输出皮带轮,通过花键与动力输出轴相连接,个别拖拉机布置在变速箱左侧或者右侧,由专门的传动齿轮驱动。动力输出皮带轮的轴线应与拖拉机驱动轮轴线平行,以便借助前后移动拖拉机来调整动力输出皮带轮的张紧度。

【任务实施】

一、动力输出轴不工作故障检修

拖拉机动力输出轴不工作故障检修方法如下:
①检查变速箱油位,若过低,则加到标准油位。
②检查液压油过滤器,若堵塞,则清洁或更换。
③检查液压泵,若损坏需修理或更换。
④检查动力输出轴接合开关,若失效,更换控制开关。
⑤检查动力输出轴电磁阀,若电压不足,则重新配置电器接头,更换失效零件。
⑥检查动力输出轴控制电磁阀,若不分离,则修理或更换电磁阀。
⑦检查管路和控制柱塞油封,若漏油,只是油压降低,更换损坏油封。

二、动力输出轴控制离合器不灵敏故障检修

拖拉机动力输出轴控制离合器不灵敏故障检修方法如下:
①检查制动器接合开关,若失效,则更换制动器接合开关。
②检查动力输出轴制动电磁阀,若电压不足,则重新配置电器接头,更换失效零件。
③检查制动电磁阀,若不分离,处于关闭状态,则修理或更换制动电磁阀。
④检查动力输出轴制动器,若磨损,则调整或更换制动器。

【任务巩固】

1.拖拉机动力输出装置包括＿＿＿＿＿＿＿＿和＿＿＿＿＿＿＿＿两种。

2.按照不同的转速,可将动力输出轴分为＿＿＿＿＿＿＿和＿＿＿＿＿＿＿两种。

3.标准式动力输出轴按照操纵方式不同分为＿＿＿＿＿、＿＿＿＿＿和＿＿＿＿＿三种。

4.何为非独立式动力输出轴、半独立式动力输出轴和独立式动力输出轴?

5.动力输出轴的常见故障有哪些? 怎么排除?

任务2　液压悬挂装置检修

【任务目标】

1.了解液压悬挂装置功用、构造和工作过程。

2.会检修液压悬挂系统常见故障。

【任务准备】

一、资料准备

分置式液压系统、半分置式液压系统、整体式液压系统;拆装工具;维修手册、图片视频、任务评价表等与本任务相关的教学资料。

二、知识准备

用液压系统提升和控制农机具的整套装置叫做液压悬挂系统。其功用是连接和牵引农机具;操纵农机具的升降;控制农机具的耕作深度或提升高度;给拖拉机驱动轮增重,以改善拖拉机的附着性能;把液压能输出到作业机械上进行其他操作。

液压悬挂系统由悬挂机构、操纵机构和液压系统三部分组成。

(一)悬挂机构

根据悬挂机构与拖拉机机体的连接点数,可分为三点悬挂和两点悬挂。采用三点悬挂,农机具随拖拉机直线行驶的稳定性较好,仅用于中小功率的拖拉机上。两点式悬挂机构仅靠两个铰接点与拖拉机相连,农机具可做较大的偏摆,常用于大功率拖拉机上。

根据悬挂机构在拖拉机上布置位置不同,悬挂方式可分为前悬挂、中间悬挂、侧悬挂和后悬挂。前悬挂适用于推土、收获等作业;中间悬挂常用于自动底盘式拖拉机;侧悬挂用于割草和收获作业;后悬挂能满足大多数农机具的作业要求,在拖拉机上被广泛采用。

(二)操纵机构

操纵机构是用来操纵分配器的主控制阀,以控制液压油的流动方向,使油泵输送的压力油经过一定的孔道送往油缸或流回油箱,实现农具的升降运动或保持农具在某一位置工作。它由手柄操纵机构和自动控制机构两部分组成。

(三)液压系统

液压系统主要由油泵、油缸、分配器和辅助装置(油箱、油管、滤清器等)组成一个循环的液压油路,由操纵机构控制液压系统处于各种不同的状态,以满足各种作业要求,如图 3-68 所示。油泵是液压系统的动力元件。将机械能转换为油压,并将压力油输送给其他工作元件。拖拉机液压悬挂系统中的油泵有外啮合齿轮式和柱塞式两种。油缸是液压系统的工作部分,有单作用油缸和双作用油缸两种。油缸用以接受液压动力,把油泵供给的液压能转变为机械能,实现农机具升降。分配器是液压系统的操纵控制部分,用以根据工作的需要,操控油液的流向、压力和流量,常用的是滑阀式分配器。

按油泵、油缸、分配器三个主要液压元件在拖拉机上安装位置不同,液压系统分为分置式、半分置式和整体式三种,如图 3-68 所示。

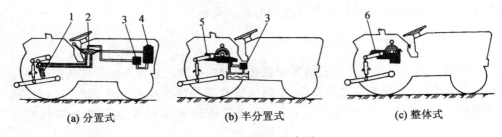

(a) 分置式　　　**(b) 半分置式**　　　**(c) 整体式**

图 3-68　液压系统类型

1-油缸　2-分配器　3-油泵　4-油箱　5、6-提升器

1. 分置式液压系统

分置式液压系统的油泵、油缸和分配器三个主要液压元件分别布置在拖拉机上的不同位置,用油管相互连接,如图 3-68(a)所示。其液压元件标准化、系列化、

通用化程度较高,布置灵活,拆装比较方便,但防尘和防漏等较困难,力调节和位调节的传感机构不好布置。

　　以东方红—75型拖拉机为例说明分置式液压悬挂装置工作过程,如图 3-69 所示。

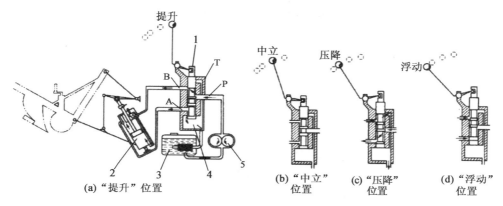

图 3-69　东方红－75型拖拉机悬挂装置工作过程
1-滑阀　2-双作用油缸　3-油箱　4-分配器　5-油泵

　　(1)提升　当手柄在"提升"位置时,从油泵来的油经分配器通向油缸下腔,推动活塞上升而提升农机具,同时油缸上腔的油被挤出经分配器流回油箱。

　　(2)中立　当手柄在"中立"位置时,通向油缸的两个油道被堵住,活塞在油缸内不能移动,农机具不能升降,油泵来油经回油阀流回油箱。注意:不能在"中立"位置工作,以免破坏农机具和悬挂件。

　　(3)压降　当手柄在"压降"位置时,农机具在活塞上腔油压和自重打滑作用下下降,强行入土。同时油缸下腔的油被挤出经分配器流回油箱。一般情况下,不使用"压降"位置工作。

　　(4)浮动　当手柄在"浮动"位置时,油缸上腔和下腔都与回油道相通,活塞不受约束,可上下自由移动。从油泵来的油经回油阀流回油箱。装有限深轮的农机具,此时可采用高度调节进行作业。

　　2. 半分置式液压系统

　　半分置式液压系统除油泵单独安装在拖拉机的适当部位外,其余(如油缸、分配器和操纵机构等)都布置在一个称为提升器的总成内,如图 3-68(b)所示。这种系统构造紧凑,油泵可以标准化、系列化、通用化,并实现独立驱动,但在总体布置上,常受到拖拉机构造的限制。

(1)位调节

下降。将位调节手柄向"下降"方向移动,农机具靠自重下降。农机具下降到一定高度,便保持在此高度,停止下降。

自动控制过程。若将位调节手柄向"下降"方向移动的距离越长,农具下降的位置越低。当手柄位置一定时,农具与拖拉机的相对位置固定。

提升。若将位调节手柄向"提升"方向移动,农机具便开始提升。当位调节手柄向"提升"方向移动得越多,农机具便被提升到更高的位置。不同的位调节手柄位置,可以使农机具得到不同的悬挂高度。

(2)力调节

下降。若将力调节手柄向"下降"方向移动,农机具逐渐下降,直到合适的位置停止。

自动调节过程。在工作过程中,若工作阻力因故增大,农机具稍被提起,工作阻力便下降。若工作阻力因故减少,其作用情况与上述相反,这就是根据不同的工作阻力情况,通过力调节机构,自动调节工作深度。

提升。将力调节手柄移到"提升"位置时,农机具逐渐升起,直到最高位置。

3. 整体式液压系统

整体式液压系统的全部元件及其操纵机构都布置在一个构造紧凑的提升器壳体内,如图 3-68(c)所示。其油路集中,构造紧凑,密封性好,力、位调节的传感机构比较好布置,能升降农机具和进行力位调节以及控制悬挂农机具下降速度和输出液压油,但元件不易实现标准化、系列化、通用化,拆装亦不方便。

(1)位调节 采用位调节时,必须先将力调节手柄扳至最下方,当位调节手柄在某个固定位置时,农机具不升不降,整个系统在这些条件下保持平衡。

提升。将位调节手柄向后拉向"升"时,农机具提升,将位调节手柄向"升"的方向越多,允许主控制阀进油的时间越久,即农机具被提升得越高。

下降。将位调节手柄推向"下降"的位置时,农机具靠自重推出油缸中的油液而下降。

(2)农机具下降速度控制 农机具入土速度可由位调节手柄在反应控制区段上不同的位置来控制,将力调节手柄固定在所需的耕深位置,若将位调节手柄向下推到"反应控制"的"快"处,农具迅速下降。若将位调节手柄继续推移至"慢"位置,农机具便靠其自重缓慢下降。

(3)力调节 用力调节法耕作时,先将调节手柄放在某一耕深位置,再将位调节手柄向前推到反应区段内某一位置,农机具便以所选速度下降入土。在耕作过程中,根据阻力大小,由力调节耕深。需要提升农具时,则需将位调节手柄推到

"升"的位置。

农机具入土过程。若将力调节手柄向"深"的方向推移一定位置,农具便以某种选定的下降速度入土。若将力调节手柄向"深"的方向推移得越多,农机具工作深度越深。农机具入土后其工作阻力逐渐增加,之后便保持在相应工作阻力的耕作深度下稳定工作。

自动调节。若农机具耕作阻力增大,油缸中被充入液压油,便提升农机具,即减少农机具的耕深,降低农机具的工作阻力。反之,若当某区段因比阻减小而使农机具工作阻力下降,即增加耕深,产生的较大工作阻力。

【任务实施】

一、分置式液压系统农具提升缓慢或不能提升故障检修

拖拉机农具提升缓慢或不能提升,主要原因是油压低或配用超重的悬挂式农具。故障检修方法如下:

①首先检查油箱中油面是否过低,油液的黏度是否过大,若不符合要求,应该更换合适的油。

②检查滤油器或吸油管是否堵塞,如果堵塞,要及时清洗滤芯或者更换滤清器。

③检查吸油接头有没有拧紧,密封圈是否损坏,齿轮泵的自紧油封是否损坏,若发现问题应及时进行零件的更换。

④检查是否分配器回油阀与阀座关闭不严,高压油从回油阀结合面流回油箱,导致油压降低。

⑤检查油泵的容积效率、轴套端面磨损情况。

⑥检查密封圈特别是卸压片密封圈技术状态,必要时予以更换或修理。

⑦对于齿轮油泵内漏建立不起正常的压力,导致供油不足,可在适当部位拆开油路转动曲轴,观察油泵的泵油情况。

二、半分置式液压系统农具提升无力故障检修

农机具提升无力的故障多由油泵部分造成。故障检修方法如下:

①打开油泵通往提升器的油管,用手堵住出油口,摇转发动机使油泵工作,如果没有急促的无气油流喷射,则说明故障在油泵。

②对于吸油管路损坏,要更换油管、油封、密封圈等密封件。

③离合器打滑,可通过机车在着火、悬挂机构重负荷状态下,打开检视盖,检查

分配器泄油孔有无油流。

④在悬挂机构轻负荷下使其提升,然后再加重负荷并使油泵停止工作,如果悬挂机构沉降过快,可断定是密封圈损坏,如果损坏应予以更换。

⑤打开检视盖,若听到急促的泄油声,则说明是安全阀堵塞或开启压力过低,应更换新件。

三、整体式液压系统操纵手柄失灵检修

整体式液压系统操纵手柄失灵后,将位调节手柄移动到"上升"位置,常常从后桥中发出一种异声,农具升起至运输状态时安全阀大量喷油;当位调节操纵手柄向下扳至下止动螺钉位置时,农机具反而上升;当位调节手柄在"慢降"位置而农具不能缓慢下降,以致出现"跌犁"现象。故障检修方法如下:

①位调节手柄位置太高,可将手柄放低些即可消除。为保证位调节手柄位置不致过高,应检查测量长销(牵引销)中心到提升臂圆销中心的距离,要符合要求。

②下止动螺钉旋松并向上移动,予以固定。外拨叉杆弹簧调整得太松或摆动杆支点位置向里偏移,控制阀向前推移量增加,应打开进油孔,将调整螺母调节适当。

③偏心距太大时,会使在"慢降"位置拨叉杆推移控制阀的位移量相应减小,手柄虽在"慢降"位置,仍然四槽排油,农具下降速度没有减慢,应按要求正确调整。

④外拨叉杆的弹簧调整得太紧,影响控制阀外移量,不能慢速下降。调整弹簧的紧度后,必须检查调整偏心轮的位置。

【任务巩固】

1.根据悬挂机构和拖拉机机体的连接点数,可将悬挂机构分为_____和_____两种。

2.按照悬挂机构在拖拉机上不同的布置位置,悬挂机构可分为_____、_____、_____和_____四种。

3.分置式、半分置式和整体式液压悬挂系统各有什么特点?

4.查阅资料说明高度调节法和位置调节法两种耕深调节方法有何不同。

模块四　电气设备构造与维修

项目一　认知拖拉机电气设备

项目二　电源系统构造与维修

项目三　用电设备构造与维修

项目一　认知拖拉机电气设备

【项目描述】

一拖拉机出现启动机不运转现象,查阅使用维修说明书,需要检查启动电路,检修故障首先要熟悉电器设备组成和读懂电路图。拖拉机电气设备担负着启动、照明、信号指示、工作监视、故障报警、保证驾驶安全和舒适性等工作。

本项目分为认知电气设备组成和认知拖拉机电路2个工作任务。

通过本项目学习熟悉拖拉机电气设备的组成、电路特点;掌握读识拖拉机电路方法;增强对本模块学习兴趣,培养查阅资料、观察分析和沟通协作能力。

任务1　认知电气设备组成

【任务目标】

1. 熟悉拖拉机电气设备组成和功能。
2. 能正确认知拖拉机电气设备的名称。

【任务准备】

一、资料准备

大中型拖拉机、电气设备教具;图片视频、任务评价表等与本任务相关的教学资料。

二、知识准备

拖拉机电气设备主要由电源系统、用电设备和配电装置三部分组成。

（一）电源系统

电源系统由蓄电池、发电机及电压调节器组成。蓄电池在发动机启动时向启动机供电并储存发电机多余的电能，当拖拉机上用电设备较多时，协助发电机向外供电。发电机是拖拉机的主要电源，其作用是在拖拉机运行中向用电设备供电，并向蓄电池充电。发电机必须配备电压调节器，以使其输出电压在某一允许的范围之内保持稳定。

（二）用电设备

拖拉机用电设备主要由以下部分组成。

启动系统。主要由启动机、启动继电器和启动开关组成。其功用是将电能转变为机械能带动发动机运转，启动发动机。启动系统在完成启动后应立即停止工作。

照明装置。主要由前照灯、后照灯、灯光总开关、变光开关等组成，其功用是确保拖拉机在夜间或视线不良时的正常工作。

信号装置。常见的信号装置有转向信号灯、制动信号灯、电喇叭等，其功用是确保拖拉机在各种运行条件下的人机安全。

仪表装置。主要由电流表、机油压力表、冷却液温度表、燃油表、车速里程表等组成，其功用是指示发动机与拖拉机的工作情况，显示拖拉机的运行参数，提高拖拉机行驶的安全性、经济性。

刮水装置。主要由电动机、减速机构、自动复位器、刮水器开关和联动机构及刮片组成，其功用是及时刮去挡风玻璃上的雨滴、雾气和灰尘，保证驾驶员良好的视线。

空调系统。主要由采暖系统、制冷系统和通风换气系统组成，其功用是调整驾驶室内空气的温度、湿度、清洁度，给驾驶员提供舒适的驾驶环境。

其他电气设备。主要有音响设备、高压共轨柴油机、提升器、传动系统、悬浮式前桥电子控制系统等。

（三）配电装置

拖拉机配电装置由导线、开关、保险装置和继电器等组成。

1. 导线

拖拉机常用导线一般为铜质多丝软线，其截面面积主要根据用电设备的工作电流大小进行选择。为保证导线的机械强度，电气系统中所用导线截面积不小于 0.5 mm^2。为便于识别、安装、检修，拖拉机用低压导线采用不同颜色标记，并在总线电路图中用英文字母代号表示。

2.开关

拖拉机电路中常见的开关有点火开关、推拉式开关和扳柄式开关。点火开关是各条电路的控制枢纽,是一个多挡、多接线柱、旋转式开关,其主要功能是接通点火及仪表指示挡(ON 或 IG)、启动挡(ST 或 START)、预热挡(HEAT)、附件挡(ACC,用于接通电动刮水器)。推拉式开关常用于控制灯光,其常见形式的有一挡式、二挡式、三挡式三种。用于控制灯光的推拉式开关还带有玻璃管式熔断器。扳柄式开关常用于控制转向信号灯,下端盖有三个接线柱,中间接线柱接电源,两侧接线柱接左右两侧的转向灯。

3.保险装置

其功用是防止电路电流过大时烧坏用电设备或防止电源因过载而损坏,常用保险装置有熔断器(丝)和双金属电路断电器。

(1)熔断器(丝) 常见的形式有插片式、玻璃管式和熔丝式三种,一般集中安装于熔断器(丝)盒内。当电流超过允许值时,自身熔断以保护设备。熔断器(丝)为一次性用品,一旦损坏,需更换相同规格的新品。

(2)双金属电路断电器 双金属电路断电器是利用双金属片受热弯曲变形的特点工作的,当负载电流超过限定值时,双金属片受热变形,使触点分开,切断电路。双金属电路断电器按其能否自动复位分为一次作用式和多次作用式两种。

4.继电器

继电器可实现自动接通或切断一对或多对触点,实现小电流控制大电流,减小通过控制开关的电流,有效地保护控制开关,延长其使用寿命。如拖拉机上喇叭继电器、启动继电器、转向信号灯的闪光继电器等。

【任务实施】

观察拖拉机电气设备组成,并描述其安装位置、名称和功用。

【任务巩固】

1.拖拉机电气设备主要由 _____、_____ 和 _____ 三大部分组成。

2.拖拉机电源系统由 _____、_____ 和 _____ 组成。

3.拖拉机电气设备的保险装置有 _____、_____ 两种形式。

4.继电器可实现 _____,减小 _____,可有效地保护 _____。

任务 2　认知拖拉机电路

【任务目标】

1. 熟悉拖拉机电路特点。

2. 会识读拖拉机电路图。

【任务准备】

一、资料准备

大中型拖拉机、电路教具;图片视频、任务评价表等与本任务相关的教学资料。

二、知识准备

拖拉机电路一般由电源、用电设备、导线、开关、保险装置和继电器等组成。

(一)拖拉机电路特点

拖拉机电路具有以下三个特点:

低压直流。蓄电池和发电机的输出均为直流电源,拖拉机电源系统电压有 6 V、12 V、24 V三种,以 12 V、24 V居多。

并联单线。拖拉机上所有用电设备均采用并联单线连接,把拖拉机机身的金属部分作为电气设备的公用连接导线,如图 4-1 所示。

负极搭铁。拖拉机电气系统采用单线制时,电源为负极搭铁,直接与拖拉机机身连接,如图 4-1 所示。

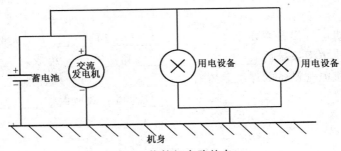

图 4-1　拖拉机电路特点

（二）拖拉机电路识读

读识拖拉机电路应遵循以下原则。

1. 仔细阅读圈注

仔细阅读圈注，了解电路图特征、图形符号的含义，建立电气元件和图形符号的一一对应关系，这样才能快速准确地识图。

2. 掌握回路原则

任何一个完整的电路均由电源、用电设备、导线、开关和保险装置等组成。在拖拉机电路图中，蓄电池和发电机都是电源，在寻找回路时，必须从一个电源的正极，经过用电设备，回到同一电源的负极。

3. 熟悉开关作用

在读识电路图时，要明确多挡位开关共有几个挡位，各个挡位分别控制哪些用电设备；明确蓄电池或发电机电流流经哪一个保险装置，接到开关的哪个接线柱上；熟悉在开关处于某一挡位时，哪些用电设备是常通状态，哪些是短暂接通状态，哪些用电设备是单独工作，哪些是同时工作。

4. 按系统分析电路

拖拉机可划分为电源、启动、照明、仪表和信号等系统电路，各系统电路具有不同的特点。抓住各个系统电路的特点，了解主要元件结构原理，掌握该电路工作过程，是分析拖拉机电路的基础。

【任务实施】

根据图 4-2，找出哪些电气元件为负极搭铁，说明发电机给蓄电池充电过程、启动系统电路工作过程和喇叭电路工作过程。

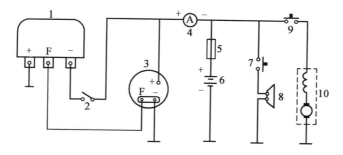

图 4-2 拖拉机电路图

1-电压调节器 2-点火开关 3-发电机 4-电流表 5-熔断器 6-蓄电池
7-喇叭按钮 8-电喇叭 9-启动开关 10-启动机

【任务巩固】

1.拖拉机电气设备具有 _____、_____ 和 _____ 的特点。

2.读识拖拉机电路时,应遵循哪几个原则?

项目二　电源系统构造与维修

【项目描述】

一拖拉机在中等转速时,电流表仍指示放电,查阅使用维修说明书,需要检修电源系统。电源系统主要由蓄电池、发电机和电压调节器等组成。

本项目分为蓄电池维护和发电机维修2个工作任务。

通过本项目学习熟悉电源系统的基本构造;掌握蓄电池、发电机和电压调节器的维修技术;培养认真严谨、善于思考、沟通协作等能胜任岗位工作的职业素质。

任务1　蓄电池维护

【任务目标】

1. 了解蓄电池分类、型号和基本构造。

2. 掌握蓄电池维护、检测和充电的方法,会对蓄电池常见故障进行检修。

【任务准备】

一、资料准备

不同类型蓄电池、解剖蓄电池教具;玻璃管、吸式密度计、高率放电计、充电机、万用表、常用工具;图片视频、任务评价表等与本任务相关的教学资料。

二、知识准备

(一)蓄电池类型特点

蓄电池是化学能和电能相互转化的装置。拖拉机一般采用铅酸蓄电池,其常见类型及特点如表 4-1 所示。

表 4-1 蓄电池类型及特点

类　型	特　点
普通铅蓄电池	新蓄电池极板不带电,使用前需按规定加注电解液并进行初充电,使用中需要定期维护
干荷铅蓄电池	新蓄电池极板处于干燥已充电状态,电池内部无电解液。在规定保存期内,如需使用,只需按规定加入电解液,静置 20～30 min 即可使用,使用中需要定期维护
免维护蓄电池	使用中不需维护,可用 3～4 年不需补加蒸馏水,极桩腐蚀极少,自放电少

(二)蓄电池基本构造

铅酸蓄电池一般由 6 个或 3 个额定电压为 2 V 的单格电池串联而成,主要由极板、隔板、电解液、外壳、连条和极桩组成,如图 4-3 所示。

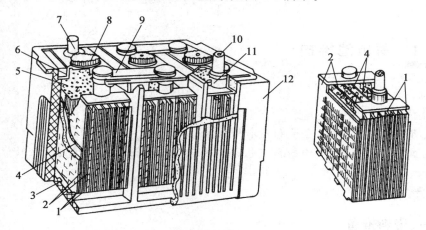

图 4-3 铅酸蓄电池

1-正极板 2-负极板 3-肋条 4-隔板 5-护板 6-封料 7-负极接线柱
8-加液孔螺塞 9-连条 10-正极接线柱 11-电极衬套 12-外壳

极板。分为正极板和负极板。正极板的主要成分为深棕色二氧化铅(PbO_2),负极板的主要成分为青灰色海绵状纯铅(Pb)。极板的作用是与蓄电池中的电解液发生电化学反应,实现蓄电池的充放电过程。在每个单格蓄电池中,正负极板相互嵌合,中间插入隔板,负极板数量比正极版多一片。

隔板。将正、负极板隔离,防止其相互接触造成短路。隔板具有多孔性、耐腐蚀性,可使电解液畅通无阻。

电解液。铅酸蓄电池的电解液由纯硫酸和蒸馏水按一定比例配制而成,其密度(25℃时)一般为 1.23～1.30 g/cm³。使用时密度应根据地区、气候条件和制造厂的要求而定。

外壳。盛放极板组和电解液的容器。一般采用有一定透明度的塑料外壳制成,壳内由间壁分成 3 个或 6 个单格,外壳上部标有两条用于指示电解液液面高度的最低(MIN)、最高(MAX)的刻线。每个单格的底部制有凸筋用于支撑极板组,防止极板底部的沉淀物将正、负极板短路。

连条。用于连接相邻 2 个单格蓄电池的正、负极,把几个单格蓄电池串联起来,获得较高的端电压。塑料外壳蓄电池常采用穿壁式连条,隐藏在电池内部。

接线柱(极桩)。蓄电池首尾单格蓄电池上焊有接线柱,在正极接线柱上涂有红漆或旁边标有"＋"号,在负极接线柱上旁边标有"－"号。

(三)蓄电池型号

铅酸蓄电池型号(JB 2599—1985 规定)由三部分组成,如图 4-4 所示。

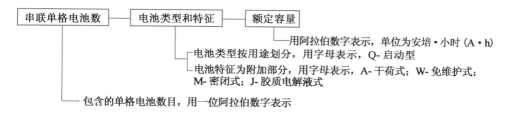

图 4-4 蓄电池型号

例如,6-QA-90 型蓄电池,表示由 6 个单格蓄电池串联,额定电压为 12 V,额定容量为 90 A·h 的启动型、干荷式铅酸蓄电池。

(四)蓄电池充电与放电

蓄电池对外输出电能叫做放电,从充电器获得电能叫做充电。蓄电池放电时单格电压放电至终止电压(以 20 h 放电率放电,单格电压降至 1.75 V),电解液密度降至最小许可值(1.10～1.12 g/cm³);充电时其内部产生大量气泡的"沸腾"现象,端电压上升至最大值(单格电池电压为 2.7 V),且 2 h 内不再增加,电解液密度上升至最大值,且 2～3 h 内不再增加。

【任务实施】

一、蓄电池检测

(一)外部检查

①检查蓄电池封胶有无开裂和损坏,极桩有无破损,壳体有无泄露,否则应修理或更换。

②检查疏通加液孔盖的通气孔。

③清洁蓄电池外壳,并用钢丝刷或极柱接头清洗器清洁极桩和电缆卡子上的氧化物,清洁后涂抹一层凡士林或润滑脂。

(二)液面高度检测

①用内径为 3~5 mm 的玻璃管,插入蓄电池加液口中抵住极板,用手堵住上端拿出,观测液柱高度,液面高度标准值为 10~15 mm。

②观察蓄电池侧面液面高度指示线,正常液面高度应介于两线之间,液面过低时,应添加蒸馏水。

(三)放电程度检测

1.电解液密度测试法

如图 4-5 所示,用吸式密度计或电解液密度检测仪检测电解液密度,标准密度值为 1.28 g/cm³ 左右。通过测量电解液密度可估算蓄电池的放电程度。一般电解液密度每下降 0.04 g/cm³,蓄电池放电 25%。当冬季蓄电池放电量大于 25%,夏季大于 50% 时,应及时对蓄电池补充充电。

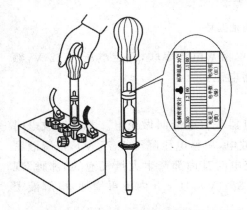

图 4-5　吸式密度计电解液密度测试

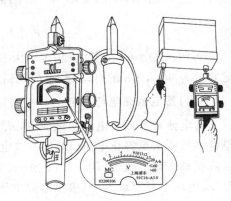

图 4-6　高率放电计放电测试

2.高功率放电计测试法

测试方法,如图4-6所示。将12 V高率放电测试计测针刺入蓄电池的正、负极,保持15 s,若电压保持9.6 V以上,说明该蓄电池性能良好,但存电不足;若在11.6～10.6 V,说明蓄电池电量充足,若电压迅速下降,说明蓄电池损坏。

3.开路电压测量法

测量蓄电池开路电压时,蓄电池应处于稳定状态,用万用表电压挡测量,将万用表的正、负表笔分别与蓄电池的正、负极相接即可,如图4-7所示。

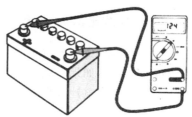

图4-7　万用表检测蓄电池开路电压

蓄电池端电压与蓄电池的存电程度之间的关系如表4-2所示。

表4-2　蓄电池端电压与蓄电池的存电程度之间的关系

存电状态/%	100	75	50	25	0
蓄电池电压/V	12.6以上	12.4	12.2	12	11.9以下

4.颜色观察

免维护型蓄电池上有一透明观察孔,显示颜色可判断存电量。绿色表示蓄电池内电量充足;黑色表示电量不足,需进行充电;灰白色表示无电,应更换蓄电池。

二、补充充电

蓄电池在使用过程中,当电量不足时,应及时进行补充充电。一般每月至少对蓄电池进行一次补充充电,方法如下:

①清洁电池表面,检查电解液液面高度,若液面过低,应添加蒸馏水至规定高度。

②将充电机与被充蓄电池连接好。

③接通充电机电源,调整充电电流,按蓄电池额定容量的1/10为第一阶段充电电流值,充电至单格电池端电压达2.4 V。

④将充电机电流值调至为第一阶段的1/2,充电至端电压和电解液密度在3 h内稳定不变为止。

充电时,应注意打开蓄电池加液孔盖;充电过程中应经常检测电解液温度,温度升至40℃,应将充电电流减半,温度高至45℃时,应暂停充电,待温度降至35℃

方可继续充电;充电结束后,及时检查电解液密度是否符合规定(标准密度值),否则可用蒸馏水或密度为 1.40 g/cm³ 稀硫酸进行调整,并再充电 2 h,直至电解液密度符合要求为止,然后拧紧加液孔盖,表面清洁干净,方可投入使用。

三、自行放电故障检修

充足电的蓄电池,放置不用,会逐渐失去电量,这种现象称为自行放电。对于充足电的蓄电池,如果每昼夜容量下降超过 2% 就是不正常现象。电解液不纯、极板活性物质脱落、电池长期放置不用、硫酸下沉是造成该故障的主要原因,其检修方法如下。

①清除蓄电池表面溢出的电解液及杂质,保持表面清洁。

②检查电解液,若液内有杂质或极板脱出物,将蓄电池完全放电,使极板上的杂质进入电解液中,放出电解液,用蒸馏水反复清洗,再加注新的电解液。

【任务拓展】

蓄电池去硫化充电

电池长期处于放电状态或者充电不足状态下,会在极板上逐渐生成一层白色粗晶粒的硫酸铅(白色的霜状物),称为极板硫化现象。极板硫化后,正常的补充充电不能恢复蓄电池的电量。当极板发生轻度硫化,蓄电池容量下降时,可用去硫化充电的方法使之恢复,方法如下:

①倒出蓄电池内部电解液,用蒸馏水反复冲洗数次后再注入蒸馏水至标准液面高度。

②接通充电电路,按蓄电池额定容量的 1/30 调整充电电流进行充电。当密度升至 1.15 g/cm³ 时,倒掉电解液,加入蒸馏水再次充电,直到密度不再增加为止。

③以 20 h 放电率进行放电至单格蓄电池电压降至 1.75 V 时,再以补充充电电流值进行充电,再放电,再充电,放电循环,直至容量恢复至额定容量值的 80% 以上时,补充充电后即可投入使用。

【任务巩固】

1. 蓄电池的结构由 _____、_____、_____、_____、_____、_____组成。

2. 蓄电池型号 6-QA-60 的含义:6—_____,Q—_____,A—_____,60—_____。

3.启动机启动时间每次不超过＿＿＿s,相邻两次启动之间应间隔＿＿＿＿＿s。

4.干荷式铅酸蓄电池使用中应经常检查电解液液面高度,液面低于规定值＿＿＿＿＿mm,应补充添加＿＿＿＿＿。

5.对蓄电池进行放电程度检测常用的方法有＿＿＿＿、＿＿＿＿和＿＿＿＿＿等。

任务 2　发电机维修

【任务目标】

1.了解发电机和电压调节器构造和型号。

2.会对发电机、电压调节器进行检修。

【任务准备】

一、资料准备

大中型拖拉机、交流发电机、电磁振动式电压调节器、晶体管式电压调节器;可调直流稳压电源、试灯、万用表、常用工具;图片视频、任务评价表等与本任务相关的教学资料。

二、知识准备

拖拉机常见的电源电路,如图 4-8 所示。

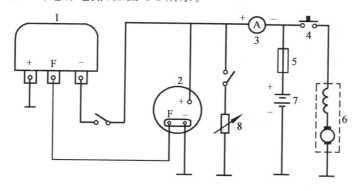

图 4-8　电源电路

1-电压调节器　2-发电机　3-电流表　4-启动开关　5-保险装置　6-启动机　7-蓄电池　8-用电设备

电源系电路可分为主电路和控制电路两部分。主电路是发电机对蓄电池进行充电的电路,其电路连接路线是发电机输出端(+)→电流表→保险装置→蓄电池正极(+)。控制电路是指为发电机励磁绕组提供励磁电流的电路,这一部分电路由点火开关控制,通常电源经点火开关后接到调节器"+"等端子。

(一)发电机

1. 基本构造

发电机主要由定子、转子、电刷、整流器、端盖、风扇及带轮等组成,如图 4-9 所示。

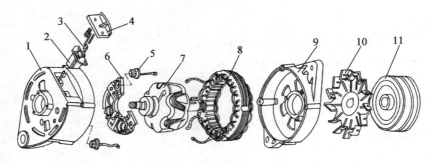

图 4-9 发电机构造

1-后端盖 2-电刷架 3-电刷 4-电刷弹簧压盖 5-硅二极管
6-元件板 7-转子总成 8-定子总成 9-前端盖 10-风扇 11-V 带轮

(1)定子 定子总成是产生和输出交流电的部件,由定子铁心和定子绕组组成,定子绕组采用三相对称绕组,三相绕组一般采用"Y"(星形)连接或"△"(三角形)连接的形式。

(2)转子 转子的作用通电后是形成发电机的磁场(称为励磁),它主要由两块爪极、磁场绕组、滑环组成。交流发电机的励磁方式必须经过它励、自励的两个过程。当发电机输出电压低于蓄电池端电压时,发电机的励磁电流由蓄电池供给,称为它励;当发电机输出电压达到蓄电池电压时,发电机的励磁电流由自己供给,称为自励。

按发电机励磁电流的控制形式,可分为内搭铁、外搭铁型发电机。

内搭铁发电机。连接发电机电刷组件的两个磁场接线柱中,有一个直接搭铁,另一个接调节器,由调节器控制励磁电流的火线,如图 4-10(a)所示。

外搭铁发电机。连接发电机电刷组件的两个磁场接线柱均与发电机外壳绝缘,并且有一个通过开关接电源,另一个接调节器,调节器控制励磁电流的搭铁,如

图 4-10(b)所示。

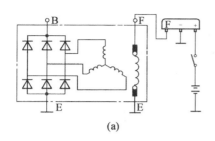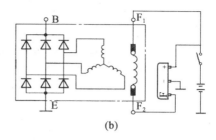

(a) (b)

图 4-10 发电机励磁电流控制形式

发电机的搭铁形式必须与调节器的搭铁形式相一致。拖拉机上电源系统一般多采用的是内搭式发电机和内搭铁式调节器。

(3)整流器 整流器作用是将三相定子绕组输出的交流电,通过三相桥式整流变成直流电输出;其次阻止蓄电池电流向发电机反向充电,烧坏发电机。发电机的整流器大多由 6 只硅二极管组成,如图 4-11 所示。

(4)电刷与电刷架 电刷作用是通过转子上集电环给磁场绕组提供励磁电流。电刷装在电刷架内,通过弹簧与集电环紧密接触,如图 4-12 所示。电刷架根据发电机类型的不同,按其安装位置分为内装式和外装式两种形式。外装式电刷架安装在发电机的后端盖上,便于电刷的维护与更换;内装式电刷架与整流器安装在一起,维护或更换电刷时,需将发电机后端盖上的防护罩拆下。

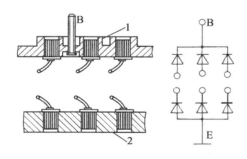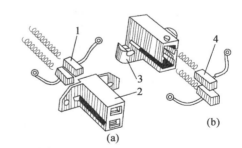

图 4-11 整流器

1-正整流板 2-负整流板

图 4-12 电刷与电刷架

1、4-电刷 2、3-电刷架

2. 型号

车用交流发电机的型号(QC/T 73—1993 规定),如图 4-13 所示。

例如,JF152D 型发电机,表示标称电压 12 V,输出电流大于 50 A,第三次设

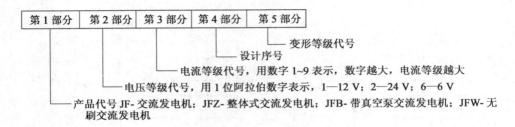

图 4-13　发电机型号

计,变形代号为 D 的交流发电机。

(二)电压调节器

发电机必须配备电压调节器,保证其输出端电压不受转速和用电负荷变化的影响,使其输出端电压平均值恒定,满足用电设备的需要。常用是的电子式电压调节器。

电子式电压调节器一般都是由 2～4 个三极管,1～2 个稳压管和一些电阻、电容、二极管等组成,如图 4-14 所示。

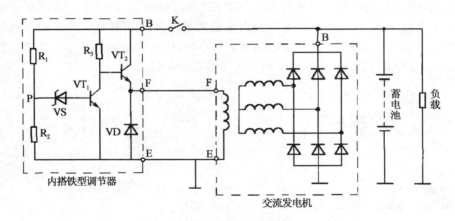

图 4-14　电子式电压调节器

电子式电压调节器常见其外壳有三个接线柱。B(＋)接线柱为点火开关接线柱;F 接线柱为磁场接线柱;E(－)接线柱为搭铁接线柱。

电子式电压调节器以调节器内的稳压二极管为敏感元件,当发电机输出电压变化时,通过稳压二极管控制大功率开关型晶体管的导通与截止,从而实现接通与切断励磁电路,来改变励磁电流平均值,实现调节发电机输出电压平均值恒定的。

　　电子式电压调节器有内、外搭铁的区别,需与相应的与内、外搭铁形式的发电机配套使用。使用前一定要判断其搭铁形式,并与发电机相应的接线柱正确连接。

【任务实施】

一、发电机检修

(一)在机检验

　　在拖拉机上检验发电机时,关闭点火开关,将一块 $0\sim50$ V 的电压表接到发电机 B 接线柱与 E 接线柱之间。启动发动机,并提高发动机转速,当发电机转速为 2 500 r/min 时,电压应在 14 V 以上,电流应为 10 A 左右。此时打开前照灯、电动刮水器等电器设备,电流若为 20 A 左右,则表明发电机工作正常。

(二)整体检测

1.励磁绕组检测

　　用万用表 R×1 挡测量 F 与 E 之间的电阻。若超过规定值,可能是电刷与集电环接触不良;若小于规定值,可能是励磁绕组有匝间短路或搭铁故障;若电阻为零,可能是两个集电环之间有短路或者 F 接线柱有搭铁故障。

2.定子绕组检测

　　用万用表 R×1 挡测量 B 与 E 之间的正反向电阻值,若正向示值在 $40\sim50$ Ω 以上,反向示值在 10 kΩ 可认为无故障;若正向示值在 10 Ω 左右,说明有失效的整流二极管,需拆检;若正向示值为零,则说明有不同极性的二极管击穿,需拆检。若发电机有中性抽头(N)接线柱,用万用表 R×1 挡,测 N 与 E 以及 N 与 B 之间的正反向电阻值,可进一步判断故障在正极管还是在负极管。

(三)硅整流发电机拆检

1.解体硅整流发电机

　　(1)分解定子与前盖　用螺丝刀插入前盖与定子铁心之间的间隙内,将前盖与定子分开。若难于分开,用橡胶锤轻轻地敲打前端盖,同时使用螺丝刀撬开。注意:不要将螺丝刀插入太深以免损伤定子线圈。

　　(2)拆卸发动机皮带轮　将皮带轮一端朝上,用台虎钳固定转子后拆卸皮带轮。

　　(3)拆卸定子总成及绝缘子和电刷架　拆卸定子时,将焊在整流器主二极管上的定子引线用电烙铁烫下。从电刷架上拆卸整流器时,将焊接在整流器上的地方用电烙铁烫下。

2. 整流二极管检测

检测二极管时,需将每个二极管的中心引线从接线柱上拆下或焊下,用万用表 R×1 挡,分别将红表笔和黑表笔与二极管正、负极接触测量,然后更换表笔再测量,若两次测量值一次大(反向电阻,大于 10 kΩ),一次小(正向电阻,8~10 Ω),说明二极管性能良好,若两次均测得为"∞",说明管子断路,若均为"0",说明此管被击穿,如图 4-15 所示。

3. 定子绕组检测

用万用表测量定子三相绕组任一端线与铁心间的绝缘电阻,阻值应为"∞",如果电阻值读数很小,说明定子绕组搭铁。用万用表分别检测定子绕组两个引线端子间的电阻,如万用表指示导通说明定制绕组没有断路;如果万用表指示不导通,说明定绕组有断路,如图 4-16 所示。

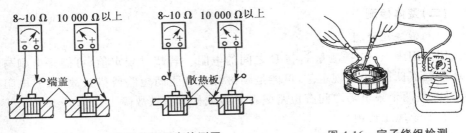

图 4-15 二极管的万用表检测图　　　　图 4-16 定子绕组检测

4. 转子总成检测

清除两个集电环之间的炭粉,观察集电环表面有无明显的沟槽、裂纹或烧蚀现象。

用万用表 R×1 挡,将红黑两支表笔分别压在两个集电环上。如果电阻值在规定的范围内,则说明励磁绕组良好;如果测量电阻值偏小,则说明励磁绕组匝间短路;如果测量电阻值为"∞",则说明励磁绕组断路。

测量两集电环与转子轴之间的电阻值,应指示"∞",否则说明励磁绕组有搭铁故障。

集电环的圆度偏差过大,或沟槽过深,或严重烧蚀,可在机床上进行加工修复,轻度烧蚀可有细砂布打磨抛光。

5. 电刷检测

电刷的高度低于 7 mm 时也应更换,更换时注意电刷的规格型号要求一致。

二、电压调节器检测

(一)万用表电阻值测量

用万用表测量各接线柱之间的电阻值,初步判断其性能。检测时,应结合表4-3选择合适的电阻挡位。当测量结果与表中数据不符或相差很大时,应更换电压调节器。

表4-3　常见晶体管式电压调节器各接线柱之间电阻参考值　　　Ω

调节器型号	"+"与"−"之间电阻		"+"与"F"之间电阻		"F"与"−"之间电阻	
	正向	反向	正向	反向	正向	反向
JFT121	200～300	200～300	90	>50 k	110	>50 k
JFT126	1.5～1.6 k	41.5～1.6 k	4.6～5 k	7.8～8 k	5.5 k	6.5～7 k
JFT246	3 000	3 000	4.6～5 k	9.5～10 k	5.5 k	8.5 k

(二)可调直流稳压电源及试灯测试

用可调直流稳压电源和一只12 V的灯泡代替发电机磁场绕组,按图4-17接线检测。检测时,调节直流稳压电源,使其输出电压从零逐渐升高,14 V调节器当电压升高到6 V时,试灯开始点亮;随着电压的不断升高,试灯逐渐变亮,当电压升高到(14±0.5) V时,试灯应立即熄灭。继续调节直流稳压电源,使电压逐渐降低,试灯又重新变亮,且亮度随电压的降低逐渐减弱,则说明调节器良好。

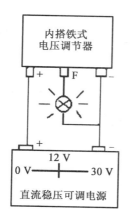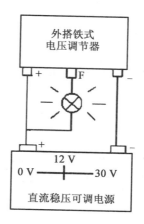

图4-17　直流电源检查调节器

当施加到电压调节器上的电压超过调节电压规定值时,试灯仍不熄灭,或者起控电压数值与规定值相差较大时,说明调节器有故障;若试灯一直不亮,也说明调节器有故障,应更换调节器。

三、发电机不发电故障检修

拖拉机在中等转速时,电流表仍指示放电或充电指示灯不熄灭,则说明发电机不发电。检修方法如下。

①检查发电机皮带的松紧度,用力按下皮带中部,其挠度应为10~15 mm。

②观察发电机、调节器、电流表、蓄电池的接线是否良好,接头有无松脱现象,导线,线圈的颜色是否发生变化,有无烧焦的气味。

③启动发动机,中速以上运转,用万用表电压挡检测发电机"B"接线柱与搭铁间电压。若为14 V左右,则说明发电机发电,应检查充电指示电路;若蓄电池电压不变,说明发电机不发电。

④打开点火开关,拿一螺丝刀碰触发电机轴,检查有无磁性吸力。

——若是无吸力,用示灯一端搭铁,另一端检查调节器"F""+"是否有电。若"F"无电而"+"有电,则为调节器损坏;两接线柱都无电,检查线路、点火开关及保险。

——若是有吸力,则说明励磁电路良好,即点火开关、调节器到发电机转子部分都没问题,应拆检发电机定子及整流器部分。

【任务巩固】

1. 发电机主要由 _____、_____、_____、_____、前后端盖、风扇及带轮等组成。

2. 按发电机的磁场绕组的搭铁形式分类,发电机分为 _____式和_____式两种。

3. 给发电机的磁场绕组通电,使其产生磁场,称为 _____,通常采用_____ 和_____方式。

4. 电压调节器的作用是_____。

5. 一般情况下,电压调节器有_____、_____、_____三个接线柱。

项目三　用电设备构造与维修

【项目描述】

一拖拉机出现启动机不转、大灯不亮、喇叭不响故障现象,查阅使用维修说明书,需要检修用电设备。用电设备主要由启动系统、照明装置、信号装置、仪表装置、电动刮水器和空调系统组成。

本项目分为启动机检修、启动电路检修、照明装置检修、信号装置检修、仪表装置检修、刮水装置检修和空调系统检修 7 个工作任务。

通过本项目学习熟悉用电设备的构造特点和工作过程;掌握主要部件检测和常见故障检修方法;培养认真严谨、善于思考、沟通协作等能胜任岗位工作的职业素质。

任务1　启动机检修

【任务目标】

1. 熟悉启动机构造和型号含义。
2. 会熟练地使用万用表等工量具检修启动机。

【任务准备】

一、资料准备

大中型拖拉机、启动机;V 形支座、百分表及磁性表座、万用表、直尺、砂纸、手锯条、扭力扳手、台虎钳、常用工具;图片视频、任务评价表等与本任务相关的教学资料。

二、知识准备

大中型拖拉机发动机多为启动机启动,启动系统主要由启动机、蓄电池、导线、启动开关和启动继电器等元件组成,如图 4-18 所示。

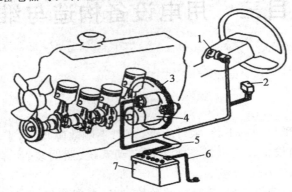

图 4-18 启动系组成

1-启动开关 2-启动继电器 3-飞轮 4-启动机 5-启动机电缆 6-搭铁电缆 7-蓄电池

启动机一般由串励直流电动机、传动机构和操纵机构三个部分组成,如图 4-19 所示。

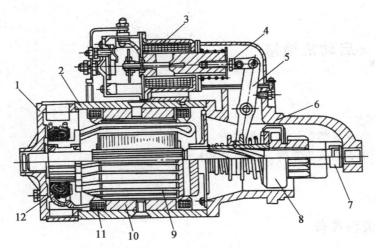

图 4-19 启动机

1-前端盖 2-机壳 3-电磁开关 4-调整螺母 5-拨叉 6-后端盖 7-限位螺母
8-单向离合器 9-电枢 10-磁极 11-磁场绕组 12-电刷

(一)串励式直流电动机

串励直流电动机的作用是将蓄电池输入的电能转换为机械能,产生电磁转矩。串励直流电动机由电枢、磁极、电刷和壳体等主要部件构成。

电枢。是直流电动机的旋转部分,主要由电枢轴、换向器、电枢铁心、电枢绕组等部分组成,如图 4-20 所示。换向器由铜质换向片和云母片叠压而成,且云母片的高度略低于铜质换向片的高度 0.5 mm。换向电枢绕组各线圈的端头均焊接在换向器片上,通过换向器和电刷将蓄电池的电流传递给电枢绕组,并适时地改变电枢绕组中电流的流向。电枢绕组一般采用较粗的矩形裸铜线绕制而成。

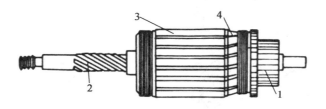

图 4-20 电枢
1-换向器 2-电枢轴 3-电枢铁心 4-电枢绕组

磁极。用来产生电动机运转所必需的磁场主要由铁心、磁场绕组和外壳组成,如图 4-21 所示。4 个磁场绕组可互相串联后再与电枢绕组串联,也可两两串联后并联,再与电枢绕组串联,如图 4-22 所示。

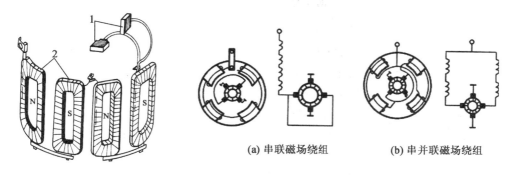

(a) 串联磁场绕组   (b) 串并联磁场绕组

图 4-21 磁极和电刷   图 4-22 磁场绕组
1-电刷   2-磁场绕组

电刷。置于电刷架中,2 个正电刷与励磁绕组的末端相连,2 个负电刷负极刷架搭铁。电刷由铜粉与石墨粉压制而成,呈棕红色。刷架上装有弹性较好的盘形弹簧。电刷架一般为框式结构,其中正极刷架与端盖绝缘,负极刷架通过机壳直接搭铁。

（二）传动机构

传动机构主要由单向离合器、电枢轴的螺旋部分和驱动齿轮等组成。单向离合器主要由十字块、滚柱、压帽、弹簧、驱动齿轮等组成，如图 4-23 所示。

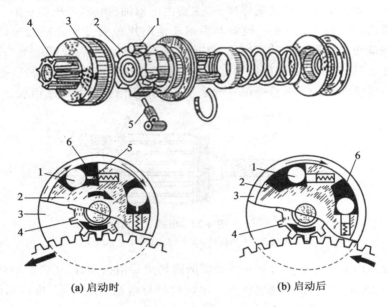

(a) 启动时　　　　　　　　　　　　　　　　**(b) 启动后**

图 4-23　滚柱式离合器构造

1-滚柱　2-十字块　3-外壳　4-驱动齿轮　5- 压帽与弹簧　6-楔形槽

发动机启动时，经拨叉将单向离合器沿电枢花键轴推出，驱动齿轮啮入发动机飞轮齿圈。由于十字块处于主动状态，随电动机电枢一起旋转，促使 4 个滚柱进入楔形槽的窄端，将十字块与外壳挤紧，于是电动机电枢的转矩就可由十字块经滚柱、外壳传给驱动齿轮，驱动发动机飞轮齿圈旋转带动发动机运转起来。

发动机启动后，飞轮齿圈的转速高于驱动齿轮，十字块处于被动状态，外壳与滚柱的摩擦力使滚柱进入楔形槽的宽端而自由滚动，只有驱动齿轮及外壳随飞轮齿圈作高速旋转，而启动机空转（启动电路并未及时断开）。这种单向离合器的打滑功能，防止了电枢超速飞散的危险。启动完毕，由于拨叉回位弹簧的作用，经拨环使单向离合器退回，驱动齿轮完全脱离飞轮齿圈。

（三）操纵机构

操纵机构的作用是通过控制启动电磁开关及杠杆机构，来实现启动机传动机构与飞轮齿圈的啮合与分离,并接通和断开电动机与蓄电池之间的电路。它主要由电磁开关、拨叉、操纵元件和回位弹簧等组成,如图 4-24 所示。

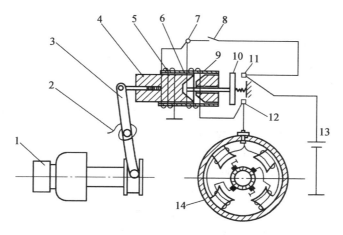

图 4-24　操纵机构

1-驱动齿轮　2-回位弹簧　3-拨叉　4-活动铁心　5-保持线圈　6-吸引线圈　7-电磁开关接线
8-启动开关　9-铁心套筒　10-接触盘　11、12-接线柱　13-蓄电池　14-电动机

启动机工作时,直流电动机受电磁开关的控制,如果电磁开关直接受点火开关的控制,则称为直接控制式电磁开关;如果在电磁开关的控制回路中加入继电器控制回路,则称为带启动继电器式电磁开关。

【任务实施】

一、启动机拆装

①关闭点火开关,拆下蓄电池的搭铁线,再拆除电磁开关上的蓄电池正极线。

②分 2~3 次同时、均匀拆下启动机与飞轮外壳连接的两条紧固螺栓,取下启动机。

③从电磁开关接线柱上拆开启动电动机与电磁开关之间的连接导线。

④松开电磁开关总成的两个固定螺母,取下电磁开关总成。

⑤拆下换向器的两个螺栓,取下换向器端盖。

⑥拆下电刷架及定子总成。

⑦将启动机电枢总成、启动齿轮及拨叉一起从启动机机壳上拉出来。

⑧从电枢轴上拆下电枢止推挡圈的右半环、卡环、电枢止推挡圈左半环,拆下

单向离合器总成。

启动机的组装程序与分解相反,但要注意在组装启动机前,应将启动机的轴承和滑动部位涂以润滑脂。

二、启动机检修

1. 励磁绕组检修

励磁绕组的常见故障有短路、断路或搭铁等,可用万用表检修。

(1)励磁绕组断路检查 首先通过外部验视,看其是否有烧焦或断路处,若外部验视未发现问题,可用万用表电阻 R×1(数字万用表 200 Ω 挡)挡检测,两表笔分别接触启动机外壳引线(即电流输入接线柱)与励磁绕组绝缘电刷接头是否导通,如果测得的电阻无穷大,说明励磁绕组断路,应予以检修或更换。

(2)励磁绕组搭铁检查 用万用表电阻 R×10 k 挡(或数字万用表高阻挡)检测励磁绕组电刷接头与启动机外壳是否相通,如果相通,说明励磁绕组绝缘不良而搭铁;如果阻值较小,说明有绝缘不良处,应检修或更换励磁绕组。

(3)磁场绕组短路检查 可用 2 V 直流电进行接线测试检查。电路接通后,将改锥放在每个磁极上,检查磁极对改锥的吸引力是否相同。若某一磁极吸力太小,就表明该磁场绕组有匝间短路故障存在。

2. 电枢绕组检修

电枢绕组的常见故障有匝间断路和短路或搭铁等。可用万用表高阻值挡检测电枢绕组是否搭铁故障;用万用表的低阻挡检测任意两换向器片间的阻值,判断其有无断路故障,如图 4-25 所示。

电枢绕组短路的故障检测应在专用实验台上进行,如图 4-26 所示,若钢片在位于检验仪 V 形槽顶部的电枢槽上跳动,则说明该槽内绕组有短路故障。

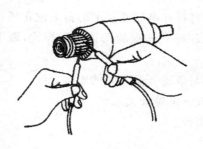

图 4-25 电枢绕组断路检查

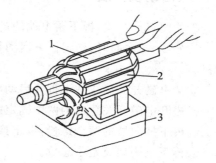

图 4-26 电枢绕组短路检查

1-钢片 2-被检电枢 3-电枢检验仪

3. 换向器检修

换向器故障多为表面烧蚀、脏污、云母片突出等。轻微烧蚀用细砂纸打磨即可，严重烧蚀或失圆(径向圆跳动>0.05 mm)时应进行机加工，但加工后换向器铜片厚度不得少于 2 mm。云母片如果高于钢片也应车削加工，然后将云母片割低，一般启动机云母片低于钢片，检修时，若换向器铜片间槽的深度小于 0.2 mm，用手锯条将云母片割低至规定深度。

4. 电枢轴检修

电枢轴的常见故障是弯曲变形。电枢轴径向跳动应不大于 0.15 mm，否则应校正。

5. 电刷与刷架检修

电刷高度一般不应低于标准 2/3，电刷接触面积不应少于 75%，并且要求电刷在电刷架内无卡滞现象，否则应进行修磨或更换。用万用表的高阻值挡检测电刷架的绝缘性。最后用弹簧秤测量电刷弹簧的弹力，若不符合要求应更换。

6. 单向离合器检修

单向离合器常见故障是打滑，如图 4-27 所示，可用扭力扳手检测单向离合器的转矩。若转矩小于规定值，说明单向离合器打滑，应予以更换。对于摩擦片式单向离合器，如果转矩偏小，可以通过调整来修复。

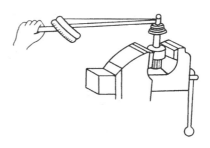

图 4-27　单向离合器打滑检查

7. 电磁开关检修

电磁开关常见故障一般是吸拉线圈或保持线圈断路、短路和搭铁，导电盘(或接触盘)及触点表面烧蚀等。线圈断路故障可用万用表低阻值挡检测其阻值，搭铁故障可用万用表的高阻值挡测量其电阻来检查。导电盘及触点表面烧蚀轻微的可以用锉刀或砂布修整。回位弹簧过弱应予以更换。

【任务巩固】

1. 启动机由 _____、_____ 和 _____ 三部件组成。

2. 串励直流电动机由 _____、_____、_____、_____ 等主要部件构成。

3. 启动机中共有 _____ 个电刷，分别是两个 _____ 电刷、两个 _____ 电刷。

4. 在对启动机励磁绕组、电枢绕组检修时，应检查其有无 _____、_____

和_____现象。

5.启动机电刷的高度,一般不应低于标准_____,电刷的接触面积不应少于_____。

任务 2　启动电路检修

【任务目标】

1.熟悉两种启动电路、三种启动预热装置的组成和工作过程。

2.学会对启动电路常见故障进行检修。

【任务准备】

一、资料准备

大中型拖拉机、启动继电器、点火开关;万用表、常用工具;图片视频、任务评价表等与本任务相关的教学资料。

二、知识准备

拖拉机常见的启动系控制电路为开关控制和启动继电器控制两种。

(一)开关控制电路

开关控制电路是指启动机由点火开关或启动按钮直接控制,如图 4-28 所示。功率较小的小型拖拉机常用这种形式。

开关控制式电路工作过程如下:

启动时,将点火开关旋转至启动挡,接通了 2 条电流回路,启动机实现了 2 个动作。

回路 1:蓄电池正极→点火开关→"50"接线柱→吸拉线圈→C 接线柱→启动机励磁统组→电枢→搭铁→蓄电池负极构成回路 1。

回路 2:蓄电池正极→点火开关→"50"接线柱→保持线圈→搭铁→蓄电池负极构成回路 2。

动作 1:流经励磁与电枢绕组中的小电流,启动机缓慢转动,保证驱动齿轮被强制啮入时与飞轮齿圈的顺利啮入。

动作 2:磁场铁心在吸拉线圈与保持线圈所产生的磁场共同作用下,向左移

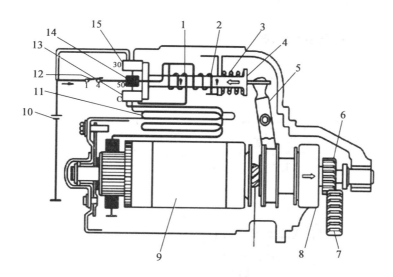

图 4-28　直接启动式控制电路

1-吸引线圈　2-保持线圈　3-复位弹簧　4-活动铁心　5-拨叉　6-驱动齿轮　7-飞轮齿圈　8-离合器
9-电枢　10-蓄电池　11-励磁线圈　12-点火开关　13-磁场 C 接线柱
14-启动机"50"接线柱　15-启动机"30"接线柱

动,并同时通过拨叉推动启动机驱动齿轮向右移动,与飞轮齿圈啮合。

　　磁场铁心向左移动,致使导电盘接通电磁开关上的"30"接线柱与 C 线接柱,此时短路了回路 1(吸拉线圈的两端均被加上蓄电池的端电压而被短路不工作,磁场铁心依靠回路 2 保持线圈所产生磁场,继续保持导电盘将"30"接线柱与 C 接线柱接通)、接通了新的回路 3,同时产生了新的动作 3。

　　回路 3:蓄电池正极→"30"接线柱→导电盘→C 接线柱→启动机励磁绕组→电枢→搭铁→蓄电池负极构成回路 3。

　　动作 3:回路 3 中流经励磁与电枢绕组中的大电流使启动机产生大转矩,经启动机的传动机构驱动飞轮齿圈使曲轴旋转,用来启动发动机。

　　发动机启动后,松开点火开关,"50"接线柱断电,由于机械惯性,在松开点火开关的瞬间内,导电盘仍将"30"接线柱与 C 接线柱接通,瞬间构成一个新的回路:蓄电池正极"30"接线柱导电盘→吸拉线圈→保持线圈→搭铁→蓄电池负极,吸拉线圈与保持线圈产生相反方向的磁场而有效磁场大大削弱,磁场铁心因失去磁场力而在回位弹簧的作用下迅速回位,导电盘与 C 接线柱与"30"接线柱分开,回路 3 被断开,同时驱动齿轮通过拨叉被拉回位,启动完毕。

　　在上述 3 条回路中,将回路 1 和回路 2 认作一条回路,即开关电路;而回路

3 则被称为主电路。

（二）启动继电器控制电路

大功率拖拉机都采用启动继电器控制启动电路。该电路由蓄电池、点火开关、启动继电器、启动机、导线等组成，如图 4-29 所示。

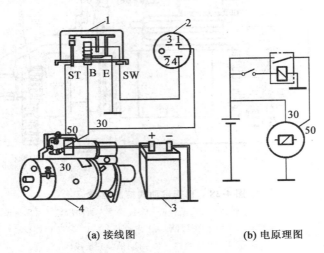

(a) 接线图　　　　　　(b) 电原理图

图 4-29　继电器启动式控制电路

1-继电器　2-点火开关　3-蓄电池　4-启动机

柴油机启动时，将点火开关旋至启动挡位，启动继电器通电后，吸下衔铁使触点闭合，接通了电磁开关回路，启动机开始工作。发动机启动后，松开点火开关，点火开关自动转回到点火工作挡位，启动继电器线圈断电而触点被断开，电磁开关回路也随即断开，启动机停止工作。

启动机继电器控制电路主要特点是：实现小电流控制大电流，对点火开关的启动挡位起保护作用，避免了开关内的触片、触点的烧蚀，延长了点火开关的使用寿命。该电路实现了由点火开关控制启动继电器，继电器控制启动机电磁开关，电磁开关控制直流电动机的三级控制。

【任务实施】

拖拉机启动机不运转故障检修

造成启动机不运转的原因有电源及线路部分故障、启动继电器和启动机故障等等，具体检修方法如下。

　　①打开前照灯开关或按下喇叭按钮,若灯光较亮或喇叭声音洪亮,说明蓄电池电量充足,故障不在蓄电池;若灯光很暗或喇叭声音很小,说明蓄电池电量严重不足;若灯不亮或喇叭不响,说明蓄电池或电源线路有故障,应检查蓄电池火线及搭铁电缆的连接有无松动以及蓄电池电量是否充足。

　　②用导线将蓄电池正极与电磁开关"50"接柱接通(时间不超过 3～5 s),如接通时启动机转动,说明点火开关回路或启动继电器回路有故障;如接通时启动机不转,进一步检查启动机与电磁开关;

　　③用螺丝刀将电磁开关的"30"接柱与 C 接柱接通。若启动机空转正常,说明电磁开关有故障;若启动机不转,则启动机有故障。可根据螺丝刀短接"30"接柱与 C 接柱时产生火花的强弱来辨别。若短接时无火花,说明磁场绕组、电枢绕组或电刷引线等有断路故障;若短接时有强烈火花而启动机不转,说明启动机内部有短路或搭铁故障,须拆下启动机进一步检修。

【任务巩固】

　　1.启动机上三个接线柱分别是 _____、_____ 和 _____,在直接启动式启动机电路中,分别与 _____、_____、_____ 连接。

　　2.启动继电器有四个接线柱分别是 _____、_____、_____ 和 _____,分别与 _____、_____、_____、_____ 连接。

　　3.在启动系电路中加装启动继电器的功用是_____,该电路一般应用在 _____ 的拖拉机的启动机电路。

　　4.启动不运转的故障由 _____、_____ 和 _____ 原因引起。

　　5.常见的启动预热装置有 _____ 式、_____ 式、_____ 预热式三种形式。

任务3　照明装置检修

【任务目标】

　　1.熟悉前照灯构造及防眩目措施。

　　2.会对前照灯的进行检测调整。

【任务准备】

一、资料准备

大中型拖拉机、前照灯总成、卤素灯泡;投影式前照灯检测仪、常用工具;图片视频、任务评价表等与本任务相关的教学资料。

二、知识准备

拖拉机的照明装置主要有前照灯、后照灯、牌照灯、内部照明灯和辅助灯等。

(一)前照灯

前照灯主要由灯泡、反射镜和配光镜三部分组成,如图 4-30 所示。

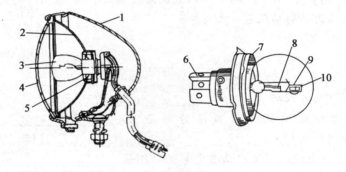

图 4-30　前照灯与灯炮

1-灯壳　2-反射镜　3-灯炮　4-配光镜　5-插座　6-引脚　7-对焦盘

8-远光灯丝　9-近光灯丝　10-配光屏

灯泡。按灯泡内灯丝数量分为有单灯丝灯泡和双灯丝灯泡两种;按灯泡内有无充入卤元素气体分为有白炽灯泡、卤素灯泡两种。白炽灯泡是从玻璃泡抽出空气,再充以氩和氮的混合惰性气体制成的灯泡。卤钨灯泡是在充入的惰性气体中掺入某种卤族元素气体。卤素灯泡具有尺寸小、耐高温,机械强度高、亮度高、寿命长有点,现已广泛应用。卤素灯泡从外形上常分为 H1、H3、H4、H7 四种,其中 H4 为双灯丝,其余为单灯丝。

反射镜。作用是将灯泡的光线聚合后并导向前方。反射镜是抛物型,内表面镀银、铝或铬,再抛光。前照灯灯泡的远光灯丝安装在抛物面的焦点上,灯光经反射镜聚合,光亮度增强几百倍。近光灯丝安装在抛物面的焦点上方或前方,灯光经反射镜后,照亮拖拉机前 30 m 路面。

配光镜(又称为散光玻璃)。它由透镜和棱镜组合而成,外形一般为圆形或方形。其作用是使光线折射向路面,是拖拉机前路面有良好均匀的照明。

前照灯的防眩目措施主要有远近光变换、近光灯丝下方设置配光屏、近光采用E型非对称式配光等措施。前照灯由车灯开关控制,远光与近光的变换由变光开关控制,若作为超车信号时,由超车灯开关控制。当通过变光开关变换为近光时,近光灯光线经反射镜后,只照亮本车前约50 m范围路面,夜晚会车时,使用近光灯有一定的防眩目作用。配光屏在近光灯丝下方,遮住反射镜下半部分光线,避免近光灯束向斜上方照射。E型非对称式配光是在近光灯丝下方安配光屏时,将配光屏偏转一个角度,使近光的光形分布不对称,达到防止眩目的目的。

(二)后照灯

后照灯安装于拖拉机后轮翼子板上,其构造与前照灯相同,灯泡采用单灯丝灯泡。其作用是便于拖拉机夜间作业或者倒车使用。

(三)牌照灯

牌照灯用来照明牌照,并作为后面的灯光信号,由控制停车灯和前照灯电路的开关控制。

(四)内部照明灯

现代拖拉机的内部有各种各样的内部照明灯,用于一般照明和指示,仪表灯装在仪表盘上,用来照明仪表;车顶灯,装于驾驶室内顶部,用来照明驾驶室。

(五)辅助用灯

为夜间检修时照明和拖车用灯需要,车上常设有工作灯插座。

【任务实施】

拖拉机前照灯检测调整

(一)检前准备

①清洁测试仪受光面应,清理轨道内无杂物。

②检查水准仪的技术状况。若气泡不在线框内时,可用调整导轨螺栓高低进行调节或垫片进行调整。

③轮胎气压符合标准规定,清洁前照灯配光镜。

(二)技术要求

①拖拉机前照灯远光光束照射位置:光束中心高度为 0.8～0.95 H(H 为前照灯基准中心高度);左灯向左偏差不超过 170 mm,向右偏差不超过 350 mm;右灯左右偏差均不超过 350 mm。

②拖拉机前照灯远光发光强度:两灯制的为 8 000 cd(cd 为发光强度的单位,读作"坎德拉",是指单色光源的光,在给定方向上的单位立体角内发出的光通量)。

③近光光束照射位置:明暗截止线或中点高度为 0.7 H,水平线与斜线拐点向左偏不允许偏差;向右偏不允许超过 350 mm。

(三)检测方法

①拖拉机正直居中行驶,在前照灯离检测灯箱 1 m 处停车。

②用车辆摆正找准器使检测仪与被检拖拉机对正。

③开启前照灯,用前照灯照准器使检测仪与被检前照灯对正。

④被检检测拖拉机驾驶室内限坐一人,发动机处于怠速状态,变速器置于空挡,电源系处于充电状态,开启前照灯远光。

⑤启动前照灯检测仪开始测量,检测近光光束照射位置(光轴偏斜量)和远光光束的发光强度。

——远光光束发光强度检测。开启检测仪电源开关并转到"400"位置,转动上下与左右光轴刻度盘旋钮,使上下偏斜指示计和左右偏斜指示计的指示在正中位置,读取此时光轴刻度盘上的指示值,即为前照灯光轴偏斜量;根据此时光度计上的指示值,即可得出发光强度,应符合技术标准。

——近光光束照射位置检测。开启检测仪电源开关,转动上下和左右光轴刻度盘旋钮到零位,打开近光灯,观察配光。如近光光束照射位置不正确,应按厂家规定的方法予以正确调整,使之符合技术标准。一般调整方法是用起子转动前照灯上下、左右的调整螺钉进行调整。

⑥检测完毕,前照灯检测仪归位,拖拉机驶离。

⑦当照射位置不符合要求时,可通过调整前照灯总成后端盖上的水平、垂直调整螺钉加以调整;当发光强度低于规定要求时,应更换灯泡或前照灯总成。

(四)记录、分析检测结果

请将检测调整数据、处理结果记录到表 4-4 中。

表4-4 前照灯检查调整数据记录表

前照灯名称	近光照射位置检测		远光发光强度检测	
	调整前	调整后	发光强度/cd	处理措施
左前照灯	照射高度为____H 向左偏_____ mm 向右偏_____ mm	照射高度为____H 向左偏_____ mm 向右偏_____ mm		
右前照灯	照射高度为____H 向左偏_____ mm 向右偏_____ mm	照射高度为____H 向左偏_____ mm 向右偏_____ mm		
拖拉机信息				

【任务巩固】

1.前照灯主要由 _____、_____ 和 _____ 三部分组成。

2.前照灯泡有_____ 和_____ 两种类型。

3.前照灯采用了 _____、_____ 和_____ 的防眩目措施。

4.前照灯检测仪可对前照灯的 _____、_____ 和_____ 进行检测。

任务4 信号装置检修

【任务目标】

1.了解常见信号装置种类和电路组成。

2.会对转向信号灯电路、喇叭电路的常见故障进行检修。

【任务准备】

一、资料准备

大中型拖拉机、闪光器、制动开关、倒车开关、电喇叭、喇叭继电器;万用表、常用工具;图片视频、任务评价表等与本任务相关的教学资料。

二、知识准备

拖拉机信号装置的主要作用是通过声、光信号向环境（如人、车辆）发出警告、示意信号，以引起有关人员注意，确保车辆行驶的安全。信号装置包括灯光信号和声音信号两部分。

灯光信号装置主要包括示廓灯、转向信号灯、危险报警灯、制动灯和倒车灯。

示廓灯。用于夜间给其他车辆标示拖拉机的位置与宽度，保证夜间行驶的安全。示廓灯有 4 个，分别安装在拖拉机前端翼板上和车厢尾部。前示廓灯为琥珀色，后面为红色。一般前方的称为示宽灯，位于后方的灯称为尾灯。两灯均为低强度灯。

转向信号灯。警示前后左右车辆，表明驾驶员正在转向或改换车道。安装在拖拉机前端和车厢尾部两侧。转向信号灯每分钟闪烁 60～120 次。转向信号灯一起同时闪烁，即作危险警告灯用。

危险报警灯。当车辆出现故障停在路面上时，按下危险警报开关，全部转向灯同时闪亮，危险报警灯与转向信号灯共用。

制动灯。用于拖拉机制动时警示其他车辆，以免与其他车辆发生部碰撞。安装在车辆尾部，光色为红色。

倒车灯。装于拖拉机、挂车的尾部，白色。用于照亮车后路面，并警告车后的车辆和行人，拖拉机正在倒车。

常见的声音信号装置有电喇叭、倒车蜂鸣器等。

（一）转向灯及闪光器

转向信号灯电路由转向信号灯、闪光继电器和转向开关等组成。转向灯为橙色，闪光频率一般为 60～120 次/min。常见闪光器有电热式、电容式和电子式三种。

1. 电热式闪光器

电热式闪光器是通过其热胀条通、断电时的热胀冷缩，使翼片产生变形动作控制触点开闭，使转向信号灯闪烁的，如图 4-31 所示。该闪光器有"B"、"L"两接线柱，分别接电源正极、转向灯开关。

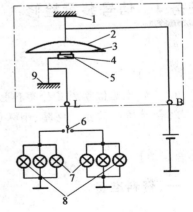

图 4-31　电热式闪光器
1、9-支承　2-翼片　3-热胀条　4-活动触点
5-固定触点　6-转向灯开关
7-转向指示灯　8-转向灯

2.电容式闪光器

电容式闪光器主要由继电器和电容组成,如图 4-32 所示。电容式闪光器具有监视功能,当一侧转向灯有一只以上灯泡烧断或接触不良时,该侧闪光灯只亮不闪,提示转向灯电路异常。该闪光器有"B"、"L"两接线柱,分别接电源正极、转向灯开关。

3.有触点式晶体管闪光器

有触点式电子闪光器是利用电容的充放电特性,使晶体管不断地导通与截止,控制继电器触点反复的打开、闭合,使转向灯闪烁。该闪光器有"B"、"L"、"E"三接线柱,分别接电源正极、转向灯开关、蓄电池负极(搭铁),如图 4-33 所示。

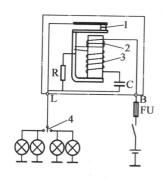

图 4-32　电容式电光器

1-触点　2-串联线圈　3-并联线圈　4-开关

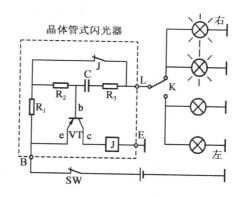

图 4-33　有触点式晶体管闪光器

(二)制动灯电路

制动灯电路主要由制动信号灯、制动开关等组成。制动信号灯由制动开关控制,制动开关有气压式、液压式和机械式。气压式和液压式制动开关一般装在制动管路中,利用管路中的气压或液压使开关中两接线柱相连,从而导通制动信号灯的电路;机械式制动开关一般安装在制动踏板的下方。当踩下制动踏板时,制动开关内的活动触点使两个接线柱接通,制动灯亮。松开制动踏板后,断开制动灯电路。

(三)倒车灯电路

倒车信号装置电路主要由倒车开关、倒车灯、倒车蜂鸣器等部件组成,如图 4-34 所示。当变速杆挂入倒挡时,在拨叉轴的作用下,倒挡开关接通倒车报警器和倒车灯电路,倒车灯亮,同时倒车蜂鸣器发出声响信号。

(四)喇叭电路

拖拉机上一般采用盆形的普通电喇叭,它具有结构简单、使用维修方便、体积

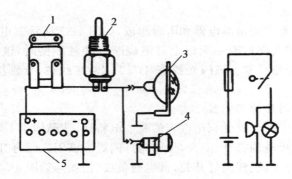

图 4-34　倒车灯电路示意图

1-插片式保险　2-倒车灯开关　3-倒车灯　4-倒车蜂鸣器　5-蓄电池

小、声音悦耳等优点。

1.盆形电喇叭

盆形电喇叭由磁环线圈、活动铁心、膜片、共鸣板,振动块和外壳等组成,如图 4-35 所示。当按下喇叭按钮时,喇叭线圈的供电电路为:蓄电池正极→喇叭线圈→触点→喇叭按钮→搭铁→蓄电池负极。喇叭线圈通电后产生电磁吸力,吸动上铁心及衔铁下移,带动膜片向下变形,同时,衔铁下移将触点打开,线圈断电,电磁力消失,上铁心及衔铁在膜片弹力的带动下复位,触点再次闭合。重复周期开始,使膜片与共鸣板产生共鸣发声。

2.喇叭继电器

拖拉机上常装有两个不同音频的喇叭,其耗用的电流较大(15～20A),若用用按钮直接控制,按钮容易烧坏,故常采用喇叭继电器控制,如图 4-36 所示。喇叭继

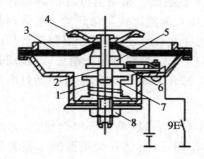

图 4-35　盆形电喇叭构造

1-线圈　2-上铁心　3-膜片　4-共鸣板　5-衔铁

6-触点　7-铁心　8-紧固螺母　9-按钮

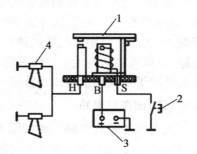

图 4-36　喇叭继电器控制电路

1-喇叭继电器　2-按钮开关

3-蓄电池　4-电喇叭

电器由一个磁化线圈和一对常开的触点构成。当按下喇叭按钮时,喇叭继电器线圈通电产生电磁力,触点闭合,大电流通过触点臂、触点流入喇叭线圈,喇叭发音。由于喇叭继电器线圈的电阻较大,因而通过按钮的电流很小,故可起到保护按钮作用。

【任务实施】

一、转向信号灯不亮故障检修

打开点火开关,接通转向灯开关,转向灯都不亮。引起该故障原因有熔断器熔断、电源线路断路、闪光继电器损坏和转向灯开关损坏等。具体检修方法如下。

①检查熔断器是否熔断。若熔断,可在断路的熔断器两端串上一只试灯,再将转向灯开关的电源线拆下。若此时熔断器上串联的试灯亮着,则为熔断器至转向信号灯开关间电路中有搭铁故障,应检修搭铁部位,更换熔断器后排除故障;若试灯熄灭,则应接好拆下的导电源线,拨动转向灯开关,拨到一侧试灯变暗,说明此侧正常,拨到另一侧试灯亮度不变,说明该侧搭铁故障,应进一步找出搭铁部位,更换同规格熔断器后排除故障。

②检查中熔断器未断,一般是线路中有断路故。应首先用导线或起子短接闪光继电器的 B 与 L 接线柱,接通转向信号灯开关,此时如转向灯亮,则为闪光继电器损坏所致,应更换。若出现一边转向灯亮,而另一边不但不亮,而且当短接上述两接线柱时,出现强火花,这表明不亮的一边转向灯线路中某处搭铁,必须先排除搭铁故障,再换上新的继电器。

③若在短接闪光器两接线柱,接通转向信号灯开关时,转向信号灯仍全不亮,可接通危险报警灯开关。若转向信号灯全亮,则说明转向开关或转向开关到闪光器接线有故障,应检查予以排除。

二、喇叭不响故障检修

按动喇叭按钮,喇叭不发声,常见故障原因有喇叭插头端子松动、保险丝烧断、喇叭继电器触点烧蚀、喇叭按钮接触不良、喇叭调整不当或损坏等。具体检修方法如下。

①找到喇叭的电源线,把电源线的接线插头拆装一次,检查是否接触不良。

②按下喇叭按钮,用试灯检查喇叭继电器 B、H 端子是否有电,若 H 端子无电,则应检查喇叭继电器触点是否烧蚀、喇叭按钮是否接触不良。

③按下喇叭按钮,若喇叭端子有电而喇叭不响,说明喇叭有故障,应进行维修调整或更换。

——检查喇叭触点,若有烧蚀,可用细砂纸磨修,用布条擦净,若烧蚀严重,更换电喇叭。

——音调调整。如图 4-37 所示,音调调整通过调整衔铁与铁心间的气隙来实现,铁心气隙小时,膜片的振动频率高,音调高;气隙大时,膜片的振动频率低,即音调低。调整时,松开锁紧螺母,转动调整螺钉,音调符合要求时,拧紧锁紧螺母即可。

——音量调整。通过调整喇叭内触点接触压力来实现,触点的接触压力增大时,喇叭的音量则变大,反之音量变小。调整方法是:旋转音量调节螺钉,逆时针方向转动时,触点压力增大,音量增大;顺方向转动时,触点压力减小,音量减小。

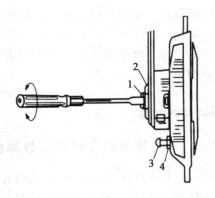

图 4-37　电喇叭调整
1-音调调整螺钉　2、4-锁紧螺母
3-音量调整螺钉

【任务巩固】

1.拖拉机上常见灯光信号装置有_____、_____、_____、_____和_____五种类型。

2.拖拉机上常见声音信号装置有 _____、_____ 等两种类型。

3.闪光器常见的形式有 _____、_____、_____ 等三种形式。

4.制动信号灯工作时为_____色,倒车信号灯工作时为_____色,转向信号灯工作时为_____色。

任务5　仪表装置检修

【任务目标】

1.了解拖拉机常见仪表电路组成和特点。

2.会对常用仪表电路的常见故障进行检修。

【任务准备】

一、资料准备

大中型拖拉机、机油压力表、冷却液温度表、燃油表、电流表、制动压力表、发动机转速表、车速里程表及传感器套件;万用表、常用工具;图片视频、任务评价表等与本任务相关的教学资料。

二、知识准备

拖拉机仪表的作用是监测拖拉机的工作状况,及时发现和排除故障,确保人机安全。仪表装置主要由仪表和传感器组成,按其结构形式分为独立式和组合式两种。

独立式仪表是由各种仪表都有各自的壳体,单独安装在仪表板上。常用的有电流表、燃油表、发动机冷却液温度表、机油表压力表和车速里程表等。气压制动的拖拉机还装有气压表,许多拖拉机上还装有发动机转速表。

组合式仪表将全部仪表和指示灯、报警灯都装在一个硬塑料盒内,具有功能强、美观、结构合理、安装和维修方便的特点,如图 4-38 所示。

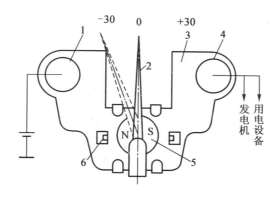

图 4-38 电流表

1-"—"接线柱 2-指针 3-黄铜板条 4-"＋"接线柱 5-软钢转子 6-磁铁

(一)电流表

电流表作用是来指示蓄电池充、放电电流值,监视电源系统的工作情况。电流表后盖有两个标有"＋"和"—"的接线柱,分别与发电机的"＋/B"接线柱、蓄电池的"＋"接线柱连接,如图 4-38 所示。当电流表中无电流通过时,指针停在中间"0"标度上。蓄电池放电时,其电流通过黄铜片产生的磁场与永久磁铁形成逆时针偏转的合成磁场,使软钢转子逆时针偏转,指针向"一"方向摆动。发电机向蓄电池充电时,其电流通过黄铜片产生的磁场与永久磁铁形成顺时针偏转的合成磁场,使软钢转子顺时针偏转,指针向"＋"方向摆动。

(二)机油压力表及传感器

机油压力表作用是显示发动机主油道机油压力的大小,监视发动机润滑系统的工作情况。常用的机油压力表有电热式、电磁式和动磁式三种,电热式机油压力表应用最为广泛,如图 4-39 所示。

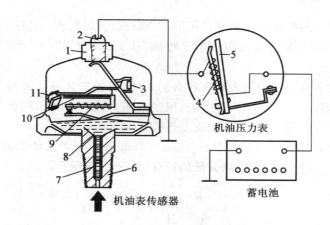

图 4-39　电热式机油压力表

1-绝缘层　2-接线柱　3-校正电阻　4-双金属片　5-指针　6-固定螺口
7-发动机润滑油　8-膜片　9-加热线圈　10-双金属片　11-调节齿轮

油压传感器内有膜片,膜片的上部顶着弓形弹簧片,弹簧片的一端与外壳固定搭铁,另一端焊接的触点与双金属片触点接触,双金属片上绕有加热线圈,加热线圈通过接触片与外接线柱连接,电阻与加热线圈并联。膜片下方油腔与发动机主油道相通,机油压力可直接作用在膜片上。机油压力表内有特殊形状的双金属片,双金属片上绕有加热线圈,两线端分别与两接线柱连接,它一端固定在调节齿扇上,另一端与指针相连。

电热式机油压力表电路工作时,发动机机油压力变化作用在传感器内膜片上,使膜片向上拱曲程度发生变化,膜片作用在触点上的压力随之发生变化,导致触点打开、闭合的时间发生变化,从而使机油压力表内的加热线圈的平均电流值大小发生变化,造成指针偏转角度不同,显示出不同的油压读数。

电热式机油压力传感器安装时应注意传感器上的箭头,箭头标记应垂直向上。

（三）发动机冷却液温度表及传感器

1. 电热式冷却液温度表及电热式传感器

电热式冷却液温度表的构造与工作原理与电热式机油压力表基本相同，指示刻度方式与油压表相反。当表内双金属片变形量大时，指示较低的水温。

电热式冷却液温度传感器安装在发动机冷却水套某处，与冷却液温度表串联。当冷却液温度高时，传感器内的触点变形，触点断开的时间长，闭合的时间短，电路中的平均电流小，水温表内的"η"双金属片变形量小，指示的冷却液温度高。反之，指示的温度低。

2. 电磁式冷却液温度表及热敏电阻式传感器

热敏电阻式传感器由外壳、接线端子、负温度系数热敏电阻组成。冷却液温度表由塑料支架、两个电磁线圈 L_1、L_2、带指针的衔铁等组成，如图 4-40 所示。

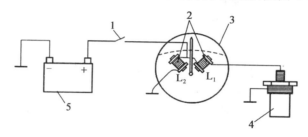

图 4-40　电磁式水温表及热敏电阻式传感器

1-点火开关　2-线圈　3-燃油表　4-热敏电阻式水温传感器　5-蓄电池

点火开关接通后，电流流过水温指示表和传感器。当冷却液温度较低时，传感器内热敏电阻的阻值较大，流经线圈 L_1 电流小，产生的磁场弱 流经线圈 L_2 电流小，产生的磁场强使衔铁带动指针向左偏转，指针指向低温刻度。当冷却液温度升高时，热敏电阻的阻值减小，线圈 L_1 中的电流明显增大，电磁力也增大，使衔铁带动指针向右偏转，温度表的指针指向高温刻度 。

（四）电磁式燃油表及可变电阻式燃油传感器

燃油表用来显示燃油箱内燃油的多少。它与装在油箱内的燃油传感器配套工作。燃油表分为电热式、电磁式两种。传感器一般为可变电阻式。电磁式燃油表有可变电阻式传感器和装在仪表板上的燃油指示表组成，如图 4-41 所示。

可变电阻式传感器由可变电阻器、滑片、浮子组成。燃油指示表由两个绕在铁心上的线圈、转子、指针等组成。

接通点火开关，电流流过电磁式燃油指示表和传感器。当油箱无油时，浮子下

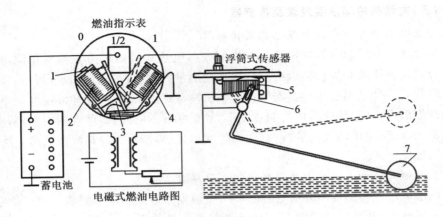

图 4-41　电磁式燃油表及浮筒式传感器

1-指针　2-左线圈　3-铁转子　4-右线圈　5-可变电阻器　6-滑片　7-浮子

降到最低位置,可变电阻被短路,燃油表中的右线圈被短路,无电流通过,而左线圈承受电源的全部电压,通过的电流达到最大值,产生的电磁吸力最强,吸引转子,使指针指在"0"位上。随着油箱中油量的增加,浮子上升,可变电阻部分被接入,并与右线圈并联,同时又与左线圈串联,使左线圈电磁吸力减弱,而右线圈中有电流通过,产生磁场,使燃油表转子在两磁场的作用下,向右偏转。当油箱盛满油时,浮子带动滑片移动到可变电阻的最左端,使电阻全部接入。此时左线圈中的电流最小,右线圈中的电流最大,转子带着指针向右偏转角度最大,指在"1"的刻度,表示油箱盛满油。传感器的可变电阻末端搭铁,可以避免滑片与可变电阻之间因接触不良而产生火花,以免引起火灾。

(五)发动机转速表

发动机转速表主要由转速传感器、电子电路、转速表等三部分组成,如图 4-42所示。

转速传感器的作用是产生与发动机曲轴转速呈正比的脉冲信号,并将其信号作为输入经过组合仪表内电子电路。电子电路的作用将车速传感器送来的电信号整形、触发,输出一个电流大小与转速呈正比的电流信号。转速表接收电子电路输出的与转速呈正比的电流信号便驱动转速表指针偏转,指示相应的转速数值。

(六)车速里程表

电子式车速里程表主要由车速传感器、电子电路、车速表和里程表四部分组成。

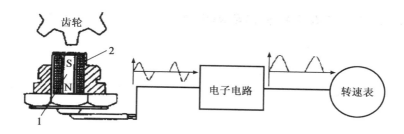

图 4-42　电磁式发动机转速表

1-永久磁铁　2-磁感应线圈

车速传感器的作用是产生正比于车速的电信号。常见的形式有磁感应式、舌簧开关式,磁感应式传感器与发动机转速传感器原理相同。舌簧开关式传感器由一个舌簧开关和一个含有4 对磁极的转子组成,如图 4-43 所示。变速器驱动转子旋转,舌簧开关中的触点闭合、打开 8次,产生 8 个脉冲信号,转子每转一周信号频率与车速呈正比。

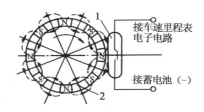

图 4-43　舌簧开关式车速传感器

1-舌簧开关　2-转子钉

电子电路、车速表的作用、工作原理与转速表相同。车速传感器输出的频率信号,经分频、功率放大器放大到足够的功率,驱动步进电动机,带动齿轮计数器转动,从而记录行驶的里程。

里程表由一个步进电动机和六位数字的十进位齿轮计数器组成。

【任务实施】

一、电流表常见故障检修

①指针转动不灵活。可取下罩壳清洗,然后在轴承处滴入润滑油,如针轴过紧,应加以调整。

②通电后,指针有时转动,有时停滞。一般是由于接线柱螺钉的螺丝松动或导线插接器松动所造成,紧固螺母或插紧插接器即可排除。

③电流表不通。电流表本身故障,应更换电流表。

二、机油压力表电路常见故障检修

①机油表显示压力过低。可拆下传感器,发动机做怠速运转,若连接传感器的孔没有机油流出,则说明问题在发动机。

②机油压力表失灵。拆下传感器导线,接通点火开关后,将导线瞬时触机身搭铁部位,若指针走到上限,则说明机油压力表工作正常,传感器有故障,应更换传感器。否则应更换油压表。

三、冷却液温度表电路常见故障检修

①发动机工作时,温度表指针不动或指针总在低温处。应首先观察燃油表是否工作。若燃油表不工作,故障则在点火开关至蓄电池之间,应检查排除;若燃油表工作正常,故障则在温度表与温度传感器之间,可将传感器的导线插头拔出,做瞬时搭铁试验,如温度表工作,则传感器有故障,应更换;如指针不动,则故障可能由温度表与传感器导线断路或水温表故障引起,更换导线或水温表。

②当接通点火开关后,温度表指向最高温度。检修时,可拔出温度传感器上的导线插头,若指针退回低温处,说明传感器失效,应更换;如指针不能退回低温处,说明温度表与传感器导线搭铁或局部短路现象,应检查排除。

四、燃油表电路常见故障检修

①接通点火开关后,指针始终在"0"无油位置。应首先检查冷却液温度表是否工作正常。若冷却液温度表不工作,故障则在点火开关至蓄电池之间,应检查排除;若冷却液温度表工作正常,则故障在燃油表与传感器之间,拆下传感器导线,作瞬时搭铁试验,若燃油表工作,则故障在传感器,应更换;若指针仍不动,则故障可能由燃油表与传感器导线断路或燃油表故障引起,更换导线或燃油表。

②接通点火开关后,指针始终指向"1"油满位置。检修时,应先拆下传感器的导线接头,若指针如退回,则表明传感器有故障,应更换;若指针不能退回,说明燃油表与传感器导线搭铁或局部短路现象,应检查排除。

【任务巩固】

1.拖拉机上常用仪表有电流表、_____、_____、机油压力表、车速里程表、发动机转速表等。各种仪表分别与各自对应的_____配合工作。

2.电流表后盖有两个接线柱分别标有"＋"和"－",在负极搭铁的拖拉机机身上,电流表的＿＿＿＿＿线柱接蓄电池的"＋"极,电流表的＿＿＿＿＿线柱接发电机的"＋"极。

　　3.电磁式水温表、燃油表上有＿＿＿＿个接线柱,分别接＿＿＿＿＿、＿＿＿＿＿和＿＿＿＿＿。

　　4.转速表和车速里程表主要由＿＿＿＿＿、＿＿＿＿＿和仪表等三部分组成。

任务6　刮水装置检修

【任务目标】

　　1.了解电动刮水装置电路的组成和工作过程。

　　2.会对电动刮水器常见故障进行检修。

【任务准备】

一、资料准备

　　装有刮水装置的大中型拖拉机、刮水装置总成及控制开关;万用表、常用工具;图片视频、任务评价表等与本任务相关的教学资料。

二、知识准备

　　电动刮水器由直流电动机、传动机构、刮臂和刮片组成,如图4-44所示。由一个微型直流电动机、蜗轮箱组成驱动部分,蜗轮的旋转运动由曲柄、连杆、摆杆变成左右往复摆动,刮水臂装在摆杆轴上。

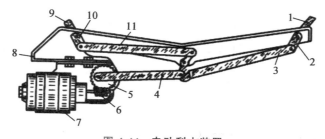

图4-44　电动刮水装置

1、9-雨刮架　2、10-摆杆　3、4、11-拉杆　5-蜗轮　6-蜗杆　7-电动机　8-底板

（一）直流电动机

电动刮水器的动力来源是永磁直流电动机，其由磁场、电枢、电刷等组成。永磁直流电动机的磁场由铁氧永磁体产生，磁场强弱不能改变，为改变其工作速度，该电动机采用了三刷是电动机，利用三个电刷改变正负电刷之间串联的电枢线圈个数实现变速。当串联电枢线圈数目增多时，转速随之下降，反之则上升。

（二）自动复位装置

当电动刮水器停止工作时，为避免刮水片停在挡风玻璃中间，影响驾驶员视线，电动刮水器都设有自动复位装置，如图 4-45 所示。

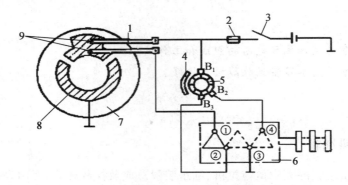

图 4-45　电动刮水器复位装置

1-触点臂　2-熔断器　3-点火开关　4-永久磁铁　5 电枢　6-刮水器开关
7-蜗轮　8-铜环　9-触点　$B_1 \sim B_2$-电刷　①～④-开关接线柱

当刮水器开关推到 0 挡时，若刮水片没有停在规定位置，由于触点与铜环接触，电流由蓄电池"＋"→点火开关→熔断器→慢速电刷 B_1→电枢绕组→公共电刷 B_3→刮水器开关接线柱②→刮水器开关接线柱①→触点臂→触点→铜环→搭铁→蓄电池"－"形成电流回路，电动机仍以低速运转，直至蜗轮转到特定位置时，铜环将两触点短接，电动机电枢绕组被短路。由于电动机存在惯性，不能立即停转，以发电机方式运行，产生很大的反电动势，产生制动力矩，电机迅速停转，使刮水片停在指定位置。

【任务实施】

一、各挡位都不工作故障检修

造成各挡位都不能工作的原因有熔断器断路、刮水电动机或开关有故障、机械传动部分锈蚀或与电动机脱开、连接线路断路或插接件松脱等。具体检修方法如下。

　　①首先检查熔断器、线路有无断路、松脱断路现象,发现异常及时排除。

　　②检查刮水器电动机和开关的电源线和搭铁线接线有无断路现象,接触应良好。

　　③用万用表检测刮水器开关在相应挡位的接线柱能否正常接通,若有挡位不通现象,应更换刮水器开关。

　　④检查电动机和机械连接情况,有无卡滞松脱现象。

二、个别挡位不工作故障检修

　　造成个别挡位不工作的原因有刮水电动机或开关有故障、间歇继电器有故障、连接线路断路或插接件松脱等。具体检修方法如下。

　　①若刮水器是高速挡或低速挡不工作,应首先检查刮水器电动机及开关对应故障挡位的线路连接是否正常,有无接线松脱、断路故障,发现并加以排除。

　　②用万用表检测刮水器开关在相应挡位的接线柱能否正常接通,若有挡位不通现象,应更换刮水器开关。

　　③拆卸刮水器电动机,检查电动机电刷是否个别接触不良,如有异常,打磨换向器后更换电刷或更换电动机。

　　④若刮水器在间歇挡不工作。应顺序检查间歇开关、线路和间歇继电器。

三、电动刮水器不能自动停位故障检修

　　电动刮水器不能自动复位的原因可有刮水电动机自动停位机构损坏、刮水器开关损坏、刮水臂调整不当、线路连接错误等。具体检修方法如下。

　　①检查刮水臂的安装及刮水器开关线路连接是否正确,应正确安装刮水臂,及时发现并排除线路的错误连接。

　　②用万用表检测刮水器开关在相应挡位的接线柱能否正常接通,若有挡位不通现象,应更换刮水器开关。

　　③检查电动机自动停位机构触点能否正常闭合、接触是否良好。触点磨损严重、接触不良时,应更换刮水电动机。

【任务巩固】

　　1.电动刮水器由 _____、_____、_____ 和刮片组成。

　　2.可通过改变直流电动机两电刷之间的_____来改变直流电动机的转速。

3.当刮水器停止工作时,为了避免刮水片停在挡风玻璃中间,影响驾驶员视线,拖拉机上的电动刮水器都设有_____装置。

4.刮水器各挡位均不能工作原因有 _____、_____、_____ 和_____等。

任务7　空调系统检修

【任务目标】

1.了解拖拉机空调系统组成和功能。

2.会对空调系统进行清洁,掌握常用检测技术。

【任务准备】

一、资料准备

有空调系统的拖拉机、空调制冷压缩机、机械式温控器、电子式温控器、高压开关、低压开关;压歧管压力表组、空调电子检漏仪、真空泵、R134a 专用合成冷冻油、R134a 制冷剂、肥皂水、毛刷和常用工具;图片视频、任务评价表等与本任务相关的教学资料。

二、知识准备

拖拉机空调系统是指对封闭驾驶室内空气的温度和湿度进行调节,为驾驶员提供舒适的工作环境。现代大型拖拉机一般采用非独立式、冷暖一体型、具备降温、除湿、采暖、通风和空气净化功能的全能型空调系统。

拖拉机空调系统一般由采暖系统和制冷系统组成。

(一)采暖系统

拖拉机采暖系统用来提高封闭驾驶室内的空气温度。一般采用热水取暖系统,主要由加热器芯、水阀、鼓风机和控制面板等组成,如图 4-46 所示。

采暖热源为发动机的冷却液,工作时,冷却液流过一个加热器芯,再使用鼓风机将冷空气吹过加热器芯加热空气,使驾驶室内的温度升高。该系统热水管路中加装有水阀,可通过控制面板上的调节杆或旋钮调节水阀开启大小,从而控制流入加热器芯的水量,来调节暖风系统的加热量。

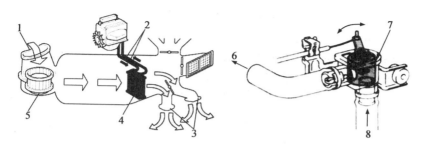

图 4-46　热水采暖系统

1-进风口　2-发动机冷却液　3-出风口　4-加热器芯　5-鼓风机　6-出水口　7-水阀　8-进水口

(二)制冷系统

拖拉机制冷系统用来降低封闭驾驶室内的空气温度。一般采用以 R134a 为制冷剂的蒸气压缩式封闭循环系统,该系统利用制冷剂由液态转化为气态吸收热量和由气态转化为液态对外放出热量的原理,降低温度。

1.基本组成

制冷系统主要由压缩机、冷凝器、储液干燥器、膨胀阀、蒸发器、制冷剂和冷冻油等组成循环部分和电路控装置组成,如图 4-47 所示。

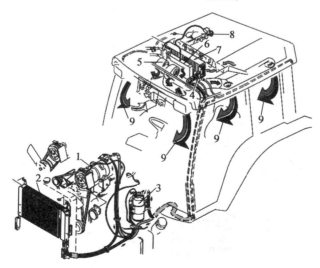

图 4-47　拖拉机制冷系统

1-压缩机　2-冷凝器　3-储液干燥过滤器　4-膨胀阀　5-鼓风机　6-暖风散热器

7-蒸发器　8-控制开关　9-出风口

(1)压缩机　维持制冷剂在制冷系统中的循环,提高气态制冷剂的压力和温度,便于气态制冷剂在冷凝器中凝结成液态,对外放出热量。

(2)冷凝器　把来自压缩机的高温、高压的气态制冷剂冷凝成高温、高压的液体制冷剂,将驾驶室热量释放到室外空气中。

(3)储液干燥过滤器　存储液态制冷剂,根据制冷负荷的需要,将制冷剂及时供给蒸发器,并对系统中的水分和杂质进行干燥和过滤。

(4)膨胀阀　根据制冷剂负荷、压缩机转速的变化,通过节流作用降低液态制冷剂的压力、便于液态制冷剂在蒸发器中蒸发气化、吸收热量,保持驾驶室内温度稳定

(5)蒸发器　通过液态制冷剂的蒸发气化吸收驾驶室热量,降低驾驶室温度。

(6)制冷剂和冷冻油　目前拖拉机驾驶室制冷系统使用的制冷剂为 R134a,该制冷剂对大气臭氧层不具有破坏作用,具有化学稳定性能号、毒性低的优点。在制冷系统中,为保护压缩机正常工作,减轻其磨损程度,在系统中加注有与制冷剂相溶的冷冻油。冷冻油具有润滑、密封、冷却、降低压缩机噪声的功用。拖拉机制冷系统中使用的冷冻油为 R134a 用合成油(RAG、POE)。

制冷系统的循环过程和制冷剂状态变化,如图 4-48 所示。

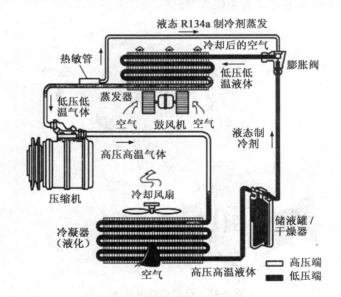

图 4-48　制冷系统工作循环

2.控制装置

制冷系统的电路控制装置主要由电磁离合器、温度控制器、压力开关等元件组成。

　　(1)电磁离合器　电磁离合器的作用是将拖拉机上发动机的动力传递给压缩机主轴,使压缩机运转,完成制冷循环。压缩机的工作或停转由电磁离合器线圈电源的通断进行控制。电磁离合器主要有从动盘、压盘、皮带轮、离合器电磁线圈等组成,如图 4-49 所示。

　　(2)温度控制器　温度控制器是一种开关元件,是感受蒸发器表面的温度,通过自身机构的动作控制压缩机离合器线圈中电流的通、断,控制压缩机的工作,起到调节驾驶室内温度及防止蒸发器结霜的一种电器控制装置。温度控制器常见形式有机械压力式和电子式两种。

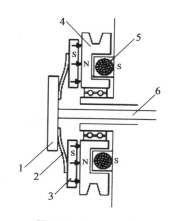

图 4-49　电磁离合器

1-从动盘　2-弹簧爪　3-压盘
4-皮带轮　5-电磁线圈　6-压缩机

　　(3)压力开关　压力开关也称压力控制器,分为高压开关和低压开关两种,安装在制冷系统的高压侧管路储液干燥过滤器的附近管路上。

高压开关。其作用是控制冷却风扇继电器工作,使冷却风扇高速转动,加速冷却液和制冷剂的冷却。高压开关的切断压力和触点恢复闭合压力一般因车型而异,切断压力一般在 2.1~3.0 MPa 范围内,触点闭合恢复压力为 1.6~1.9 MPa。

低压开关。其作用是当制冷系统气体泄漏,压力降低时自动切断电磁离合器电源,以免烧坏压缩机。低压开关的切断压力一般在 80~110 kPa 范围内,而触点闭合恢复压力为 230~290 kPa,低压开关一般与压缩机电磁离合器电路串联。

【任务实施】

一、制冷系统清洁

(一)清洁空气滤清器

1.清洁新鲜空气滤清器

新鲜空气滤清器的拆卸清洁方法,如图 4-50 所示。拆下旋钮螺栓,取下滤清器,用压缩空气以与滤清器正常气流的相反方向吹气。注意:压缩空气的压力必须低于 205 kPa(2.1 kgf/cm², 30 psi),清洁时,请勿碰撞滤清器,以免滤清器变形或损坏。如果滤清器变形,灰尘可能会进入空调,导致空调损坏和故障。

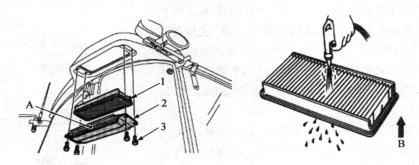

图 4-50   空气滤清器拆卸和清洁

1-新鲜空气滤清器   2-滤清器盖   3-旋钮螺栓   A-进气   B-空调气流

2. 清洁室内空气滤清器

室内空气滤清器的拆卸清洁方法,如图 4-51 所示。拆下旋钮螺栓,拉出滤清器。用压缩空气以与滤清器正常气流相反的方向吹气。清洁方法与新鲜空气滤清器的方法相同。

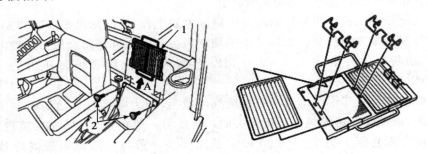

图 4-51   室内空气滤清器拆卸

1-内部空气过滤器   2-旋钮螺栓   A-"拉出"

(二)检查清洁冷凝器

检查空调冷凝器,用压缩空气清洁冷凝器表面碎屑、污垢等杂物,确保其具有良好的散热效果。具体方法是从挂钩上取下空调软管,松开蝶形螺母,握住手柄,朝近前滑动空调冷凝器组件,如图 4-52 所示。

清洁时,为避免人身伤害,在拆下冷凝器滤网前,应停止发动机运转。空调运行后清洁时,应在冷凝器和储液干燥滤清器充分冷却后进行。

二、制冷系统检测

(一)制冷剂量检测

制冷剂数量一般通过空调压力表组检测制冷压力判断,如图 4-53 所示。

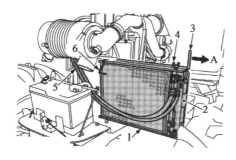

图 4-52　冷凝器滤网拆卸

1-冷凝器　2-贮液器　3-手柄　4-蝶形螺母

5-空调软管　6-挂钩　A-"拉出"

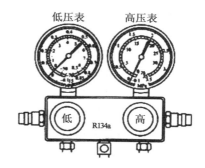

图 4-53　空调压力组表

①首先将压歧管压力表组的高、低压手动阀关闭,然后将压力表组的高、低压软管分别连接到系统的高、低压检修阀上,并利用系统内制冷剂压力排除管内空气。

②启动空调系统,待压力表指示稳定后即可读取压力值,应符合规定值。若高、低侧压力值不符合规定,参照表 4-5,区分情况给予判断排除。

表 4-5　制冷系统管路不同压力产生原因及维修措施

高、低压侧压力值	原　因	维修措施
低压侧为 0.15～0.25 MPa 高压侧为 1.37～1.57 MPa	系统压力正常	无
高、低压侧压力均低	制冷剂不足	添加制冷剂
高、低压侧压力均高于规定值	制冷剂过量	释放回收多余制冷剂
低压侧压力偏高,高压侧压力偏低,高低压数值与发动机转速无关	压缩机工作不良	更换或拆修压缩机
低压侧为真空、高压侧压力值过低	膨胀阀感温包泄漏或损坏	更换或拆修膨胀阀

（二）制冷剂泄漏检测

制冷系统可采用以下方法检查制冷剂有无泄漏现象。

1.目测检漏

该方法是用眼查看制冷系统（特别是管接头）各部位是否有冷冻机油渗漏痕迹。由于制冷剂通常与冷冻机油互溶，因而在制冷剂泄漏处必然也带出冷冻机油，所以制冷系统管道有油迹的部位就是泄漏处。

2.加压皂泡检漏

将软管正确地连接在压缩机的高、低压检修阀后，打开高低压组合表上的截止阀，向系统中充入干燥氮气（N_2）。若没有氮气，可用干燥的压缩空气代替。充气压力达到 1.5 MPa 左右时停止充气，24 h 后系统压力应无明显下降。用毛刷将肥皂水涂抹在系统各处进行检漏，应重点检查压缩机、冷凝器、贮液干燥器、膨胀阀和蒸发器进出、口处的接头。

3.抽真空检漏

抽真空检漏就是对制冷系统做气密性试验。方法是在对制冷系统抽真空以后，保持一段时间（至少 60 min），观察系统中的真空压力表指针是否移动（即指针是否发生变化）。需要指出的是，采用这种方法检漏，只能说明制冷系统是否泄漏，而不能确定泄漏的具体部位。

4.检漏仪检漏

电子检漏仪具有灵敏度高、操作方便直观、能检测出系统微量泄漏。使用时，首先根据制冷剂种类，将选择开关拨到相应位置（R134a 制冷剂时为 HFC 位置），此时仪器会发出均匀的"嘟、嘟"声，然后手持检漏仪，移动寻漏软管，将探头依次放在各接头下侧，密封件和控制装置部位进行检测。当检漏仪发出"嘟、嘟、嘟"急促报警声时，即表明此处存在泄漏。使用中应注意，探头与制冷剂的接触时间不宜过长，严禁探头直接对准制冷剂气流或严重泄漏的地方，以免损坏探测仪的敏感元件。

（三）冷冻油检测

通常采用透视玻璃窗法和观察油尺法检查冷冻机油量。

透视玻璃窗法。通过压缩机上安装的透视玻璃观察冷冻油量，若压缩机冷冻机油面达到观察高度的 80% 位置，则为适宜。若油面在此界限之下，则应添加冷冻机油；若油面在此界限之上，则应放出多余的冷冻油。

观察油尺法。检查时，应先旋下压缩机上的油塞，再将油塞下面有的装有油尺拔出进行检查。有的压缩机没有油尺，需要另外用专用油尺插入检查。观察油尺上油面的位置是否在规定的上下线之间,否则应酌情添加冷冻油(或放掉多余冷冻油)。

　　加注冷冻机油一般在系统抽真空之前采用真空吸入法进行加注,如图 4-54所示。

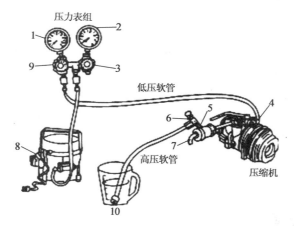

图 4-54　真空吸入法加注冷冻机油示意图
1-低压表　2-高压表　3-高压手动阀门　4-低压辅助阀　5-高压检测端口
6-高压端辅助阀门　7-高压管路　8-真空泵　9-低压手动阀门　10-量杯

　　①将歧管压力表组连接到制冷系统中,用真空泵将系统抽真空到−0.01 MPa。

　　②关闭真空泵,准备一带刻度的量杯并装入稍多于所添加量的冷冻机油,关闭高压手动阀门及管路高压辅助阀门,将高压软管一端从歧管压力表组上卸下,并插入量杯中。

　　③打开高压辅助阀门,油从量杯内被吸入系统,当油面到达规定刻度时,立即关闭高压端辅助阀门。将软管与歧管压力表组连接,打开高压手动阀门,启动真空泵,先对高压软管抽真空,然后打开辅助阀门对系统抽真空。

三、加注制冷剂

　　制冷剂的加注分两种情况:一种是当制冷系统内的制冷剂不足时,在确认系统无泄漏后,进行加注称为补充加注;另一种是当制冷系统更换了零件或系统内制冷剂全部漏光后,进行加注称为完全加注。补充加注应采用从制冷系统的低压端加注的方法,属于完全加注的其中一个过程。

　　完全加注制冷剂分为抽真空、密封性检查和加注制冷剂三个过程。

(一)抽真空

抽真空的作用是排除制冷系统内残留的空气和水分,同时也可检查系统的密封性。

①将歧管压力组表的两根高、低压软管分别接在高、低压侧辅助阀门上,将其中间软管与真空泵相连接,打开歧管压力表上的高、低压手动阀门,启动真空泵,观察低压表的指针,应该有真空显示。

②真空泵工作 15 min 后,低压表指针应在 0.01~0.02 MPa 之间。若达不到此数值,应关闭高、低压手动阀门,观察低压表的指针,如果指针上升,说明真空有损失,系统有泄漏点,应停止抽真空操作,系统泄漏点排除后方能继续抽真空。当系统压力接近真空时,关闭高、低压手动阀门,保压 5~10 min。如低压表指针不动,则打开高、低压手动阀开启真空泵,继续抽真空,抽真空的时间不得低于30 min。

③抽真空结束后,先关闭高、低压手动阀门,再关闭真空泵,目的是防止空气进入制冷系统。

(二)密封性检查

真空泵停止后,高压和低压两侧的阀门关闭 5 min,压力表的读数应保持不变。若压力表的压力增加,则有空气进入系统,应再次检查系统的密封性。

(三)加注制冷剂

1. 从高压端加注制冷剂

系统经过抽真空并确认无泄漏点后,方可加注制冷剂。加注方法应先从是从高压端加注,再从低压端加注。高压端加注方法如下:

①将歧管压力表组与系统检修阀、制冷剂罐连接好,排除连接软管内的空气。

②排除高压端连接软管的空气。关闭高、低压手动阀门,拆开高压端检修阀和软管的连接,然后打开高压手动阀门,最后打开制冷剂瓶罐上的阀门。当软管排出制冷剂气体后,迅速将软管与检修阀连接,并关闭高压手动阀。

③用同样的方法清除低压端连接软管内的空气,然后关闭好高、低压手动阀及制冷剂瓶罐上的阀门。

④将制冷剂罐倾斜倒置于磅秤上,并记录起始质量。打开制冷剂瓶罐上阀门,然后缓慢打开高压手动阀,制冷剂注入系统内,当磅秤指示到达规定质量时,迅速关闭制冷剂阀门、关闭高压手动阀,充注结束。

⑤注意:高压端充注制冷剂时,严禁开启空调系统,打开低压手动阀门。

2.从低压端充注制冷剂

①将歧管压力表组与系统检修阀、制冷剂罐连接好,排除连接软管内的空气,将制冷剂罐直立于磅秤上并记录起始质量,打开制冷剂罐阀门,然后打开低压手动阀门,向系统加注气态制冷剂。

②启动发动机并将其转速调整在 1 250～1 500 r/min,接通空调 A/C 开关,将鼓风机开关和温度控制开关调至最大。当制冷剂充至规定质量时,高低压表数值符合规定后,先关闭低压手动阀,然后关闭制冷剂阀门。关闭空调开关,停止发动机运转,迅速将高、低压软管从检修阀上拆下。

③注意:低压端充注时,瓶罐为直立,高压手动阀门处于关闭位置。

【任务巩固】

1.拖拉机空调系统的功用为调节驾驶室内 _____、_____、_____、和 _____。

2.制冷系统主要由 _____、_____、_____、_____、_____ 和电路控制装置组成。

3.拖拉机空调系统常用制冷剂为 _____,冷冻油为 _____。

4.拖拉机空调制冷系统的 _____、_____ 和 _____ 需要定期清洁维护。

5.在从制冷系统的 _____ 端加注制冷剂时,应严禁开启空调系统,打开低压手动阀门,制冷剂罐应倒立。

模块五 拖拉机拆装与磨合

　　拖拉机大修,需要整车拆解、组装和磨合调试。正确的拆卸与装配是提高拖拉机维修质量的重要环节,掌握合适的拆装方法和技巧是拖拉机维修的必备技能。

　　本模块分为拖拉机拆卸、拖拉机装配和拖拉机磨合 3 个工作任务。

　　通过本模块学习能熟悉拖拉机拆装磨合过程;掌握拖拉机拆装要求和磨合技术规范;培养认真严谨、善于思考、沟通协作等能胜任岗位工作的职业素质。

任务 1 拖拉机拆卸

【任务目标】

　　1.熟悉拖拉机的拆卸工艺过程和拆卸方法。

　　2.会正确使用工具设备按照要求拆卸拖拉机。

【任务准备】

一、资料准备

　　轮式拖拉机;拆装工具、量具;维修手册、零件图册、图片视频、任务评价表等与本任务相关的教学资料。

二、知识准备

(一)拆卸原则

　　1.拆前熟悉构造组成

　　拆前要把说明书和有关技术要求搞明白,弄清楚所拆部位的构造、原理、特点,防止拆坏零件,拆卸紧配合件前先检查有无销钉、螺钉等补充固定位置,若有,应先拆除,以防损坏。

　　2.遵循合理拆卸顺序

　　应按合理的拆卸顺序进行,一般是由表及里、由附件到主机、由整机拆卸成总成、再将总成拆成部件或零件。

　　3.掌握合适拆卸程度

　　不必要的拆卸不仅浪费工时,而且会缩短零件使用寿命。过盈配合件每拆卸一次都会使其过盈量减少,导致过早松动。间隙配合件拆后再装则破坏了原已磨合好的工作表面,又要重新磨合,缩短零件的使用寿命。决定拆卸程度的基本原则是:凡通过仪器检查断定零件符合技术要求的,则不应拆卸。对于不经拆卸难以判定其技术状态的,特别是一些重要零、部件必须拆卸检查。

　　4.拆卸为装配做准备

　　对于无技术资料和说明书的柴油机,在拆卸时一定要对拆卸部件的力矩等做好记录,例如喷油提前角、气门间隙、连杆螺栓拧紧力矩、缸盖拧紧力矩、各部件的相对位置等,以备装配时使用。

5.使用合适拆卸工具

①拆卸螺栓、螺母时,应选择合适的开口扳手、梅花扳手或套筒扳手,尽量不用活动扳手或钢丝钳,以免损坏六方棱角,并且不得任意加长扳手的力臂。

②在拆卸轴承、衬套、齿轮等过盈配合件时,应使用压力机或合适的拉拔器。在拆卸带有锥度的过盈配合件使用拉拔器时,当拧到一定预紧力后,应对拉拔器的中心顶杆给予敲击振动,不可过猛施力于拉拔器,否则由于锥度贴合力较大,会造成工具、零件的损坏。

③在拆卸难度大的零件时,应尽量使用专用拆卸工具,避免猛敲狠击而使零件变形或损坏。严禁用扳手、钢丝钳等代替手锤敲击。在使用台虎钳和压力机时,必须在机件受力面上垫上质软的垫板(如铜板、铝板、木板),以防损伤机件。

6.核对记号和做好记号

有不少配合件是不允许互换的,还有些零件要求配对使用或按一定的相互位置装配。例如气门、轴瓦、曲轴配重、连杆和瓦盖、主轴瓦盖、中央传动大小锥齿轮、正时齿轮等,通常制造厂均打有记号,拆卸时,应记下原记号;对于没有记号或看不清记号时,用油漆涂色、用锯条划痕或打印记号,以免装错。

7.分类存放拆卸零件

拆卸下的零件应按系统、大小、精度分类存放。不能互换的零件应放在一起。易变形损坏的零件和贵重零件应分别单独存放保管。易丢失的小零件,如垫片、销子、钢球等应存放在专门的容器中。

应将拆卸下来的螺栓、螺母、销子和垫圈等要装到拆卸下来的原部件上去,以免弄错了位置或丢失。如果有些零件不宜装回原来的位置,可用铁丝穿好或扎上布条注明部位,以便安装时易于寻找。

(二)拆卸方法

拖拉机零件拆卸的方法有多种,但只要不损坏零件及其紧固件的工作面和丝扣,不损坏工具和伤人,能保证装配能顺利进行即可。

1.工具法

对于一般零件的拆卸,如润滑良好及锈蚀较轻的紧固件,使用常用工具即可卸下;对于有规定扭矩的紧固件,可用扭力板手、套筒扳手卸下;如遇螺栓、螺母工作面倒角,可用锤子敲偏后再扭;遇螺钉槽口打滑,可用钢锯沿垂直位置重锯一缺口再进行拆卸。

2.敲击法

对因长期静配合发生锈蚀的零件,如万向传动十字轴、转向摇臂,各类轴承等零件的拆卸,可使用敲击法。通过敲击,破坏零件间的锈蚀性黏结,产生震动而脱开。敲击时,要正确选择部位,防止砸坏零件,特别是对精密要求较高的零件,如各类轴承的拆卸,为防止其工作面受到损伤,应用软布垫着,用锤子轻敲即可。

3. 加热渗油法

对锈蚀严重难以拆卸的零件,如钢板弹簧骑马螺栓,转向节臂螺母等,由于锈蚀严重,可用加热渗油法,使其受热膨胀后得到润滑,即可旋下。加热时,注意零件周围是否有油及橡胶之类的易燃品,以防起火。

4. 专用螺孔拆卸法

有些零件上有 1～2 个专用拆卸孔,如变速箱倒挡轴,驱动半轴、正时齿轮等,其孔内端带有与螺杆相配的螺纹,只要将螺杆旋入此孔,零件即可自动被顶出。

5. 专用拉器、压器法

对于弹簧类零件的拆卸,可用压器法,如气门弹簧的拆卸。对于难以拆卸的盘形零件,可用拉器法,如各类轴承、皮带轮、正时齿轮等零件的拆卸。

【任务实施】

参照轮式拖拉机有关技术要求,完成整机分解。

1. 拆前准备

用四块三角木将拖拉机的后驱动轮限位,勿使前后滚动;放掉机油、齿轮油、液压油、冷却水和柴油。

2. 拆下电器附件

断开蓄电池线束,取下蓄电池;断开灯光仪表等电气设备的线束,将线束管拆下;拆下发电机,启动机。

3. 拆下车身附件

拆下驾驶室座椅,拆除发动机罩板,水箱,油箱,空气滤清器,排气管,各种操作拉线及拉杆。

4. 吊卸发动机

用三角架吊链将发动机置于起吊状态,但不要吊起。先拆下发动机前支座固定螺栓,再拆下飞轮壳与离合器壳连接螺栓,撤去后驱动轮的限位三角木,将拖拉机后移,撬开飞轮壳,取出离合器轴,起吊发动机。

5. 发动机解体

拆卸发动机附件,气缸盖,凸轮轴,活塞连杆组件,气缸套,曲轴。

6. 离合器拆卸

用三角木将前轮限位,在离合器壳的下方用千斤顶顶住,拆下离合器壳与左右大梁的连接螺栓,用撬棍将离合器总成拆下,分解离合器。

7.液压悬挂装置拆卸

拆下液压泵,液压阀,液压油缸,并进行分解。

8.变速箱拆卸

用三角木将后驱动轮限位,在变速箱壳的下方用千斤顶顶住,拆下变速箱与后桥的连接螺栓,用撬棍将变速箱总成拆下,分解变速箱。

9.后桥拆卸

拆下主减速器,差速器,半轴,并对差速器进行分解。

10.车轮拆卸

拆下后驱动轮,最终传动,分解制动器。

11.转向系统拆卸

拆下转向拉杆,分解转向器。

12.前桥拆卸

拆下前轮,转向节。

13.检查

总成技术状态检查。

14.记录

记录拆卸过程情况。

【任务巩固】

1.拖拉机常用的拆卸方法主要有 _____、_____、_____。

2.拖拉机拆卸应按合理的拆卸顺序进行,一般是 _____、由 _____、由整机拆卸成总成、再将总成拆成部件或零件。

3.拖拉机拆卸程度的基本原则:凡通过检查断定零件符合技术要求的,则_____;对于不经拆卸难以判定其技术状态的,则_____。

4.根据实训室设备条件,写出拖拉机某一总成或装置的拆卸步骤。

任务2 拖拉机装配

【任务目标】

1.了解拖拉机装配的工艺过程,熟悉拖拉机的装配方法。

2.会正确使用设备工具按技术要求组装拖拉机。

【任务准备】

一、资料准备

轮式拖拉机;拆装工具、量具;维修手册、零件图册、图片视频、任务评价表等与本任务相关的教学资料。

二、知识准备

(一)装配原则

1.遵守正确装配顺序

装配一般是按拆卸相反的顺序进行,由零件装配成部件,由部件装配成总成,最后装配成机器。装配过程中遵循从里到外、从下到上,以不影响下道工序为原则的次序进行。并注意做到不漏装、错装和多装零件。

2.注意装配前零件清洗和润滑

零件在装配前必须再次彻底清洗,并在装配过程中严格保持清洁。经过钻孔、铰削或镗削的零件,应用压缩空气吹净。例如,在缸体上镗削气缸后,必须仔细清理和冲洗润滑油道,以防止金属屑、污垢及棉纱进入油道。

对于间隙配合件,例如气缸与活塞、轴与轴瓦等,应在相对运动的表面上涂以清洁的、与工作中一致的润滑油,以防止在初始运转的瞬间由于干摩擦而发生机械事故。

3.注意零件标记和装配记号检查核对

凡有装配位置要求的零件(如正时齿轮等)、配对加工的零件(如曲轴与瓦片、活塞销与铜套等)以及分组选配的零件等均应进行检查核对。

4.做好装配前零件检验和选配

零件本身符合技术要求是保证机器装配质量的基础。为此,装配前必须严格检查,那些制造、修复质量低劣和保管、运输不当造成的废件都不许进行装配。

由于新件、修复件和继续使用件同时参与装配,装配前的选配工作显得特别重要。应当按配合件的装配技术要求,认真做好选配工作,例如多缸柴油机的气缸、活塞、活塞环应采用同一级修理尺寸,购买时,应购买成套组件,装配时不能错乱。

5.认真组织好装配过程中间检查

为保证机器的装配质量,在装配过程中,应做好各主要装配工序之间的检查。例如,活塞、活塞销和连杆组装后,要对活塞转动的灵活性,活塞裙部的圆度和活塞裙部对连杆大端孔轴线的垂直度进行检查。

在封盖装配之前,要切实仔细检查一遍内部所有装配的零部件、装配的技术状态、记号位置、内部紧固件的锁紧等,并做好一切清理工作,再进行封盖装配。

6.注意锁紧和密封

装配中注意密封零件和安全锁止零件的技术状态,所有密封部位,其结合平面必须平整、清洁,各种纸垫两面应涂以密封胶,以防漏气、漏水、漏油和其他机械事故的发生。

7.正确选用工具设备

装配过程中尽可能采用专用工具和设备,切忌猛敲狠打,以提高生产效率,保证装配质量。

(二)典型零件装配

1.螺纹连接件装配

①注意检查螺纹连接件的技术状态。螺纹部分应无重大损伤,螺杆应无弯曲变形.除特殊螺纹连接件外,一般螺纹配合在自由状态下,应能用手拧动,而无松旷。螺纹拧紧后,螺钉头或螺母下平面应与被连接零件接触良好。

②螺纹表面、螺钉或螺母与被连接件接触的表面应保持清洁,无毛刺和泥沙等污物,否则,容易产生拧紧的"虚假"现象。

③要按规定的拧紧力矩拧紧。重要的螺纹连接(如气缸盖螺栓)都规定了必须的拧紧力矩,装配时应用扭力扳手严格执行。对于普通螺纹连接,应按规定拧紧,严禁任意加大力臂,并尽可能不使用活扳手,以免将螺纹拧坏或拧断螺杆。

④装配成组螺纹连接时,遵循由里向外,对称交叉的顺序进行。并做到分次用力逐步拧紧,以免零件变形、损坏,出现漏油、漏水、漏气现象。

⑤螺纹连接的防松。为防止松动,应正确使用防松装置,一般用弹簧垫圈、螺母、锁片和钢丝锁紧。必须注意螺纹连接锁紧零件的完整性,以防止在工作中松脱,保证机器安全运转。

⑥螺纹连接的装配在农机修理劳动总量中占很大比重,应当采用先进的工具,例如电动扳手或气动扳手,以降低劳动强度,提高生产率。

2.油封装配

①安装油封前,须检查轴颈表面是否过于粗糙,有无伤痕,尤其是有无沿轴向的较长伤痕。如果轴颈表面过于粗糙,则容易损坏油封或加速唇口的磨损,破坏其密封性能。若轴颈表面因拆装不当造成较为严重的钝击伤痕,会使油封唇口与轴颈表面贴合不严,造成油液渗漏。若出现上述两种情况,可对伤痕部位堆焊后重新按规定的轴颈尺寸上车床车圆,或者更换新轴。如果轴颈只有金属毛刺或轴头飞边等,可用锉刀修磨平整。

②检查油封唇口有无破缺、伤裂或油化腐蚀，如有这些不良现象，应更换新油封。

③检查油封的唇部孔径，其内径要较轴颈直径小 1/10 左右，并装有弹簧。安装时应将有弹簧一边装在内侧封油的方向。往轴上安装时应注意不要碰掉弹簧。无论是向轴上或孔中安装油封胶圈，凡有油封槽的，均要将油封胶圈平整地放入油封槽中，不应有扭曲现象，特别是油封往孔中套装时尤要注意，必要时应涂以润滑油，以方便安装。

3. 圆锥链接件装配

装配圆锥连接时，应注意其配合表面的贴合量不小于 70%，必要时，可用配合表面互研涂红丹来检查贴合面积。安装时，一般应先压入有倒角的一端。安装后带锥度的轴小端不能伸出锥孔，以保证可靠地紧固。

4. 滚动轴承装配

如果轴承安装不正确，可使轴承及其相关部件工作条件恶化，磨损加速，破坏运转的平稳性，甚至发生轴承咬死或烧毁等严重事故。滚动轴承装配注意事项：

①待安装的轴承应清洁，无锈痕、擦伤和疲劳剥落麻点，保持架应无毛刺、锐边和微细裂纹，旋转灵活均匀，无卡滞和旷动过大现象，其轴向和径向间隙在要求范围内。

②如果轴是转动的，并承受径向载荷，则轴承内圈与轴是过盈配合，外圈与孔是过渡配合；反之，如果座孔零件是转动的，则配合关系与前述相反。拖拉机上的轴承大多属于前一种情况。

③为避免损坏零件，保证安装质量，应先将轴承放入 60～100℃ 热机油中预热，使内圈的内径略有胀大，然后利用专业压器迅速将轴承安装到轴上。安装时，最好使用压力机压入轴承，也可用手锤轻击压器压入，但不允许直接锤击滚动轴承。

5. 键连接装配

平键与半圆键连接的装配大致相同。装配时应首先清除键的锐边及轴和轮毂上键槽的锐边，清理好键槽底面，使键底平面与键槽贴合，两侧用厚薄规检查，不应有间隙，应有一定的过盈量。键与轮毂键槽的配合，比键与轴键槽的配合略微松一点，这样便于装卸。

安装楔键时，在去掉键及槽的锐边后，先将轮毂套在轴上，使轴与轮毂键槽对正，在键斜面上涂些白铅油，将键打入。楔键两侧与键槽要有一定间隙，但楔键的顶面和底面与键槽不能有间隙。

【任务实施】

拖拉机总装就是把经过检修的柴油机、变速箱、后桥、离合器、行走、转向及其他总成部件装成整台拖拉机,并进行外部调整。要求对照有关技术要求,完成轮式拖拉机总装并记录装配过程。

1.安装柴油机和前桥

安装前桥,应将柴油机垫高放平,把装好前轮和支座的前桥总成推到柴油机正前方,使前桥支座的螺栓孔与柴油机体上的螺栓孔对准,穿入固定螺栓,左右均匀拧紧固定螺母,拧紧力矩应符合规定。安装后,前桥应能自由摆动,前后窜动量不得超过 1 mm,间隙过大应加平垫予以调整,然后检查调整前轮轴承间隙,将花形螺母拧到底后退回 1/8~1/3 圈,刚能用手转动前轮为宜。调好后穿上开口销,装上轴承盖。

2.安装离合器

安装离合器应使用专用芯轴,以提高安装效率和安装质量。将离合器压盘总成和被动盘总成串在专用芯轴上,使被动盘轮毂凸缘短的一边靠近飞轮,将芯轴小端插入飞轮中心轴承内孔,转动离合器盖使螺栓孔对齐,均匀拧紧固定螺栓,拧紧力矩应符合规定值。然后检查调整 3 个分离杠杆内端球面到飞轮与中间压盘接合面的距离,应符合规定值,且处于同一平面上。检查调整离合器差动间隙,调好后上紧锁定螺母。

3.连接变速箱与后桥

变速箱与后桥连接的关键是防止机油渗漏。在变速箱与后桥之间装好防漏纸垫,必要时可在纸垫上涂密封胶。移动变速箱总成,使行星减速啮合套与小圆锥齿轮轴啮合,并使定位销对准定位孔,然后左右交替均匀拧紧连接螺栓,拧紧力矩应符合规定值。

4.安装转向器

将转向器总成用螺栓固定到变速箱体上,拧紧力矩应符合规定值。转动转向盘使其处于中间位置,检查左右转向垂臂,应向后倾斜 15°,否则应调整。

5.安装分离轴承

将分离拨叉轴装入变速箱体,穿上分离拨叉,拧紧固定螺钉,拨叉轴与衬套的配合间隙应符合规定值;将注满钙基润滑脂的分离轴承压装到轴承座上,将分离轴承座装到轴承座支架上,配合间隙应符合规定值。分离轴承应旋转自如,沿轴向滑动灵活,没有卡滞和晃动现象,最后装上回位弹簧。

6.安装离合器踏板和制动器踏板将踏板

将踏板轴穿入变速箱体,装上踏板,检查踏板轴与支承衬套、踏板与踏板轴的配合间隙,应符合规定值。踏板的轴向窜动量应不大于 0.5 mm,装上离合器、制动器调节拉杆,穿上开口销,装上回位弹簧。

　　7. 安装驱动轮

　　将驱动轮装到驱动轴接盘上,分次均匀拧紧固定螺母,拧紧力矩应符合规定值。

　　8. 柴油机与底盘连接

　　柴油机与底盘的连接是飞轮与离合器轴的连接,是柴油机与底盘在飞轮、离合器室位置互相衔合,当离合器轴花键与被动盘花键啮合不上时,可少许摇转曲轴,使其啮合,不要从结合面处伸手拨动离合器轴,以免挤伤。待定位销进入定位孔以后,均匀拧紧固定螺栓,拧紧力矩应符合规定值。安装左右转向纵拉杆,拧紧球形销固定螺母后,穿上开口销锁住。转动球头销密封盖,调整补偿弹簧的压力,保证球头销相对拉杆接头转动灵活,但不晃动。

　　9. 安装柴油机附件

　　安装水箱、油箱。安装水箱、油箱时,一定要注意装好减震垫和减震弹簧,拧紧固定螺母后,用开口销锁住。安装后,水箱、油箱、水管、油管不得有渗漏现象。

　　10. 安装电器设备和仪表盘

　　所有用电设备应固定牢靠,所有线路的接头应连接可靠,接触良好,不得有松脱和漏电现象。

　　11. 安装拖拉机附件

　　安装座位、挡泥板、牵引装置和机罩。安装全部黄油嘴,并注满润滑脂。

　　12. 外部检查调整

　　按规定要求检查调整各操纵机构、轮胎气压;检查调整离合器和制动器踏板自由行程;检查调整前轮前束等。

【任务巩固】

　　1. 装配一般是按拆卸相反的顺序进行,由 _____,由 _____,最后装配成机器。装配过程中遵循 _____、_____,以不影响下道工序为原则的次序进行。

　　2. 为保证拖拉机的装配质量,在装配过程中,应做好_____ 检查。

　　3. 根据实训室设备条件,写出拖拉机某一总成或装置的装配步骤。

任务 3 拖拉机磨合

【任务目标】

1.熟悉拖拉机磨合工艺过程和磨合方法。

2.会按技术规范对维修后的拖拉机进行磨合。

【任务准备】

一、资料准备

轮式拖拉机;拆装工具;维修手册、零件图册、任务评价表等与本任务相关的教学资料。

二、知识准备

一台新购置的或经过维修后的拖拉机,改善零件摩擦表面几何形状和表面层物理机械性能的运转过程称之为磨合,也叫试运转。磨合主要是全面考察拖拉机各部的技术状态,并通过拖拉机从空运转过渡到一定负荷的运转,使各运动零件的工作表面磨得光洁平滑,形成能够承受重负荷的工作表面,以达到在各种负荷条件下,都能正常工作的要求。

磨合分为冷磨合和热磨合。冷磨合是由外部动力驱动总成或机构的磨合;热磨合是指发动机自行运转的磨合,热磨合分为无负荷热磨合和有负荷热磨合。

(一)磨合前准备

①系统地检查各组成部分的完整性、连接的正确性和可靠性,如有不当应予以纠正。

②检查各调整部位调整的正确性,必要时,予以补充调整。

③检查操纵机构静态操纵的灵活性,照明和信号装置的工作是否正常。

④检查轮胎气压是否正常,必要时,予以补充充气。

⑤加足燃油、润滑油和水,检查蓄电池,制动装置、液压系统、空气滤清器等的溶液和油是否足够,检查各管路和接头有无泄漏现象。

⑥向各润滑点加注润滑脂(黄油)。

(二)磨合工艺过程

拖拉机应按本机使用说明书规定的磨合规范进行磨合。磨合规范的主要参数是转速、负荷、时间和润滑油。

1. 柴油机空转磨合

按说明书规定的顺序启动柴油机后,使柴油机先由低速、中速、高速,即由小油门、中油门、大油门的顺序,依次运行各 5 min。在柴油机空转磨合过程中,应仔细检查柴油机、空气压缩机、液压油泵的工作状况,观察有无异常现象及声响,检查有无漏水、漏油和漏气现象,仪表是否工作正常。当发现有不正常现象,应立即停车,排除故障后重新进行磨合。

2. 动力输出轴空载磨合

将柴油机油门操纵手柄置于中油门位置,柴油机以中速运转,分别使动力输出轴以低速、高速各运转 5 min,检查有无异常现象。磨合后须使动力输出轴处于空挡位置。

3. 液压系统磨合

启动柴油机将油门放在中油门位置运转,操纵分配器手柄,升降悬挂机构数次,观察有无异常现象。然后在悬挂机构挂上质量 500～800 kg 重物或质量相当的农具,使柴油机在大油门位置下运转,操纵分配器手柄,使悬挂机构能全行程上升与下降,其次数不少于 20 次。检查液压悬挂机构能否固定在最高位置或所需位置、升降时间及有无渗漏现象。

4. 转向系统磨合

在拖拉机静止情况下,柴油机以低、中、高速运转,平稳地向左及向右操纵转向盘各 10 次,观察拖拉机前轮左右转向的随动情况,声音是否正常,操纵转向盘是否轻便、平稳。磨合过程中若发现故障,应及时分析原因并排除。

5. 拖拉机空驶及负荷磨合

当柴油机空转磨合,动力输出轴及液压系统磨合后,确认拖拉机的技术状态完全正常时,方可进行整机磨合,其磨合顺序和时间按说明书中的规定进行,总计磨合 60 h。空驶磨合时在低速下进行转弯操作和适当地使用单边制动器,并在高速下试验紧急制动。空驶磨合后,当拖拉机技术状态完全正常时方可进行负荷磨合,负荷磨合时负荷必须由小到大,挡位由低到高逐挡进行。

(三)磨合后检查调整

拖拉机磨合后,除排除发现的各种缺陷和故障外,还应对整机重新进行全面检查调整,其主要项目如下:

①趁热放出柴油机油底壳中的机油和传动系统中的齿轮油,并用柴油进行清洗。

②清洗各种滤清器,必要时,更换滤芯。

③检查柴油机、离合器、制动器和转向机构的各项调整参数,必要时重新进行调整。

④检查并重新紧固各部位的螺栓螺母,重点是气缸盖、前后轮和各总成之间连接的螺栓。

⑤检查并维护电气设备,保证其正常工作。

【任务实施】

按照拖拉机使用说明书磨合规范要求进行拖拉机磨合,填写表 5-1。

表 5-1　磨合过程记录表

拖拉机型号:＿＿＿＿＿＿＿＿＿＿

序号	项目	磨合时间/h	磨合过程情况
1	柴油机空转磨合		
2	动力输出轴空载磨合		
3	液压系统磨合		
4	转向系统磨合		
5	拖拉机空驶及负荷磨合		

【任务巩固】

1.磨合分为＿＿＿＿＿＿＿ 和 ＿＿＿＿＿＿＿,＿＿＿＿＿＿＿ 是由外部动力驱动总成或机构的磨合;＿＿＿＿＿＿＿ 是指柴油机自行运转的磨合。

2.拖拉机总装磨合之后,通常还需要进行 ＿＿＿＿＿＿＿＿＿＿＿,主要目的是＿＿＿＿＿＿＿＿＿＿＿。

3.拖拉机为什么要进行磨合? 磨合的规范参数有哪些?

附录 任务评价表

学生姓名		任务名称				
项目		评价内容、评价标准	自评 30％	组评 30％	教师 40％	得分
专业知识	40分					
任务完成情况	40分					
职业素养	20分					
评语总分						

总分：   教师：   年 月 日

参 考 文 献

1.智刚毅.农机操作人员培训教材.北京:中国农业大学出版社,2014.

2.路进乐.拖拉机构造与维修.北京:中国农业出版社,2011.

3.王胜山.拖拉机底盘构造与维修.北京:机械工业出版社,2014.

4.农业部农垦局,中国农垦经济发展中心.拖拉机.北京:中国农业出版社,2009.

5.张玉甫.拖拉机应用技术.北京:高等教育出版社,2002.